1.5.6

⁂ **P036**

课堂案例——排列建筑项目平立剖视图

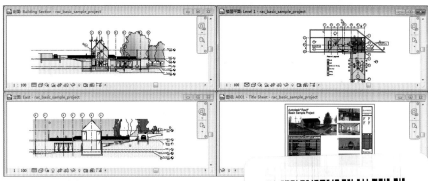

在线视频: 第1章/1.5.6课堂案例——排列建筑项目平立剖视图.mp4

2.1.6

⁂ **P042**

课堂案例——编辑建筑项目的标高

10.500　　　　　　　　　　　　　　10.500

7.500　　　　　　　　　　　　　　7.500

4.500　　　　　　　　　　　　　　4.500

0.000　　　　　　　　　　　　　　0.000

在线视频: 第2章/2.1.6课堂案例——编辑建筑项目的标高.mp4

2.2.7

⁂ **P049**

课堂案例——编辑建筑项目的轴网

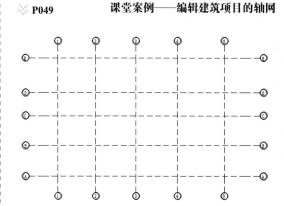

在线视频: 第2章/2.2.7课堂案例——编辑建筑项目的轴网.mp4

3.1.5

⁂ **P059**

课堂案例——绘制建筑项目一层墙体

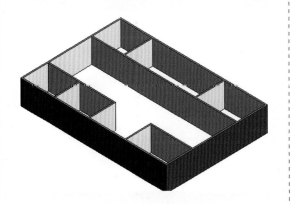

在线视频: 第3章/3.1.5课堂案例——绘制建筑项目一层墙体.mp4

3.1.7

⁂ **P062**　课堂案例——创建建筑项目其他楼层的墙体

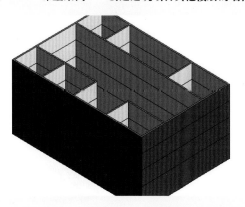

在线视频: 第3章/3.1.7 课堂案例——创建建筑项目其他楼层的墙体.mp4

3.2.2

P063 　　　　　　　　　　　　　课堂案例——连接两段墙体

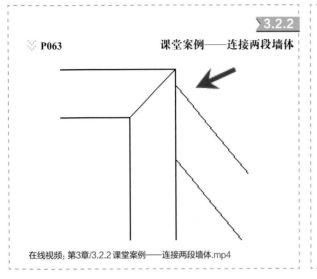

在线视频: 第3章/3.2.2课堂案例——连接两段墙体.mp4

3.2.5

P066 　　　　　　　　　　　　　课堂案例——附着墙体至屋顶

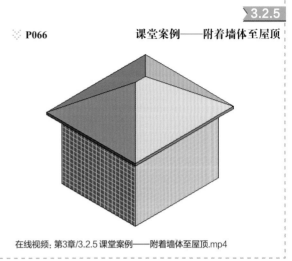

在线视频: 第3章/3.2.5课堂案例——附着墙体至屋顶.mp4

3.3.2

P070 　　　　　　　　　　　　　课堂案例——创建叠层墙

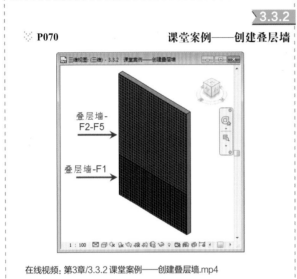

在线视频: 第3章/3.3.2课堂案例——创建叠层墙.mp4

3.4.2

P072 　　　　　　　　　　　　　课堂案例——绘制幕墙

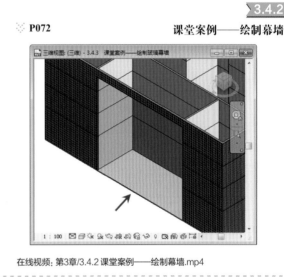

在线视频: 第3章/3.4.2课堂案例——绘制幕墙.mp4

3.4.3

P073 　　　　　　　　　　　　　课堂案例——划分幕墙的网格

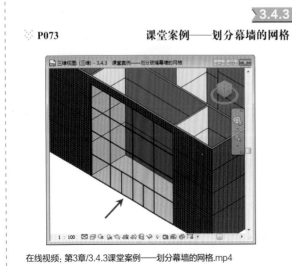

在线视频: 第3章/3.4.3课堂案例——划分幕墙的网格.mp4

3.4.4

P076 　　　　　　　　　　　　　课堂案例——重定义幕墙的嵌板

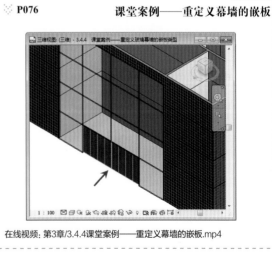

在线视频: 第3章/3.4.4课堂案例——重定义幕墙的嵌板.mp4

3.4.5

※ P076　　　　　课堂案例——创建幕墙的竖梃

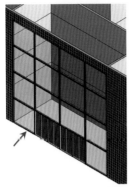

在线视频: 第3章/3.4.5课堂案例——创建幕墙的竖梃.mp4

3.5.3

※ P081　　　　　课堂案例——在项目中创建柱子

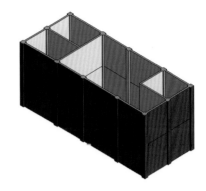

在线视频: 第3章/3.5.3课堂案例——在项目中创建柱子.mp4

4.1.4

※ P086　　课堂案例——在建筑项目的一层中添加门

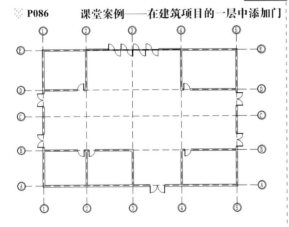

在线视频: 第4章/4.1.4 课堂案例——在建筑项目的一层中添加门.mp4

4.2.3

※ P090　　课堂案例——在建筑项目的一层添加窗

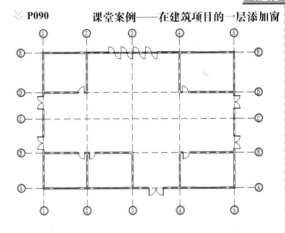

在线视频: 第4章/4.2.3 课堂案例——在建筑项目的一层添加窗.mp4

4.2.4

※ P090　　课堂案例——创建建筑项目其他楼层的窗

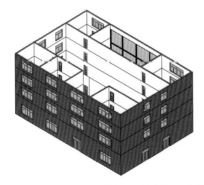

在线视频: 第4章/4.2.4　课堂案例——创建建筑项目其他楼层的窗.mp4

5.1.8

※ P101　　　　课堂案例——创建建筑项目的屋顶

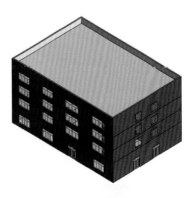

在线视频: 第5章/5.1.8 课堂案例——创建建筑项目的屋顶.mp4

※ **P105**　　　　课堂案例——创建建筑项目的天花板

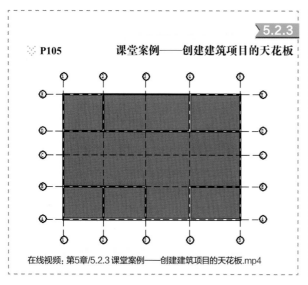

在线视频: 第5章/5.2.3 课堂案例——创建建筑项目的天花板.mp4

※ **P116**　　　　课堂案例——绘制形状创建梯段

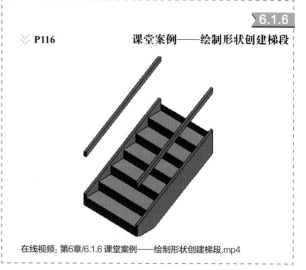

在线视频: 第6章/6.1.6 课堂案例——绘制形状创建梯段.mp4

※ **P119**　　　　课堂案例——创建建筑项目的梯段

向上

在线视频: 第6章/6.1.8 课堂案例——创建建筑项目的梯段.mp4

※ **P123**　　　　课堂案例——创建建筑项目的坡道

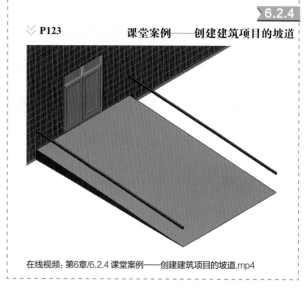

在线视频: 第6章/6.2.4 课堂案例——创建建筑项目的坡道.mp4

※ **P127**　　　　课堂案例——为建筑项目的梯段添加栏杆

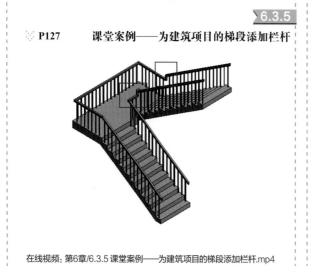

在线视频: 第6章/6.3.5 课堂案例——为建筑项目的梯段添加栏杆.mp4

※ **P134**　　　　课堂案例——在建筑项目中创建房间对象

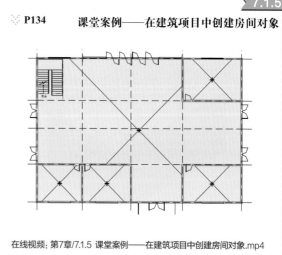

在线视频: 第7章/7.1.5 课堂案例——在建筑项目中创建房间对象.mp4

7.1.6

❈ P135 课堂案例——标记建筑项目中的房间

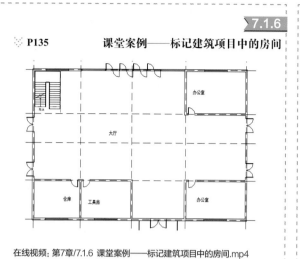

在线视频：第7章/7.1.6 课堂案例——标记建筑项目中的房间.mp4

7.2.7

❈ P139 课堂案例——计算建筑项目的面积

在线视频：第7章/7.2.7 课堂案例——计算建筑项目的面积.mp4

8.1.5

❈ P145 课堂案例——创建竖井洞口定义建筑项目楼梯间

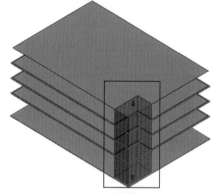

在线视频：第8章/8.1.5 课堂案例——创建竖井洞口定义建筑项目楼梯间.mp4

9.1.5

❈ P153 课堂案例——利用参照平面辅助创建项目图元

在线视频：第9章/9.1.5 课堂案例——利用参照平面辅助创建项目图元.mp4

9.2.4

❈ P157 课堂案例——利用临时尺寸标注确定图元的位置

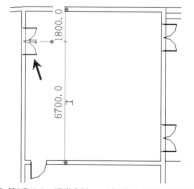

在线视频：第9章/9.2.4 课堂案例——利用临时尺寸标注确定图元的位置.mp4

11.1.4

❈ P172 课堂案例——为建筑平面图绘制尺寸标注

在线视频：第11章/11.1.4 课堂案例——为建筑平面图绘制尺寸标注.mp4

❋ P177　　　**课堂案例——为建筑立面图创建高程点标注**

在线视频：第11章/11.1.10 课堂案例——为建筑立面图创建高程点标注.mp4

❋ P180　　　**课堂案例——为平面图添加注释文字**

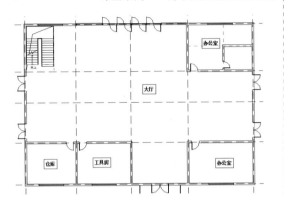

在线视频：第11章/11.2.2 课堂案例——为平面图添加注释文字.mp4

❋ P188　　　**课堂案例——标记平面图上的图元**

在线视频：第11章/11.3.6 课堂案例——标记平面图上的图元.mp4

❋ P195　　　**课堂案例——创建体量族**

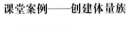
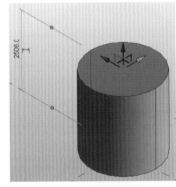

在线视频：第12章/12.1.3课堂案例——创建体量族.mp4

❋ P203　　　**课堂案例——将场地构件导入至建筑项目**

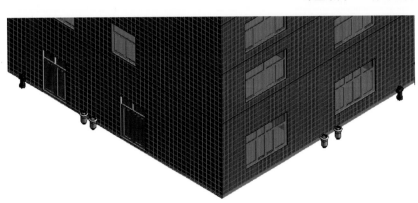

在线视频：第12章/12.3.6 课堂案例——将场地构件导入至建筑项目.mp4

12.3.8

❄ **P206**　　**课堂案例——在建筑项目中放置停车场构件**

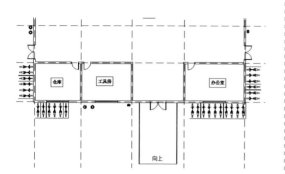

在线视频: 第12章/12.3.8 课堂案例——在建筑项目中放置停车场构件.mp4

12.4.4

❄ **P214**　　**课堂案例——绘制树池**

在线视频: 第12章/12.4.4 课堂案例——绘制树池.mp4

13.5.2

课堂案例——为建筑项目创建门窗明细表

❄ **P241**

在线视频: 第13章/13.5.2 课堂案例——为建筑项目创建门窗明细表.mp4

〈门明细表〉

A 类型	B 标高	C 底高度	D 高度	E 宽度
门嵌板_双扇地弹	标高1		2925	1750
门嵌板_双扇地弹	标高1		2925	1750
门嵌板_双扇地弹	标高1		2925	1750
门嵌板_双扇地弹	标高1		2925	1750
900 x 2100 mm	标高1	0	2100	900
900 x 2100 mm	标高1	0	2100	900
900 x 2100 mm	标高1	0	2100	900
2100 x 2600mm	标高1	300	2600	2100
1800 x 2600mm	标高1	0	2600	1800
1800 x 2600mm	标高1	0	2600	1800
1800 x 2600mm	标高1	0	2600	1800
1800 x 2600mm	标高1	0	2600	1800
900 x 2100 mm	标高 2	0	2100	900
900 x 2100 mm	标高 2	0	2100	900
900 x 2100 mm	标高 2	0	2100	900
900 x 2100 mm	标高 2	0	2100	900
900 x 2100 mm	标高 3	0	2100	900
900 x 2100 mm	标高 3	0	2100	900
900 x 2100 mm	标高 3	0	2100	900
900 x 2100 mm	标高 4	0	2100	900
900 x 2100 mm	标高 4	0	2100	900
900 x 2100 mm	标高 4	0	2100	900

〈窗明细表〉

A 类型	B 标高	C 底高度	D 高度	E 宽度
3600 x 2400mm	标高1	900	2000	3000
3600 x 2400mm	标高1	900	2000	3000
3600 x 2400mm	标高1	900	2000	3000
3600 x 2400mm	标高1	900	2000	3000
3600 x 2400mm	标高1	900	2000	3000
1500 x 1800mm	标高 2	450	1800	1500
1500 x 1800mm	标高 2	450	1800	1500
1500 x 1800mm	标高 2	450	1800	1500
1500 x 1800mm	标高 2	450	1800	1500
1800 x 1800mm	标高 2	450	1800	1800
1800 x 1800mm	标高 2	450	1800	1800
1500 x 1800mm	标高 2	450	1800	1500
1500 x 1800mm	标高 2	450	1800	1500
1800 x 1800mm	标高 2	450	1800	1800
1800 x 1800mm	标高 3	450	1800	1800
1800 x 1800mm	标高 3	450	1800	1800
1800 x 1800mm	标高 3	450	1800	1800
1500 x 1800mm	标高 3	450	1800	1500
1500 x 1800mm	标高 3	450	1800	1500
1800 x 1800mm	标高 3	450	1800	1800

13.5.3

❄ **P242**　　**课堂案例——编辑门窗明细表**

〈建筑项目门明细表〉

A 类型	B 标高	C 底高度	D 高度	E 宽度	F 合计
700 x 2100mm	标高1	0	2100	700	1
900 x 2100 mm	标高1	0	2100	900	4
900 x 2100 mm	标高 2	0	2100	900	5
900 x 2100 mm	标高 3	0	2100	900	5
900 x 2100 mm	标高 4	0	2100	900	5
1800 x 2600mm	标高1	0	2600	1800	4
2100 x 2600mm	标高1	300	2600	2100	1
门嵌板_双扇地弹无框玻璃门	标高1		2925	1750	4

在线视频: 第13章/13.5.3 课堂案例——编辑门窗明细表.mp4

13.5.4

※ **P245** 课堂案例——为建筑项目创建材质提取明细表

〈墙材质提取〉								
A	B	C	D	E	F	G	H	I
模型	厚度	底部偏移	底部约束	顶部偏移	顶部约束	材质: 面积	材质: 名称	合计
外墙	240	0	标高1	0	直到标高: 标高2	10.58 m²	默认墙	1
外墙	240	0	标高1	0	直到标高: 标高2	0.53 m²	默认墙-标准	1
外墙	240	0	标高1	0	直到标高: 标高2	1.06 m²	内墙-标准	1
外墙	240	0	标高1	0	直到标高: 标高2	0.53 m²	内墙-标准	1
外墙	240	0	标高1	0	直到标高: 标高2	15.32 m²	默认墙	1
外墙	240	0	标高1	0	直到标高: 标高2	0.77 m²	默认墙-标准	1
外墙	240	0	标高1	0	直到标高: 标高2	1.53 m²	内墙	1
外墙	240	0	标高1	0	直到标高: 标高2	0.77 m²	内墙-标准	1
外墙	240	0	标高1	0	直到标高: 标高2	20.42 m²	默认墙	1
外墙	240	0	标高1	0	直到标高: 标高2	1.02 m²	内墙	1
外墙	240	0	标高1	0	直到标高: 标高2	2.04 m²	内墙	1
外墙	240	0	标高1	0	直到标高: 标高2	1.02 m²	内墙	1
外墙	240	0	标高1	0	直到标高: 标高2	15.32 m²	默认墙	1
外墙	240	0	标高1	0	直到标高: 标高2	0.77 m²	默认墙-标准	1
外墙	240	0	标高1	0	直到标高: 标高2	0.77 m²	内墙-标准	1
内墙	220	0	标高1	0	直到标高: 标高2	5.03 m²	内墙-标准	1
内墙	220	0	标高1	0	直到标高: 标高2	0.50 m²	默认墙	1
内墙	220	0	标高1	0	直到标高: 标高2	10.68 m²	内墙-标准	1
内墙	220	0	标高1	0	直到标高: 标高2	1.08 m²	内墙-标准	1
内墙	220	0	标高1	0	直到标高: 标高2	4.29 m²	默认墙	1
内墙	220	0	标高1	0	直到标高: 标高2	5.43 m²	默认墙	1
内墙	220	0	标高1	0	直到标高: 标高2	4.29 m²	内墙-标准	1
内墙	220	0	标高1	0	直到标高: 标高2	0.43 m²	内墙-标准	1
内墙	220	0	标高1	0	直到标高: 标高2	4.81 m²	默认墙	1
内墙	220	0	标高1	0	直到标高: 标高2	0.68 m²	默认墙	1
内墙	220	0	标高1	0	直到标高: 标高2	4.29 m²	默认墙	1
内墙	220	0	标高1	0	直到标高: 标高2	0.43 m²	内墙-标准	1

在线视频: 第13章/13.5.4 课堂案例——为建筑项目创建材质提取明细表.mp4

14.3.8

※ **P270** 课堂案例——创建窗族

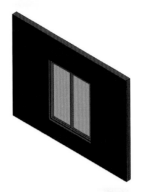

在线视频: 第14章/14.3.8课堂案例——创建窗族.mp4

14.5.2

※ **P280** 课堂案例——载入洁具

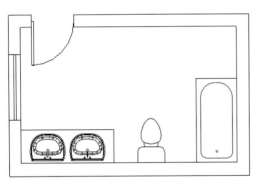

在线视频: 第14章/14.5.2 课堂案例——载入洁具.mp4

15.2.1

※ **P299** 绘制地坪

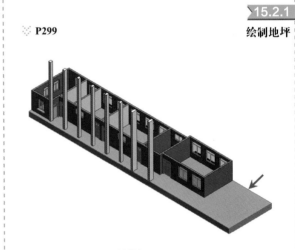

在线视频: 第15章/15.2.1绘制地坪.mp4

15.4.3

※ **P318** 放置构件

在线视频: 第15章/15.4.3放置构件.mp4

15.4.4

※ **P319** 完善模型

在线视频: 第15章/15.4.4完善模型.mp4

Revit 2018
实用教程

姚红媛 苏会人 吴比 编著

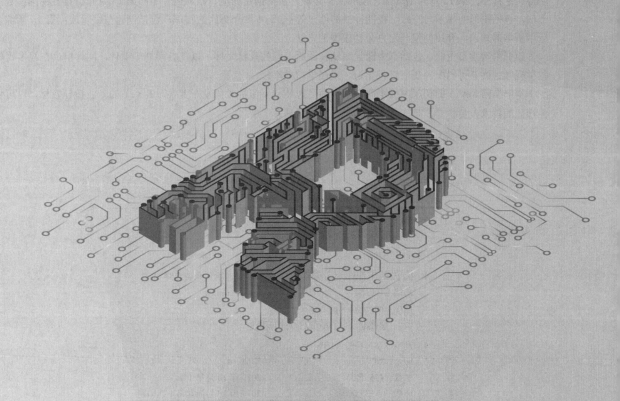

人民邮电出版社

北京

图书在版编目（CIP）数据

Revit 2018实用教程 / 姚红媛，苏会人，吴比编著
. —— 北京：人民邮电出版社，2019.10
ISBN 978-7-115-51476-9

Ⅰ. ①R… Ⅱ. ①姚… ②苏… ③吴… Ⅲ. ①建筑设
计—计算机辅助设计—应用软件—高等学校—教材 Ⅳ.
①TU201.4

中国版本图书馆CIP数据核字(2019)第113611号

内 容 提 要

　　本书是一本 Revit Architecture 2018 建筑设计的实用教程，共 15 章。第 1 章介绍 Revit 的基本知识与基础操作的方法，包括软件界面的组成、基础功能的运用等；第 2～8 章介绍创建建筑构件图元的方法，包括标高、轴网、墙体与门窗等常见建筑构件的创建与编辑；第 9 章介绍工作平面与临时尺寸标注的知识；第 10 章介绍链接与导入文件的方法，包括链接 Revit 模型与 CAD 文件；第 11 章介绍创建注释的方法，包括尺寸标注与文字标注；第 12 章介绍场地建模的操作方法，包括创建场地、添加构件等；第 13 章介绍设置视图参数的方法，包括图形的显示与隐藏、视图样板的创建等；第 14 章介绍族的知识，包括创建与编辑族；第 15 章综合运用所学的知识，介绍创建三层办公楼模型的方法。

　　随书附赠学习资源，包括书中课堂案例和课后习题的素材文件，以及教学 PPT 课件，同时提供在线多媒体教学视频，读者可以配合图书进行学习，提高学习效率。

　　本书面向 Revit 的初、中级用户，可作为广大 Revit 初学者和爱好者学习 Revit 的专业指导教材，也可供各行业的技术人员参考，是一本不可多得的速查手册。

◆ 编　　著　　姚红媛　苏会人　吴　比
　　责任编辑　　张丹阳
　　责任印制　　马振武

◆ 人民邮电出版社出版发行　　北京市丰台区成寿寺路 11 号
　　邮编　100164　　电子邮件　315@ptpress.com.cn
　　网址　http://www.ptpress.com.cn
　　大厂聚鑫印刷有限责任公司印刷

◆ 开本：787×1092　1/16
　　印张：20　　　　　　　　　　彩插：4
　　字数：475 千字　　　　　　　2019 年 10 月第 1 版
　　印数：1—3 000 册　　　　　　2019 年 10 月河北第 1 次印刷

定价：49.00 元

读者服务热线：(010)81055410　印装质量热线：(010)81055316
反盗版热线：(010)81055315
广告经营许可证：京东工商广登字 20170147 号

前 言

Revit Architecture 是 Autodesk（欧特克）公司开发的一款集成二维与三维的绘图软件，因为强大的数据设计、图形绘制、协同工作等功能，受到广大建筑设计师的青睐。

以 Revit 技术平台为基础的三个专业软件分别是 Revit Architecture（建筑设计）、Revit Structure（结构设计）、Revit MEP（设备版，即设备、电气、给排水）。运用这几款软件，可以实现建筑设计、结构设计以及 MEP 管线综合设计，还可开展协同工作，方便各专业人员进行交流。

本书以 Revit Architecture 2018 为基础，介绍利用 Revit 创建建筑项目模型的方法。我们将以"基本命令"为脉络，以"课堂案例"为阶梯，以"课后习题"为辅助，帮助读者逐步掌握使用 Revit 进行建筑设计的基本技能和技巧。

本书以介绍 Autodesk Revit 2018 的功能命令为主。首先介绍软件界面的组成，其次讲解运用基础命令的方法，随后通过"课堂案例"提高操作技能，最后通过"课后习题"巩固已学的知识。

为了让读者更好地学习 Revit 软件的使用方法，本书在具体的写作编排上也煞费苦心，具体总结如下。

- **软件与行业相结合，囊括各个知识点**

除了基本内容的讲解，在书中还分布有近 200 个"提示"，实时提醒读者需要注意的知识点。

- **循序渐进的讲解方式，助你登上设计高峰**

本书专为初学者度身定制，因此内容安排由简单至复杂，帮助读者逐步提升使用技能。

- **提供在线视频教学，全方位讲解使用方法**

熟能生巧，学习 Revit 软件也是如此。在阅读书本内容时，读者也需要上手操作，才可融会贯通书中的内容，并运用到实际工作中去。

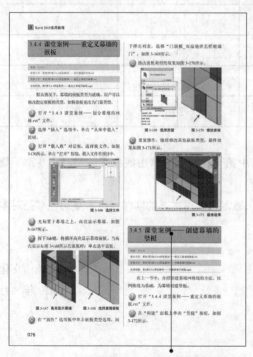

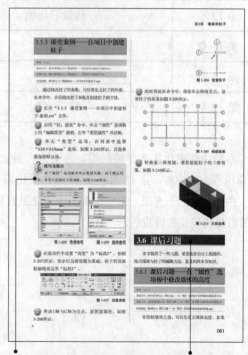

课堂案例：大量的设计案例详解，让读者深入掌握Revit的各种功能，帮助读者快速上手。

技巧与提示：针对软件的使用技巧与设计制作过程中的难点进行重点提示。

课后习题：重要的课后习题帮助读者在学完相应内容后继续强化所学技能。

本书提供 109 个参考学时，包括 77 个讲授学时，32 个实训学时。具体的学时分配请参考下表。

章	课程内容	学时分配	
		讲授学时	实训学时
第 1 章	Revit Architecture 基本操作	4	
第 2 章	绘制标高与轴网	4	2
第 3 章	墙体和柱子	11	4
第 4 章	门与窗	4	2
第 5 章	创建屋顶、天花板与楼板	3	2
第 6 章	楼梯和坡道、栏杆扶手	4	3
第 7 章	房间和面积	3	2
第 8 章	洞口	1	2
第 9 章	工作平面与临时尺寸标注	2	2
第 10 章	协同外部文件辅助设计	2	2
第 11 章	注释	4	4
第 12 章	体量和场地	4	3
第 13 章	管理视图	3	2
第 14 章	族	4	2
第 15 章	综合案例	24	

本书由沈阳化工大学姚红媛、苏会人、吴比编写，其中第 1 章～第 8 章由姚红媛编写，第 9 章～第 12 章由苏会人编写，第 13 章～第 15 章由吴比编写。

由于编者水平有限，书中疏漏与不妥之处在所难免。在感谢您选择本书的同时，也希望您能够把对本书的意见和建议告诉我们。

麓山文化
2019 年 8 月

资源与支持

本书由数艺社出品，"数艺社"社区（www.shuyishe.com）为您提供后续服务。

配套资源

书中案例的素材文件　　在线教学视频　　教学使用的 PPT 课件

资源获取请扫码

"数艺社"社区平台，为艺术设计从业者提供专业的教育产品。

与我们联系

　　我们的联系邮箱是 szys@ptpress.com.cn。如果您对本书有任何疑问或建议，请您发邮件给我们，并请在邮件标题中注明本书书名及 ISBN，以便我们更高效地做出反馈。

　　如果您有兴趣出版图书、录制教学课程，或者参与技术审校等工作，可以发邮件给我们；有意出版图书的作者也可以到"数艺社"社区平台在线投稿（直接访问 www.shuyishe.com 即可）。如果学校、培训机构或企业想批量购买本书或数艺社出版的其他图书，也可以联系我们。

　　如果您在网上发现针对数艺社出品图书的各种形式的盗版行为，包括对图书全部或部分内容的非授权传播，请您将怀疑有侵权行为的链接通过邮件发给我们。您的这一举动是对作者权益的保护，也是我们持续为您提供有价值的内容的动力之源。

关于数艺社

　　人民邮电出版社有限公司旗下品牌"数艺社"，专注于专业艺术设计类图书出版，为艺术设计从业者提供专业的图书、U 书、课程等教育产品。出版领域涉及平面、三维、影视、摄影与后期等数字艺术门类，字体设计、品牌设计、色彩设计等设计理论与应用门类，UI 设计、电商设计、新媒体设计、游戏设计、交互设计、原型设计等互联网设计门类，环艺设计手绘、插画设计手绘、工业设计手绘等设计手绘门类。更多服务请访问"数艺社"社区平台 www.shuyishe.com。我们将提供及时、准确、专业的学习服务。

目录 CONTENTS

第1章 Revit Architecture基本操作……011

1.1 Revit Architecture 简介.................012

1.2 启动 Revit Architecture.................012

1.3 认识工作界面.................012
1.3.1 "最近使用的文件"页面.................012
▼ 1.3.2 课堂案例——取消显示"最近使用的 文件"页面.................013
1.3.3 工作界面介绍.................013
1.3.4 应用程序按钮.................014
1.3.5 快速访问工具栏.................014
1.3.6 选项卡.................014
1.3.7 上下文选项卡.................015
1.3.8 功能区.................015
1.3.9 "属性"选项板.................016
1.3.10 项目浏览器.................016
1.3.11 绘图区域.................017
1.3.12 视图控制栏.................017
1.3.13 状态栏.................021
▼ 1.3.14 课堂案例——自定义绘图背景的颜色.................021
1.3.15 屏幕菜单的妙用.................022

1.4 基本操作.................022
1.4.1 利用"导航栏"查看视图.................022
1.4.2 使用 ViewCube 的方法.................024
1.4.3 选择图元.................025
1.4.4 编辑图元.................027
1.4.5 利用快捷方式.................033
▼ 1.4.6 课堂案例——自定义快捷方式.................034

1.5 设置窗口显示样式.................035
1.5.1 切换窗口.................035
1.5.2 关闭隐藏对象.................035
1.5.3 复制窗口.................036
1.5.4 层叠窗口.................036
1.5.5 平铺窗口.................036
▼ 1.5.6 课堂案例——排列建筑项目平立剖视图.................036
1.5.7 自定义用户界面.................037

1.6 本章小结.................037

第2章 绘制标高与轴网.................038

2.1 标高.................039
2.1.1 转换视图.................039
2.1.2 如何显示默认标高.................039
2.1.3 创建标高.................039
2.1.4 添加标高符号.................041
▼ 2.1.5 课堂案例——创建建筑项目标高.................041

▼ 2.1.6 课堂案例——编辑建筑项目的标高.................042

2.2 轴网.................044
2.2.1 转换视图.................044
2.2.2 创建轴网.................045
2.2.3 添加轴网标头.................046
2.2.4 修改轴号.................047
2.2.5 修改视图名称.................047
▼ 2.2.6 课堂案例——创建建筑项目的轴网.................048
▼ 2.2.7 课堂案例——编辑建筑项目的轴网.................049

2.3 课后习题.................050
▼ 2.3.1 课后习题——设置标高的显示效果.................050
▼ 2.3.2 课后习题——修改轴网的线型.................051

2.4 本章小结.................051

第3章 墙体和柱子.................052

3.1 绘制基本墙体.................053
3.1.1 墙体结构概述.................053
3.1.2 设置墙体参数.................053
▼ 3.1.3 课堂案例——设置墙体参数.................053
3.1.4 绘制墙体的方法.................058
▼ 3.1.5 课堂案例——绘制建筑项目一层墙体.................059
3.1.6 绘制其他楼层墙体的方法.................061
▼ 3.1.7 课堂案例——创建建筑项目其他楼层的 墙体.................062

3.2 编辑基本墙体.................063
3.2.1 连接墙体的方法.................063
▼ 3.2.2 课堂案例——连接两段墙体.................063
3.2.3 编辑墙体轮廓的方法.................064
3.2.4 附着与分离墙体的方法.................066
▼ 3.2.5 课堂案例——附着墙体至屋顶.................066

3.3 绘制叠层墙.................067
3.3.1 设置叠层墙参数的方法.................067
▼ 3.3.2 课堂案例——创建叠层墙.................070
3.3.3 编辑叠层墙的技巧.................071

3.4 绘制与编辑幕墙.................072
3.4.1 设置幕墙参数的方法.................072
▼ 3.4.2 课堂案例——绘制幕墙.................072
▼ 3.4.3 课堂案例——划分幕墙的网格.................073
▼ 3.4.4 课堂案例——重定义幕墙的嵌板.................076
▼ 3.4.5 课堂案例——创建幕墙的竖梃.................076
3.4.6 编辑竖梃的方法.................077
3.4.7 创建幕墙系统的方法.................079

3.5 柱子.................080
3.5.1 载入柱族.................080

目 录 CONTENTS

3.5.2 创建柱子的方法 080
▼ 3.5.3 课堂案例——在项目中创建柱子 081

3.6 课后习题 081
▼ 3.6.1 课后习题——在"属性"选项板中修改墙
体的高度 081
▼ 3.6.2 课后习题——在墙体上创建装饰条 082
▼ 3.6.3 课后习题——在墙体上绘制分隔条 082
▼ 3.6.4 课后习题——自定义建筑柱的材质 083

3.7 本章小结 083

第4章 门与窗 084

4.1 门 085
4.1.1 门族从哪里来 085
4.1.2 载入门族 085
4.1.3 设置门参数的方法 085
▼ 4.1.4 课堂案例——在建筑项目的一层中添加门... 086
▼ 4.1.5 课堂案例——快速创建建筑项目其他楼
层的门 088

4.2 窗 088
4.2.1 载入窗族 088
4.2.2 设置窗参数的方法 089
▼ 4.2.3 课堂案例——在建筑项目的一层添加窗 090
▼ 4.2.4 课堂案例——创建建筑项目其他楼层的窗 090

4.3 课后习题 093
▼ 4.3.1 课后习题——修改门参数 093
▼ 4.3.2 课后习题——在立面图中设置窗的高度 093

4.4 本章小结 093

第5章 创建屋顶、天花板与楼板 094

5.1 屋顶 095
5.1.1 迹线屋顶 095
5.1.2 修改屋顶属性参数 096
5.1.3 拉伸屋顶 097
5.1.4 面屋顶 099
5.1.5 添加底板 099
5.1.6 添加封檐板 100
5.1.7 添加檐槽 101
▼ 5.1.8 课堂案例——创建建筑项目的屋顶 101

5.2 天花板 103
5.2.1 绘制天花板的方法 103
5.2.2 设置天花板参数 104
▼ 5.2.3 课堂案例——创建建筑项目的天花板 105

5.3 楼板 106
5.3.1 绘制楼板的方法 106
5.3.2 设置楼板的参数 107
5.3.3 面楼板 107
▼ 5.3.4 课堂案例——创建建筑项目的楼板 108

5.4 课后习题 110
▼ 5.4.1 课后习题——手动绘制天花板 110
▼ 5.4.2 课后习题——利用"楼板边"工具创建
台阶 111

5.5 本章小结 111

第6章 楼梯和坡道、栏杆扶手 112

6.1 楼梯 113
6.1.1 直梯 113
6.1.2 全踏步螺旋梯段 114
6.1.3 圆心-端点螺旋梯段 115
6.1.4 L形转角梯段 115
6.1.5 U形转角梯段 115
▼ 6.1.6 课堂案例——绘制形状创建梯段 116
6.1.7 编辑梯段的方法 118
▼ 6.1.8 课堂案例——创建建筑项目的梯段 119

6.2 坡道 120
6.2.1 矩形坡道 120
6.2.2 弧形坡道 121
6.2.3 编辑坡道 122
▼ 6.2.4 课堂案例——创建建筑项目的坡道 123

6.3 栏杆扶手 125
6.3.1 定义路径创建扶手的方法 125
6.3.2 载入栏杆族 126
6.3.3 设置栏杆扶手的参数 126
6.3.4 在楼梯/坡道上创建扶手的方法 127
▼ 6.3.5 课堂案例——为建筑项目的梯段添加栏杆... 127

6.4 课后习题 129
▼ 6.4.1 课后习题——绘制三跑楼梯 129
▼ 6.4.2 课后习题——创建与台阶相接的坡道 129
▼ 6.4.3 课后习题——更改栏杆样式 130

6.5 本章小结 130

第7章 房间和面积 131

7.1 房间 132
7.1.1 创建房间 132
7.1.2 绘制房间分隔线 132

目 录 CONTENTS

7.1.3 标记选定的房间 133
7.1.4 标记所有未标记的对象 134
▼ 7.1.5 课堂案例——在建筑项目中创建房间对象. 134
▼ 7.1.6 课堂案例——标记建筑项目的房间 ... 135

7.2 面积 135
7.2.1 创建面积平面视图 136
7.2.2 定义面积边界 136
7.2.3 创建面积 137
7.2.4 标记面积 137
7.2.5 创建颜色填充方案 138
7.2.6 放置颜色填充图例 138
▼ 7.2.7 课堂案例——计算建筑项目的面积 ... 139

7.3 课后习题 140
▼ 7.3.1 课后习题——载入房间标记 140
▼ 7.3.2 课后习题——计算指定区域的面积 ... 141

7.4 本章小结 141

第8章 洞口 142

8.1 创建洞口 143
8.1.1 面洞口 143
8.1.2 竖井洞口 143
8.1.3 墙洞口 144
8.1.4 垂直洞口 144
▼ 8.1.5 课堂案例——创建竖井洞口定义建筑项
目楼梯间 145

8.2 编辑洞口 146
8.2.1 编辑面洞口 146
8.2.2 编辑墙洞口 147
8.2.3 编辑竖井洞口 148

8.3 课后习题 149
▼ 8.3.1 课后习题——在天花板上创建面洞口 ... 149
▼ 8.3.2 课后习题——在弧墙上创建洞口 149

8.4 本章小结 149

第9章 工作平面与临时尺寸标注 150

9.1 利用工作平面 151
9.1.1 设置工作平面 151
9.1.2 显示 / 隐藏工作平面 151
9.1.3 创建参照平面的方法 151
9.1.4 启用工作平面查看器的方法 152
▼ 9.1.5 课堂案例——利用参照平面辅助创建项目
图元 153

9.2 临时尺寸标注 154
9.2.1 显示临时尺寸标注 154
9.2.2 修改临时尺寸标注 155
9.2.3 设置临时尺寸标注的外观 156
▼ 9.2.4 课堂案例——利用临时尺寸标注确定图元
的位置 157

9.3 课后习题 157
▼ 9.3.1 课后习题——命名参照平面的方法 ... 158
▼ 9.3.2 课后习题——将临时尺寸标注转换为永久
性尺寸标注 158

9.4 本章小结 158

第10章 协同外部文件辅助设计 159

10.1 链接外部文件 160
10.1.1 链接 Revit 模型 160
10.1.2 链接 CAD 文件 160
10.1.3 创建贴花类型 161
10.1.4 放置贴花 161
▼ 10.1.5 课堂案例——在建筑模型的表面放置图像. 161

10.2 导入外部文件 163
10.2.1 导入光栅图像 163
10.2.2 管理光栅图像 163
▼ 10.2.3 课堂案例——导入 CAD 文件辅助建模. 165

10.3 课后习题 166
▼ 10.3.1 课后习题——导入 CAD 图纸至项目文件. 166
▼ 10.3.2 课后习题——参考 CAD 图纸创建轴网. 167

10.4 本章小结 167

第11章 注释 168

11.1 尺寸标注 169
11.1.1 修改尺寸类型参数的方法 169
11.1.2 对齐标注 169
11.1.3 线性标注 171
▼ 11.1.4 课堂案例——为建筑平面图绘制尺寸标注. 172
11.1.5 角度标注 174
11.1.6 半径标注 175
11.1.7 直径标注 175
11.1.8 弧长标注 176
11.1.9 高程点标注 177
▼ 11.1.10 课堂案例——为建筑立面图创建高程点
标注 177
11.1.11 高程点坐标标注 178

目录 CONTENTS

11.1.12 高程点坡度标注 179

11.2 文字 180
11.2.1 添加文字注释 180
▼ 11.2.2 课堂案例——为平面图添加注释文字 180
11.2.3 编辑文字注释 181
11.2.4 拼写 / 检查文字注释 183
11.2.5 查找 / 替换文字注释 183

11.3 标记 184
11.3.1 查看载入标记或符号 184
11.3.2 按类别标记 184
11.3.3 全部标记 185
11.3.4 标记图元材质 186
11.3.5 标记楼梯踏板 / 踢面数量 187
▼ 11.3.6 课堂案例——标记平面图上的图元 188

11.4 符号 189
11.4.1 载入符号族 189
11.4.2 放置符号 189
11.4.3 编辑符号 190

11.5 课后习题 191
▼ 11.5.1 课后习题——标注门窗尺寸 191
▼ 11.5.2 课后习题——替换已有的注释文字 191
▼ 11.5.3 课后习题——为标记添加引线 192
▼ 11.5.4 课后习题——放置多重标高符号 192

11.6 本章小结 192

第12章 体量和场地 193

12.1 体量 194
12.1.1 创建体量 194
12.1.2 编辑体量 194
▼ 12.1.3 课堂案例——创建体量族 195
12.1.4 放置体量 196

12.2 面模型 197
12.2.1 利用体量面创建墙 197
12.2.2 创建体量楼层 198

12.3 场地建模 198
12.3.1 "放置点"创建地形表面 198
12.3.2 "选择导入实例"创建地形表面 199
12.3.3 编辑由"放置点"创建的地形表面 200
12.3.4 编辑"由选择实例创建"的地形表面 201
12.3.5 场地构件 202
▼ 12.3.6 课堂案例——将场地构件导入至建筑项目. 203
12.3.7 停车场构件 205

▼ 12.3.8 课堂案例——在建筑项目中放置停车场
构件 206
12.3.9 建筑地坪 210

12.4 修改场地 211
12.4.1 拆分表面 211
12.4.2 合并表面 212
12.4.3 子面域 213
▼ 12.4.4 课堂案例——绘制树池 214
12.4.5 建筑红线 220
12.4.6 平整区域 221
12.4.7 标记等高线 222

12.5 课后习题 223
▼ 12.5.1 课后习题——自定义体量模型 223
▼ 12.5.2 课后习题——创建弧形地形表面 224
▼ 12.5.3 课后习题——绘制子面域来定义环形步道. 224

12.6 本章小结 225

第13章 管理视图 226

13.1 视图样板 227
13.1.1 从当前视图创建样板 227
13.1.2 应用样板属性 227
13.1.3 管理视图样板 228

13.2 设置图元的显示样式 229
13.2.1 设置图元的可见性 229
13.2.2 过滤器 231
13.2.3 按照单一宽度显示屏幕上的所有线 233

13.3 创建视图 233
13.3.1 打开三维视图 233
13.3.2 放置相机创建三维视图 234
13.3.3 创建平面视图 235
13.3.4 创建立面视图 235

13.4 视图设置 236
13.4.1 设置线样式 236
13.4.2 设置线宽 237
13.4.3 设置线型图案 238
13.4.4 设置临时尺寸标注样式 239

13.5 明细表 240
13.5.1 关键字明细表 240
▼ 13.5.2 课堂案例——为建筑项目创建门窗明细表. 241
▼ 13.5.3 课堂案例——编辑门窗明细表 242
▼ 13.5.4 课堂案例——为建筑项目创建材质提取明
细表 245

目 录 CONTENTS

13.6 课后习题 246

▼ 13.6.1 课后习题——利用过滤器控制图元的显示
效果 246

▼ 13.6.2 课后习题——更改项目明细表 247

13.7 本章小结 247

第14章 族 248

14.1 族简介 249

14.2 族编辑器 249

14.2.1 选择族样板 250
14.2.2 进入族编辑器 250
14.2.3 参照平面 251
14.2.4 参照线 251
14.2.5 模型线 252
14.2.6 模型文字 252
14.2.7 文字 254
14.2.8 控件 255
14.2.9 设置模型的可见性 255

14.3 创建三维模型 256

14.3.1 拉伸 256
▼ 14.3.2 课堂案例——创建建筑柱 257
14.3.3 融合建模 260
14.3.4 旋转建模 262
14.3.5 放样建模 263
14.3.6 放样融合建模 266
14.3.7 空心模型 268
▼ 14.3.8 课堂案例——创建窗族 270

14.4 族类型与族参数 279

14.4.1 族类别与族参数 279
14.4.2 族类型 279
14.4.3 "属性"参数 280

14.5 载入族 280

14.5.1 载入族 280
▼ 14.5.2 课堂案例——载入洁具 280
14.5.3 载入一组图元 281
14.5.4 创建模型组 282

▼ 14.5.5 课堂案例——载入洁具模型组 282

14.6 课后习题 283

▼ 14.6.1 课后习题——创建标记族 283
▼ 14.6.2 课后习题——创建轮廓族 284

14.7 本章小结 284

第15章 综合案例 285

15.1 绘制办公楼一层的图元 286

15.1.1 创建立面视图 286
15.1.2 绘制标高 286
15.1.3 绘制轴网 287
15.1.4 绘制外墙 288
15.1.5 绘制内墙 290
15.1.6 绘制建筑柱 292
15.1.7 布置门窗 293
15.1.8 绘制窗台 294
15.1.9 绘制空调百叶底板 296
15.1.10 添加栏杆扶手 298

15.2 绘制室外附属设施 299

15.2.1 绘制地坪 299
15.2.2 创建坡道 302
15.2.3 绘制踏步 302

15.3 绘制其他楼层的图元 304

15.3.1 创建楼层 304
15.3.2 绘制楼板 306
15.3.3 绘制洞口 308
15.3.4 创建楼梯 309
15.3.5 绘制走廊栏杆扶手 312
15.3.6 绘制F4墙体 314
15.3.7 绘制F4楼板 315

15.4 绘制墙面装饰与场地构件 316

15.4.1 绘制墙面装饰条 316
15.4.2 绘制场地 317
15.4.3 放置构件 318
15.4.4 完善模型 319

15.5 本章小结 320

第**1**章

Revit Architecture基本操作

内容摘要

本书以Revit Architecture为基础，介绍利用软件进行三维参数化设计的方法。本章介绍Revit Architecture的基本概念、启动Revit的方法、工作界面的组成，以及其他一些简单的操作。学习完本章知识后，读者对Revit会有一个基本的了解，并能够动手进行简单的操作。

课堂学习目标

- 认识Revit工作界面
- 掌握操作项目文件的方法
- 熟练各项基础操作，包括查看视图、编辑图元等
- 了解设置窗口显示样式的方法

1.1 Revit Architecture简介

BIM模型（Building Information Modeling）是指"建筑信息模型"，是以三维数字技术为基础，集成了各种相关信息的工程数据模型，能够为设计、施工和运营提供相互协调的、内部保持一致的、可以进行运算的信息。

Revit Architecture是以建筑师和工程师为对象开发的软件。利用Revit Architecture，建筑师能够在三维设计环境下，构思设计方案，表达设计意图，创建三维BIM模型。并以BIM模型为基础，绘制建筑施工图纸，完成整个建筑设计过程。

在本书中，将介绍利用Revit Architecture创建完整BIM模型的过程。包括利用软件，完成施工图纸的绘制，实现三维协同设计的过程。

1.2 启动Revit Architecture

在计算机中安装Revit Architecture后，就可以启动软件，开始绘制图形了。启动软件的方式有以下几种。

- 在计算机桌面上单击选中Revit快捷方式，再单击鼠标右键，在弹出的快捷菜单中选择"打开"选项，如图1-1所示。
- 单击计算机桌面左下角的"开始"按钮，在弹出的列表中选择"所有程序"，在弹出的程序列表中选择"Autodesk"|"Revit 2018"|"Revit 2018"选项，如图1-2所示。

图1-1 选择"打开"选项　　图1-2 选择"Revit 2108"选项

- 打开文件夹，选中Revit项目文件，单击鼠标右键，在弹出的快捷菜单中选择"打开"选项，如图1-3所示。

图1-3 选择"打开"选项

执行上述任意一项操作，均可启动Revit。同时在屏幕中显示启动界面，如图1-4所示。

图1-4 Revit启动界面

1.3 认识工作界面

成功启动Revit应用程序后，会显示"最近使用的文件"页面。用户也可以取消显示该页面，直接进入工作界面。本节将介绍工作界面中各构件的功能。

1.3.1 "最近使用的文件"页面

默认情况下，启动软件后，进入"最近使用的文件"页面，如图1-5所示。在页面的左上角，显示"快速访问工具栏"。在工具栏的下方，显示各选项卡，包括"文件""建筑""结构"及"系统"等。

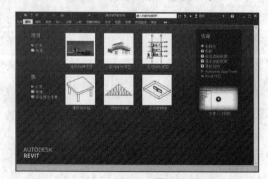

图1-5 "最近使用的文件"页面

在"项目"列表中，显示"打开"选项与"新建"选项。单击"打开"按钮，弹出"打开"对话框，选择Revit文件，单击"打开"按钮，可以打开已有的项目文件。

单击"新建"按钮，选择文件类型与度量制，可以创建新项目文件。

在"族"列表中，执行相应的命令，可以"打开"族文件，"新建"族样板文件，或者"新建概念体量"。

在页面的中间显示样例项目与样例族按钮，单击按钮，可打开样例文件，浏览系统已创建完毕的文件。例如，单击"建筑样例项目"按钮，可打开系统提供的建筑项目文件，如图1-6所示。

图1-6　建筑样例项目文件

在"资源"列表中，单击"帮助"选项，会显示帮助文件。用户可通过阅读文件，进一步了解Revit的特性。单击"快速入门视频"按钮，将播放短视频，简略地向用户介绍Revit软件。

技巧与提示

打开系统提供的样例文件后，会发现功能区中的命令按钮全部显示为灰色。原因是Revit软件禁止用户随意更改样例文件。

1.3.2 课堂案例——取消显示"最近使用的文件"页面

难度：☆☆

素材文件：无

效果文件：无

在线视频：第1章/1.3.2课堂案例——取消显示"最近使用的文件"页面.mp4

如果希望在启动软件后直接进入工作界面，可以取消显示"最近使用的文件"页面。首先调出"选项"对话框，然后通过设置参数，关闭页面的显示。

01 新建项目文件。在"最近使用的文件"页面中单击"文件"菜单，在弹出的列表中单击右下角的"选项"按钮，如图1-7所示。

02 弹出"选项"对话框，在左上角的列表中选择"用户界面"选项。取消选择右侧的"启动时启用'最近使用的文件'页面"选项，如图1-8所示。

03 单击"确定"按钮，关闭对话框。再次启动Revit，即可直接进入工作界面。

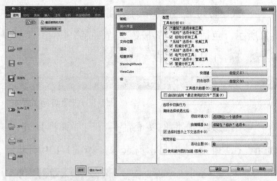

图1-7 单击"选项"按钮　　　图1-8 "选项"对话框

1.3.3 工作界面介绍

图1-9所示为Revit的工作界面，分别由"快速访问工具栏""选项卡""功能区"及"属性"选项板、绘图区域等组成。

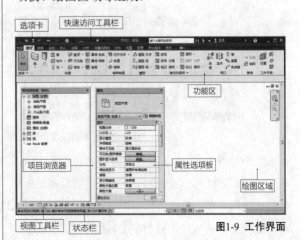

图1-9 工作界面

1.3.4 应用程序按钮

单击工作界面左上角的"应用程序"按钮，向下弹出列表，如图1-10所示。选择"还原"选项，将调整窗口的大小，使之显示为默认的尺寸。选择"最小化"选项，将暂时在屏幕中隐藏软件窗口。选择"最大化"选项，将最大化显示软件工作界面，铺满整个屏幕。选择"关闭"选项，将关闭当前的项目文件。

图1-10 向下弹出列表

1.3.5 快速访问工具栏

"快速访问工具栏"在工作界面的左上角，如图1-11所示，包括"打开"按钮、"保存"按钮等。默认情况下，工具栏显示在"功能区"的上方。

图1-11 快速访问工具栏

单击工具栏右侧的实心箭头，向下弹出列表，选择"在功能区下方显示"选项，如图1-12所示。

图1-12 选择"在功能区下方显示"选项

调整工具栏的显示位置，效果如图1-13所示。

图1-13 向下调整显示位置

在列表中选择"自定义快速访问工具栏"选项，打开"自定义快速访问工具栏"对话框，如图1-14所示。单击左侧的按钮，可以"上移""下移"工具栏中的按钮，或者在工具栏中"添加分隔符"，还可以"删除"工具栏中的按钮。

图1-14 "自定义快速访问工具栏"对话框

设置完毕后，单击"确定"按钮，关闭对话框。图1-15所示为删除若干按钮后，工具栏的显示效果。

图1-15 删除若干按钮后的效果

> **技巧与提示**
>
> 在列表中选择按钮，可以将已删除的按钮重新显示在快速访问工具栏中。

1.3.6 选项卡

在工作界面中显示有13个选项卡，包括"文件""建筑""结构"及"系统"等，如图1-16所示。选择选项卡，将显示与之相应的功能区。

图1-16 选项卡

单击"修改"选项卡右侧的箭头按钮，向下弹出列表。通过选择选项，可以调整选项卡在工作界面中的显示效果。例如，选择"最小化为选项卡"选项，功能区将被隐藏，仅显示选项卡，如图1-17所示。

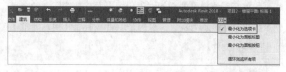

图1-17 最小化为选项卡

选择"最小化为面板标题"选项，隐藏功能区中的命令按钮，仅显示名称，如图1-18所示。

图1-18 最小化为面板标题

选择"最小化为面板按钮"选项，最小化显示功能区的命令按钮，如图1-19所示。将鼠标指针置于功能区之上，可以向下显示命令按钮。

图1-19 最小化为面板按钮

技巧与提示

在调整选项卡的显示效果后，如果希望恢复显示功能区为默认的样式，单击"显示完整的功能区"按钮，如图1-20所示，即可恢复默认样式。

图1-20 单击"显示完整的功能区"按钮

1.3.7 上下文选项卡

执行命令后，进入命令的上下文选项卡。例如，执行"墙"命令，进入"修改|放置 墙"选项卡，如图1-21所示。在该选项卡中，将提供创建墙体的工具。

在"绘制"面板中，提供了"直线""矩形""内接多边形"及"圆形"等工具，选择不同的工具，所创建的墙体类型也不相同。

图1-21 "修改|放置 墙"选项卡

在"修改|放置 墙"选项栏中，会提供若干参数选项。单击选项，向下弹出列表，如图1-22所示。通过设置参数选项，可调整墙体的显示效果。

图1-22 "修改|放置 墙"选项栏

执行不同的命令，进入上下文选项卡，所显示的内容也不相同。例如，执行"坡道"命令，进入"修改|创建坡道草图"选项卡，如图1-23所示，在其中显示包括"模式""绘制"及"工作平面""工具"等多个面板。

图1-23 "修改|创建坡道草图"选项卡

1.3.8 功能区

选择选项卡，显示与之对应的功能区。例如，选择"建筑"选项卡，即可显示"构建""楼梯坡道"及"模型"等功能区，如图1-24所示。选择不同的选项卡，功能区的内容也不同。

图1-24 "建筑"选项卡的功能区

在某些命令按钮的下方，会显示实心箭头。单击箭头，向下弹出列表，可选择选项，启用命令。例如，单击"墙"命令按钮下方的箭头，在弹出的列表中显示"墙：建筑""墙：结构"等命令，如图1-25所示。

选择选项，激活命令，可进入上下文选项卡。选择绘图工具，设置参数，即可开始绘制图形。

在某些功能区名称的右侧，会显示实心箭头。单击箭头，将弹出选项列表。例如在"注释"选项卡中，单击"尺寸标注"功能区名称右侧的箭头，在弹出的列表中将显示图1-26所示的内容。选择选项，打开"类型属性"对话框，可在其中修改标注样式的参数。

图1-25 "墙"命令列表　图1-26 "尺寸标注"选项列表

技巧与提示

在"墙"命令列表中，"墙：饰条"命令、"墙：分隔条"命令显示为灰色，表示不可调用。如果需要调用这些命令，则需要转换至三维视图。

单击功能区名称右侧的斜箭头，如图1-27所示，可打开"类型属性"对话框。

修改对话框中的参数，如图1-28所示，可调整图元在屏幕中的显示效果。

图1-27 单击斜箭头 图1-28 "类型属性"对话框

1.3.9 "属性"选项板

切换至"视图"选项卡，在"窗口"面板上单击"用户界面"按钮，在列表中勾选"属性"复选框，如图1-29所示，打开"属性"选项板。

图1-29 勾选"属性"复选框

"属性"选项板默认显示在工作界面的左侧。选项板包含若干选项组，如"图形""基线""范围"及"标识数据"等，如图1-30所示。

在没有执行任何命令，或者没有选择任何图形的情况下，选项板中显示的是当前视图的参数。

图1-30 "属性"选项板

执行命令后，"属性"选项板的内容会发生变化。例如，执行"墙"命令，在"属性"选项板中将显示墙体的相关信息，如图1-31所示。

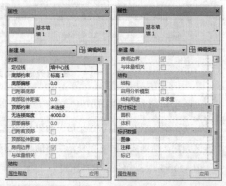

图1-31 显示墙体信息

单击墙体名称，向下弹出列表，在其中显示墙体的类型，如图1-32所示。选择选项，可以更改所创建墙体的类型。

单击右上角的"编辑类型"按钮，打开"类型属性"对话框，如图1-33所示，在其中可以更加详细地设置墙体参数。

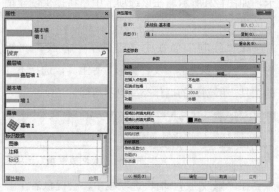

图1-32 向下弹出墙体类 图1-33 "类型属性"对话框
型列表

技巧与提示

在绘图区域的空白处单击鼠标右键，在弹出的快捷菜单中选择"属性"选项，可快速打开"属性"选项板。

1.3.10 项目浏览器

在绘图区域的空白区域单击鼠标右键，在弹出的菜单中选择"浏览器"|"项目浏览器"选项，如图1-34所示，可以在屏幕上显示项目浏览器。

默认情况下，项目浏览器与"属性"选项板是重叠显示的。在项目浏览器的右下角，会显示两个标签，分别是"项目浏览器"与"属性"，如图1-35所示。单击标签，可切换显示项目浏览器与"属性"选项板。

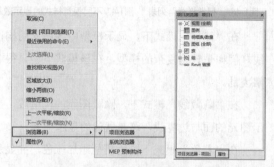

图1-34 在右键菜单中选择"项目浏览器"　图1-35 项目浏览器

展开项目浏览器中的选项，将在列表中显示选项内容。如单击"视图（全部）"选项前的"+"，展开列表，则显示三种类型的视图，包括"结构平面"视图、"楼层平面"视图及"天花板平面"视图。

单击视图选项前的"+"，将在展开的列表中显示视图名称，如图1-36所示。默认将视图名称命名为"标高1""标高2""标高3"等，在名称后添加数字编号以示区别。用户也可以自定义视图名称。

展开"族"选项，将在列表中显示系统包含的所有族类型。展开列表，将显示族名称。如单击"场地"选项前的"+"，将在列表中显示"建筑地坪"族，再展开列表，即显示族名称，如图1-37所示。

有的选项没有任何内容，需要用户自行创建。例如，在"明细表/数量"选项上单击右键，将弹出快捷菜单，如图1-38所示。选择选项，可以创建各种类型的明细表。

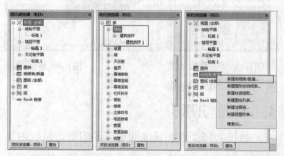

图1-36 展开视图选　　图1-37 族列表　　图1-38 "明细表/
　　项列表　　　　　　　　　　　　　　数量"右键菜单

切换至"视图"选项卡，单击"窗口"面板中的"用户界面"按钮，在列表中选择"项目浏览器"，同样可以打开项目浏览器。

1.3.11　绘图区域

绘图区域占据工作界面大部分的空间，用户可在其中绘制与编辑图元。图元在绘图区域中可显示为二维视图或三维视图，在不同的视图中，图元的显示效果也不相同。

以墙体为例，在二维视图中，显示墙体的平面效果，可以查看墙体的长宽尺寸，如图1-39所示。

切换至三维视图，则可以直观地查看墙体的立体效果，如图1-40所示。同时，如在"属性"选项板中修改墙体的高度，也可以清晰地反映在视图中。

利用右上角的ViewCube工具，可以轻松地查看三维模型。在本章的后续内容中，将会介绍利用该工具查看图形的方法。

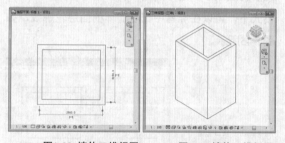

图1-39 墙体二维视图　　　图1-40 墙体三维视图

1.3.12　视图控制栏

视图控制栏显示在绘图区域的左下角，包含若干工具按钮，如图1-41所示。激活按钮，可控制视图的显示效果。

图1-41 视图控制栏

1.　自定义比例

在视图控制栏上单击"自定义比例"按钮，向上弹出比例列表，如图1-42所示。在列表中显示了比例类别，选择其中一项，可指定当前视图的比例。默认使用的比例为1∶100。

选择"自定义"选项，打开"自定义比例"对话框。可在其中设置比率，如图1-43所示。单击"确定"按钮，关闭对话框，完成设置操作。

图1-42 比例列表　图1-43 "自定义比例"对话框

2. 详细程度

为了节省系统内存，加快运算速度，图元的"详细程度"默认定义为"粗略"模式。单击"详细程度"按钮，弹出的列表中将显示三种模式，依次是"粗略""中等"及"精细"，如图1-44所示。

选择"粗略"模式，在屏幕中仅显示图元的轮廓线。选择"中等"或"精细"模式，可以观察图元的构造线。以墙体为例，在"中等"与"精细"模式下，可以在屏幕中查看墙体的面层轮廓线，如图1-45所示。

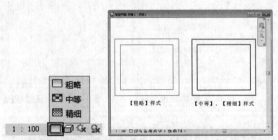

图1-44 "详细程度"列表　图1-45 不同详细程度的显示效果

3. 视觉样式

为了方便用户在不同的"视觉样式"下观察模型，软件提供了5种样式供选用。单击"视觉样式"按钮，在弹出的列表中显示"线框""隐藏线""着色"及"一致的颜色""真实"样式，如图1-46所示。

选择不同的样式，即可看到屏幕中的模型发生相应的转变，效果如图1-47所示。

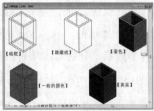

图1-46 "视觉样式"列表　图1-47 不同视觉样式的显示效果

在"线框"模式下，显示模型中各图元的构造线。假如是较为复杂的模型，在该模式下会显得非常凌乱。

在"隐藏线"模式下，隐藏图元的构造线，显示图元的面与边界线，这是默认的显示模式。

在"着色"模式下，为模型添加颜色，并显示其明暗关系。

在"一致的颜色"模式下，取消显示模型的明暗关系，使得各个模型面的显示效果趋向一致。

在"真实"模式下，显示模型的材质，同时显示明暗关系。

在列表中选择"图形显示选项"，打开"图形显示选项"对话框，如图1-48所示。可在其中修改参数，调整模型的显示效果。

展开"阴影"选项组与"勾绘线"选项组，设置参数如图1-48所示。单击"确定"按钮，屏幕中的模型以"勾绘线"的样式显示，同时显示阴影，效果如图1-49所示。

图1-48 "图形显示选项"对话框　图1-49 显示效果

4. 日光与阴影

通过为模型添加日光照射下的阴影，可以增加模型的真实性。单击"日光设置"按钮，在弹出的列表中选择"打开日光路径"选项，如图1-50所示。

随即弹出"日光路径-日光未显示"对话框，如图1-51所示。选择"改用指定的项目位置、日期和时间"选项，在屏幕中显示模型的阴影。

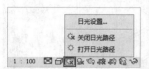

图1-50　日光设置列表

图1-51　"日光路径-日光未显示"对话框

查看屏幕中显示日光的效果，如图1-52所示。在其中显示的信息包括日出、日落的时间、当前的日期与时间，以及东、南、西、北4个方位。

此时尚未显示阴影，因为阴影模式处于关闭状态。单击"关闭阴影"按钮，转换为"显示阴影"按钮，如图1-53所示。

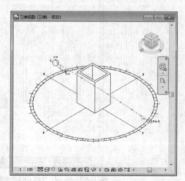

图1-52　显示日光路径

图1-53　单击"关闭阴影"按钮

此时在模型的一侧显示阴影，效果如图1-54所示，阴影的位置与当前的太阳高度角相呼应。

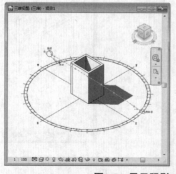

图1-54　显示阴影

在列表中选择"日光设置"按钮，打开"日光设置"对话框，如图1-55所示。修改参数，可指定日光的地点、日期与时间。单击"确定"按钮，阴影的位置即发生相应的变化。

图1-55　"日光设置"对话框

5. 设置渲染参数

在渲染模型之前，首先单击控制栏上的"显示渲染对话框"按钮，打开"渲染"对话框，如图1-56所示。可以设置参数，指定渲染的条件，如"质量""输出设置"及"照明"等。

单击"图像"选项组下的"调整曝光"按钮，打开"曝光控制"对话框，如图1-57所示。可修改选项参数，调整曝光效果。

图1-56　"渲染"对话框　　图1-57　"曝光控制"对话框

6. 裁剪视图

如果进入"裁剪视图"模式，那么位于裁剪范围之外的图元部分则不可见。单击"不裁剪视图"按钮，将其转换为"裁剪视图"按钮，表示已进入"裁剪视图"的模式。

单击"显示裁剪区域"按钮，将其转换为"隐藏裁剪区域"按钮，可以在屏幕中显示裁剪区域，如图1-58所示。此时显示范围被划定在裁剪范围之内。

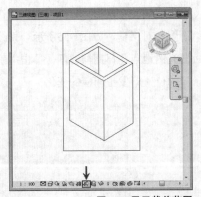

图1-58 显示裁剪范围

选择裁剪区域轮廓线，显示蓝色的圆点。激活圆点，单击并按住鼠标左键，拖动，可以调整区域范围，如图1-59所示。松开鼠标左键，则位于范围之内的图元可见。

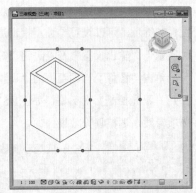

图1-59 调整范围大小

7. 隐藏图元

为了防止在编辑过程中影响其他图元，可以隐藏或隔离指定的图元。选择图元，单击"临时隐藏/隔离"按钮，向上弹出列表，选择"隐藏图元"选项，如图1-60所示。

图1-60 单击"临时隐藏/隔离"按钮

进入"临时隐藏/隔离"模式，绘图区域的周围会显示青色边框，如图1-61所示。

图1-61 "临时隐藏/隔离"模式

单击"临时隐藏/隔离"按钮，在列表中选择"将隐藏/隔离应用到视图"选项，如图1-62所示。

图1-62 选择"将隐藏/隔离应用到视图"选项

接着退出"临时隐藏/隔离"模式，可以看到视图中指定的图元被隐藏，效果如图1-63所示。

图1-63 隐藏图元

单击"显示隐藏的图元"按钮 💡，进入"显示隐藏的图元"模式。在屏幕中，可以看到被隐藏的图元高亮显示，如图1-64所示。

图1-64　"显示隐藏的图元"模式

选择要恢复显示的图元，单击鼠标右键，在弹出的快捷菜单中选择"取消在视图中隐藏"|"图元"选项，如图1-65所示。

单击"关闭显示'隐藏的图元'"按钮，退出模式，即可在视图中查看恢复显示的图元。

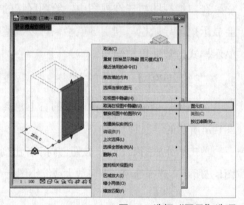

图1-65　选择"图元"选项

1.3.13　状态栏

在尚未执行任何命令的情况下，位于工作界面左下角的状态栏显示如图1-66所示的内容。

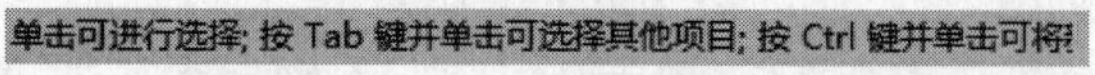

单击可进行选择; 按 Tab 键并单击可选择其他项目; 按 Ctrl 键并单击可将

图1-66　未执行任何命令的状态栏

执行命令的过程中，状态栏中会显示提示文字，提示用户操作步骤。以"墙体"命令为例，启用命令行后，状态栏提示"单击可输入墙起始点"，如图1-67所示，提示用户在绘图区域中单击，以指定墙的起点。

指定起点后，状态栏更新显示提示文字，显示"输入墙终点。单击空格翻转方向"，如图1-68所示，提示用户移动鼠标指针，单击指定墙终点。按下空格键，可以翻转墙体的方向。

执行不同的命令，状态栏的提示文字不同。初学软件的用户在执行命令的过程中，要多留心状态栏中的文字，这对于正确地绘制图元有莫大的帮助。

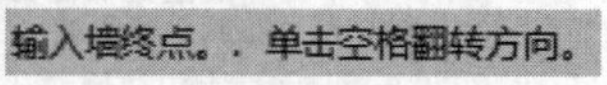

单击可输入墙起始点。　　输入墙终点。. 单击空格翻转方向。

图1-67　显示提示文字　　　　图1-68　更新显示文字

1.3.14　课堂案例——自定义绘图背景的颜色

难度：☆☆

素材文件：无

效果文件：无

在线视频：第1章/1.3.14课堂案例——自定义绘图背景的颜色.mp4

默认情况下，绘图背景的颜色为白色，但是对于习惯使用AutoCAD制图的人员来说，可能更加喜欢黑色的绘图背景。通过执行修改操作，可以自定义绘图背景的颜色。

01 新建项目文件。选择"文件"选项卡，在列表中单击"选项"按钮。

02 打开"选项"对话框，在左侧选择"图形"选项卡，然后在右下角的"颜色"列表中，单击"背景"选项，如图1-69所示。

图1-69　"选项"对话框

03 打开"颜色"对话框，在"自定义颜色"列表中选择"黑色"，如图1-70所示。

04 单击"确定"按钮，返回"选项"对话框。可以看到在"背景"选项中，显示了更改颜色的效果。

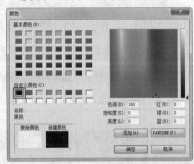

图1-70 选择颜色

05 单击"确定"按钮，返回绘图区域，此时背景显示为黑色，效果如图1-71所示。

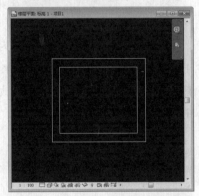

图1-71 黑色的绘图背景

1.3.15 屏幕菜单的妙用

将光标置于命令按钮之上，稍停几秒，将显示屏幕菜单。在该菜单中，会显示命令的名称、与之对应的快捷键、命令的释义及示例图形。

"墙"命令的屏幕菜单如图1-72所示。在命令名称的右侧，显示命令的快捷键为WA。在命令行中输入WA，即可激活"墙"命令。

不同的命令，屏幕菜单的显示内容不同。图1-73所示为"对齐尺寸标注"命令的屏幕菜单。通过阅读文字，可了解命令的含义及操作方法；通过示例图形，可查看创建标注的效果。

图1-72 "墙"命令屏幕菜单 图1-73 "对齐尺寸标注"命令屏幕菜单

1.4 基本操作

利用Revit提供的工具，可以便捷地查看视图、选择图元或编辑图元。本节将介绍查看视图、选择/编辑图元及利用快捷键的方法。

1.4.1 利用"导航栏"查看视图

在二维视图与三维视图中，绘图区域的右上角会显示矩形导航栏。利用导航栏，可以调整视图的显示样式，辅助用户绘图。

1. 二维视图中的导航栏

切换至二维视图，绘图区域的右上角会显示如图1-74所示的导航栏。

单击"缩放图纸大小"按钮，向下弹出列表，如图1-75所示。选择选项，即可放大或缩小图元。

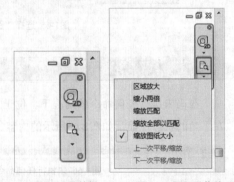

图1-74 导航栏 图1-75 显示子菜单

导航栏的位置不是固定不变的。单击导航栏右下角的按钮，在弹出的列表中选择"固定位置"选项，接着向左弹出列表，如图1-76所示，选择选项，可控制导航栏的显示位置。

图1-76　位置列表

默认情况下，导航栏的不透明度为75%。在列表中选择"修改不透明度"选项，向左弹出子菜单，其中显示了多种不透明度供用户选择，如图1-77所示。

切换至"视图"选项卡，单击"窗口"面板上的"用户界面"按钮，向下弹出列表。勾选"导航栏"复选框，如图1-78所示，可在视图中显示导航栏。取消勾选，则关闭显示导航栏。

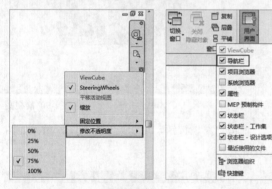

图1-77　透明度列表　　　图1-78　选择选项

2. 三维视图中的导航栏

三维视图中的导航栏也显示在绘图区域的右上角。单击"全导航控制盘"按钮，向左下角弹出菜单，如图1-79所示。在其中列举了各种样式的导航盘名称，包括"全导航控制盘（小）""查看对象控制盘（小）"等。

选择"全导航控制盘（小）"选项，显示控制盘如图1-80所示。控制盘被划分为若干区域，每个区域代表一个命令。

图1-79　显示控制盘的类型　　图1-80　显示控制盘

将光标置于其中的一个区域，即在控制盘的下方显示命令名称，例如，显示"缩放"命令名称后，单击并按住鼠标左键不放，在绘图区域中将显示"轴心"，如图1-81所示。此时来回拖动鼠标，可放大或缩小图元。

选择"查看对象控制盘（小）"选项，显示如图1-82所示的控制盘。控制盘被划分为4个区域，分别代表"平移"命令、"回放"命令、"缩放"命令及"动态观察"命令。

选择"巡视建筑控制盘（小）"选项，显示如图1-83所示的控制盘。控制盘由4个部分组成，依次代表"漫游""回放""向上/向下""环视"命令。激活命令，可查看模型的创建效果。

图1-81　显示轴心　　图1-82　查看对象　　图1-83　巡视建筑
　　　　　　　　　　　　　控制盘　　　　　　控制盘

选择"查看对象控制盘（基本型）"选项，显示如图1-84所示的控制盘。控制盘集中了查看对象的工具，包括"中心""缩放""回放"及"动态观察"。

选择"巡视建筑控制盘（基本型）"选项，显示如图1-85所示的控制盘。选择控制盘中的工具，单击并按住鼠标左键拖动鼠标指针，可查看模型。

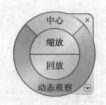 

图1-84 查看对象控制盘 图1-85 巡视建筑控制盘

单击控制盘右下角的实心箭头，弹出如图1-86所示的菜单。选择选项，可调整控制盘的显示样式，或者切换视图窗口。

如果需要存储当前的视图，可以在菜单中选择"保存视图"选项，打开"为新的三维视图输入名称"对话框，如图1-87所示。

 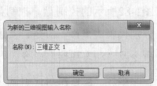

图1-86 显示控制盘菜单 图1-87 设置视图名称

在对话框中设置名称，单击"确定"按钮，存储视图。在项目浏览器中展开"视图"列表，可以看到在"三维视图"子列表中显示了已存储的视图。双击视图名称，即可以打开视图。

1.4.2 使用ViewCube的方法

利用ViewCube，可以轻松地从多个角度查看模型。在三维视图中，ViewCube显示在绘图区域的右上角，导航栏的上方，如图1-88所示。

图1-88 显示ViewCube

单击ViewCube上的"上"按钮，可切换至俯视图，查看模型的平面效果，如图1-89所示。

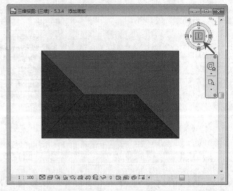

图1-89 俯视图

单击ViewCube上的"前"按钮，可切换至前视图，查看模型的立面图，如图1-90所示。

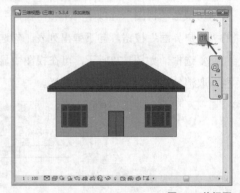

图1-90 前视图

单击"右"按钮，可切换至右视图，效果如图1-91所示。

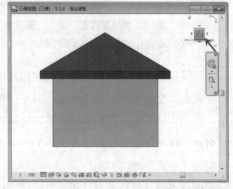

图1-91 右视图

单击ViewCube的棱线，可转换角度，查看模型，效果如图1-92所示。

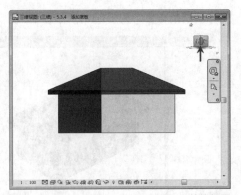

图1-92 转换视图

单击"下"按钮，可显示底视图，效果如图1-93所示。

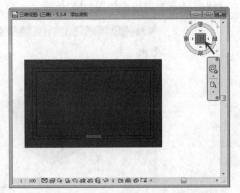

图1-93 底视图

单击ViewCube下角点，可从下方窥视模型的内部，效果如图1-94所示。

图1-94 窥视模型内部

单击ViewCube左上角的"主视图"按钮，返回主视图。在ViewCube下方显示的圆形为指南针，将光标停留在指南针上，单击并按住鼠标左键拖动鼠标指针，模型中将显示轴心，如图1-95所示。来回移动鼠标，即可旋转模型。

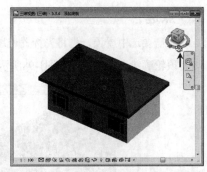

图1-95 激活指南针

技巧与提示

为了方便从下方窥视模型内部，已经事先隐藏地板。

单击ViewCube右下角的"关联菜单"按钮，弹出如图1-96所示的菜单。通过选择选项，可以执行"保存视图""定向到视图"或"定向到一个平面"等操作。

在菜单中选择"选项"，打开"选项"对话框。在左上角的列表中选择ViewCube，切换选项卡。在选项卡中可修改参数，设置ViewCube的显示位置与显示效果，如图1-97所示。

图1-96 显示菜单　　　　图1-97 "选项"对话框

技巧与提示

单击"文件"选项卡，在弹出的列表中，单击右下角的"选项"按钮，也可以打开"选项"对话框。

1.4.3 选择图元

在Revit中编辑图元之前，需要先选中图元。对于选中的图元，可以在"属性"选项板中查看属性信息。

1. 点选

如需要选中屋顶，先将光标置于屋顶之上。此时屋顶轮廓线高亮显示，如图1-98所示。

图1-98 激活图形

单击屋顶，屋顶显示为半透明的蓝色，如图1-99所示，表示屋顶已被选中。

图1-99 选择屋顶

2. 框选

如果需要同时选择多个图形，可以从右下角至左上角绘制矩形选框，如图1-100所示。

图1-100 绘制选框

利用该方式绘制的选框，轮廓线显示为虚线。松开鼠标左键，与选框交界的图元即被选中，显示

为半透明的蓝色，如图1-101所示。

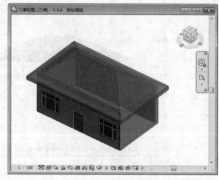

图1-101 选择图元

如果从左上角至右下角绘制矩形选框，选框轮廓线则显示为实线，如图1-102所示。

图1-102 绘制选框

松开鼠标左键，则位于选框之内的全部立面窗被选中，如图1-103所示。与选框相交的屋顶与墙体因为没有完全位于选框内，所以没有被选中。

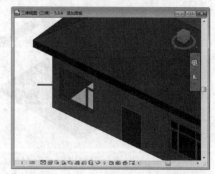

图1-103 选择立面窗

3. 其他设置

在任意一个选项卡中，单击"选择"面板名称，向下弹出列表，如图1-104所示。选择选项，可设置选择模式。例如，勾选"选择时拖拽图元"复选框，则在选中图元后，就可以拖动被选定的图元。

单击"文件"选项卡，在弹出的列表中单击"选项"按钮，打开"选项"对话框。选择"图形"选项卡，在"颜色"选项组下设置"选择"颜色与模式，如图1-105所示。

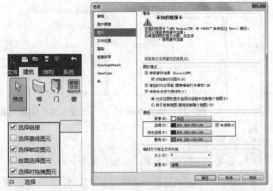

图1-104　显示列表　　　图1-105　"选项"对话框

单击"选择"选项，打开"颜色"对话框。更改颜色，如"红色"。返回绘图区域，再次选中屋顶，此时屋顶显示为红色，如图1-106所示。

图1-106　更改显示颜色

假如在"选项"对话框中取消勾选"半透明"复选框，则选中的屋顶显示为实体，效果如图1-107所示。默认为勾选"半透明"复选框，即在选中图元后，图元显示为半透明样式。

图1-107　显示为实体

1.4.4　编辑图元

编辑图元的工具多种多样，在本节中，将以使用最频繁的"修改"面板为例，介绍编辑图形的方法。选择"修改"选项卡，其中将显示各种类型的修改工具，如图1-108所示。

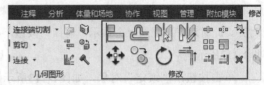

图1-108　"修改"选项卡

1.　对齐

在"修改"面板上单击"对齐"按钮，进入编辑模式。在选项栏上单击"首选"按钮，弹出的列表中将显示参照线的样式。默认选择"参照墙中心线"样式，如图1-109所示，即以墙中心线为标准，执行"对齐"图元的操作。

图1-109　选择参照线样式

选择对齐参照线或起点，例如，选择外墙体，指定墙体中心线，如图1-110所示。

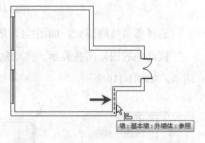

墙：基本墙：外墙体：参照

图1-110　选择对象

此时显示对齐参照线，参照线的样式为蓝色虚线。移动鼠标指针，单击指定要对齐的实体，例如，选择另一段外墙体，如图1-111所示。

因为将"首选"参照线样式设置为"参照墙中心线"，所以在选择实体的时候，高亮显示中心线。

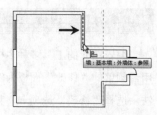

图1-111 指定要对齐的对象

选中上方墙体后，墙体向右移动，与下方墙体对齐。此时对齐参照线上会显示"解锁"按钮，如图1-112所示。

单击按钮，"锁定"对象，如图1-113所示。锁定对齐结果后，不会因为其他的编辑操作而影响对齐效果。

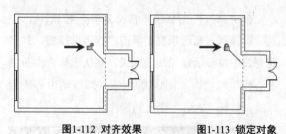

图1-112 对齐效果　　　图1-113 锁定对象

2. 偏移

偏移图元有两种方式，一种是"图形方式"，另一种是"数值方式"。

在"修改"面板上单击"偏移"按钮，在选项栏中选中"图形方式"单击按钮，如图1-114所示。

图1-114 选择偏移方式

选择要偏移的图元，如图1-115所示。

被选中的图元高亮显示。移动鼠标指针，指定端点，如图1-116所示。

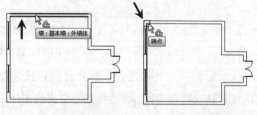

图1-115 选择对象　　　图1-116 指定起点

向上移动鼠标指针，指定终点。在移动鼠标指针的同时，会显示临时尺寸标注，帮助用户确定距离，如图1-117所示。

在合适的位置单击，结束偏移操作，效果如图1-118所示。

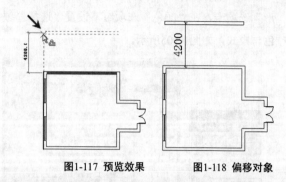

图1-117 预览效果　　　图1-118 偏移对象

技巧与提示

如果在选项栏中选择"复制"选项，则在"偏移"对象的同时，还将创建对象的副本。否则，只会调整原对象的位置。

在选项栏中选中"数值方式"单击按钮，设置"偏移"距离，如图1-119所示。

图1-119 设置偏移参数

选择要偏移的对象，在对象的一侧显示虚线，如图1-120所示。虚线的位置，即是对象副本的位置，单击即可在指定的位置创建对象副本。

图1-120 预览效果

3. 镜像-拾取轴

在"修改"面板中单击"镜像-拾取轴"按钮，选择平面窗，如图1-121所示。

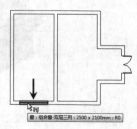

图1-121 选择对象

按下空格键，进入编辑模式。将光标置于中间的墙体之上，即高亮显示墙体中心线，如图1-122所示。

在墙体中心线上单击，指定镜像轴，即可向右镜像复制平面窗的副本，效果如图1-123所示。

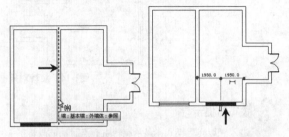

图1-122 指定镜像轴　　　　图1-123 创建副本

4. 镜像-绘制轴

在"修改"面板上单击"镜像-绘制轴"按钮 ，选择平面窗，如图1-124所示。

按下空格键，进入编辑模式。移动鼠标指针，在上方墙体中单击指定中点，如图1-125所示，指定该点为镜像轴的起点。

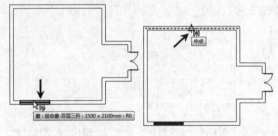

图1-124 选择对象　　　　图1-125 指定起点

向下移动鼠标指针，单击下方墙体的中点，如图1-126所示，指定该点为镜像轴的终点。

向右镜像复制平面窗副本，效果如图1-127所示。

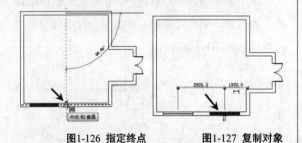

图1-126 指定终点　　　　图1-127 复制对象

技巧与提示

利用"镜像-绘制轴"工具创建对象副本，所绘制的镜像轴在命令结束后会自动消失。

5. 移动

在"修改"面板上单击"移动"按钮 ，选择将要移动的图元，如图1-128所示。

按下空格键，进入编辑模式。移动鼠标指针指定移动的起点，如图1-129所示。

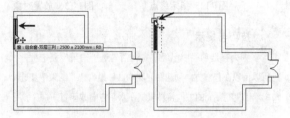

图1-128 选择对象　　　　图1-129 指定起点

向下移动鼠标指针，指定移动的终点，如图1-130所示。

在终点位置单击，调整图元位置的效果如图1-131所示。

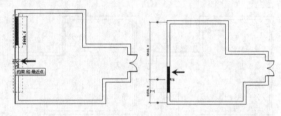

图1-130 指定终点　　　　图1-131 移动对象

6. 复制

在"修改"面板上单击"复制"按钮 ，在选项栏上取消勾选"约束"复选框，如图1-132所示。

图1-132 取消勾选"约束"复选框

在绘图区域中选择图元，如图1-133所示。

单击合适位置指定起点，如图1-134所示。

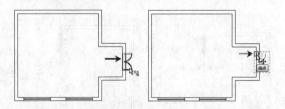

图1-133 选择对象　　　　图1-134 指定起点

移动鼠标指针，指定终点，如图1-135所示。

在终点位置单击，移动复制图元的效果如图1-136所示。

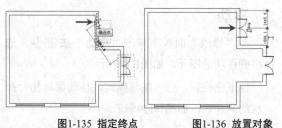

图1-135 指定终点　　　　图1-136 放置对象

技巧与提示

因为在选项栏中已经事先取消勾选"约束"复选框，所以可以在任意方向创建图元副本。如果勾选"约束"复选框，则复制图元的方向将被限制在水平方向或垂直方向。

7. 旋转

在"修改"面板上单击"旋转"按钮⟳，选择编辑对象，如图1-137所示。

按下空格键，进入编辑模式。此时在对象上显示蓝色的实心圆点，此为旋转中心点，如图1-138所示。

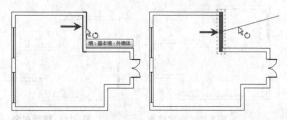

图1-137 选择对象　　　　图1-138 显示中心点

在中心点上按住鼠标左键不放，向下移动鼠标指针，即可调整中心点的位置，如图1-139所示。

在对象上单击，向左移动鼠标指针，显示临时角度标注，如图1-140所示。

除了可以通过临时角度标注确定旋转角度外，还可以在选项栏中的"角度"选项输入参数，如图1-141所示。

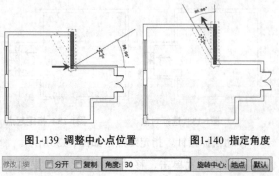

图1-139 调整中心点位置　　　　图1-140 指定角度

修改｜墙　□分开 □复制 角度：30　　旋转中心：地点 默认

图1-141 输入角度

指定旋转角度后，按下回车键，旋转对象的效果如图1-142所示。

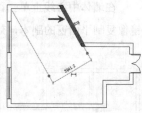

图1-142 旋转对象

技巧与提示

进入"旋转"模式，显示旋转中心点后，记得要在对象上单击，才可以进入设置"旋转角度"的模式。

8. 修剪/延伸为角

在"修改"面板上单击"修剪/延伸为角"按钮，选择对象，如图1-143所示。

按下空格键，进入编辑模式。接着选择另一段墙体，如图1-144所示。

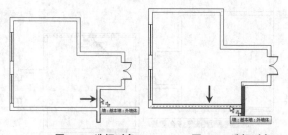

图1-143 选择对象1　　　　图1-144 选择对象2

系统执行"修剪"操作，删除多余的墙体，修剪选中的墙体，使之显示为一个直角，效果如图1-145所示。

除了修剪墙体得到直角之外，还可以延伸墙体来得到直角。依次选择要延伸的第一段墙体与第二段墙体，如图1-146所示。

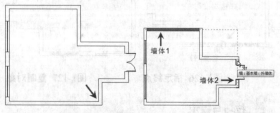

图1-145 修剪对象　　　　图1-146 选择对象

将同时延长两段墙体，使之相接并显示为一个直角，效果如图1-147所示。

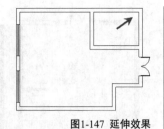

图1-147　延伸效果

9.　拆分图元

在"修剪"面板上单击"拆分图元"按钮 ，在对象上依次指定起点与终点，如图1-148所示。

在选项栏上勾选"删除内部线段"复选框，则起点与终点之间的线段将被删除，效果如图1-149所示。

取消勾选"删除内部线段"复选框，则起点与终点的线段被保留，只是被拆分为独立的对象。

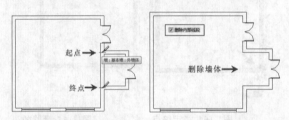

图1-148　指定起点与终点　　　图1-149　拆分图元

10.　线性阵列

在"修改"面板上单击"阵列"按钮，选择对象，按下空格键，进入编辑模式。在选项栏中单击"线性"按钮，指定阵列模式。设置"项目数"，指定"移动到"类型，如图1-150所示。

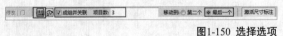

图1-150　选择选项

> **技巧与提示**
>
> 选中"第二个"，将以第一个对象与第二个对象的间距为标准，分布其他对象副本。选中"最后一个"，将在第一个对象与最后一个对象的间距之内分布所有的对象副本。

单击指定起点，如图1-151所示。

向下移动鼠标指针，单击指定终点，如图1-152所示。即在起点与终点之间分布门对象。

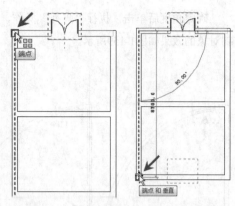

图1-151　指定起点　　　图1-152　指定终点

在终点位置单击，预览阵列复制对象的效果如图1-153所示。

在空白区域单击，退出命令，最终效果如图1-154所示。

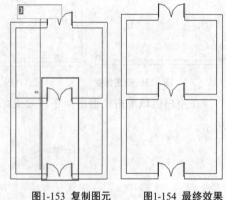

图1-153　复制图元　　　图1-154　最终效果

11.　半径阵列

进入"阵列"模式后，在选项栏上单击"半径"按钮，指定"阵列"模式。设置"项目数"，指定"移动到"为"第二个"，如图1-155所示。

图1-155　选择选项

在目标对象上会显示阵列中心点，如图1-156所示，显示为蓝色的实心圆点。

在圆点上单击并按住鼠标左键拖动鼠标指针，在合适的位置释放左键，调整圆点的位置，如图1-157所示。

调整圆点位置后，单击指定旋转起点。移动鼠标指针，在临时尺寸标注的帮助下，确定旋转角度，如图1-158所示。

确定角度后单击，执行"阵列"操作，预览复制对象的效果如图1-159所示。

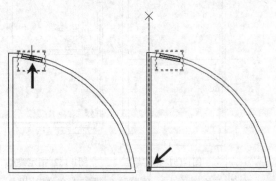

图1-156 显示中心点　　图1-157 调整中心点位置

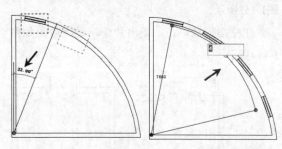

图1-158 指定角度　　　图1-159 复制对象

在空白区域单击，退出命令，效果如图1-160所示。

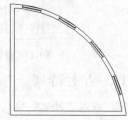

图1-160 最终效果

12. 缩放

"缩放"方式有两种，如图1-161所示。一种是"图形方式"，可以事先预览缩放效果。另一种是"数值方式"，通过指定"比例"执行缩放操作。

图1-161 选择选项

单击"修改"面板上的"缩放"按钮 ，选择对象，如图1-162所示。

按下空格键，进入编辑模式。默认选中"图形方式"，在对象上指定起点，如图1-163所示。

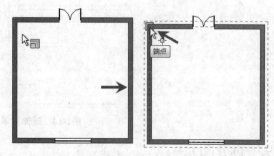

图1-162 选择对象　　　图1-163 指定起点

向下移动鼠标指针，单击指定终点，如图1-164所示。

继续移动鼠标指针，此时显示虚线轮廓，预览放大对象的效果，如图1-165所示。借助临时尺寸标注，得知当前对象的尺寸。

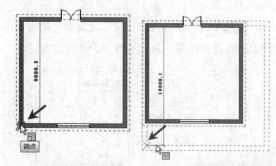

图1-164 指定终点　　　图1-165 预览效果

在合适的位置单击，放大对象。图1-166所示为对象缩放前的效果，图1-167所示为放大对象的效果。

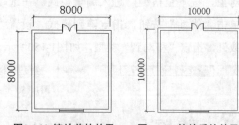

图1-166 缩放前的效果　　图1-167 缩放后的效果

13. 修剪/延伸单个图元

在"修改"面板上单击"修剪/延伸单个图元"按钮 ，选择内墙线作为参照边界，如图1-168所示。

选择要延伸的对象，将显示蓝色的虚线，预览延伸效果，如图1-169所示。

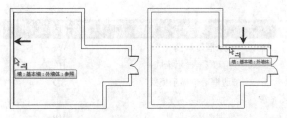

图1-168 指定边界线　　　　图1-169 选择对象

将选定的墙体延伸至边界线的效果如图1-170所示。

14. 修剪/延伸多个图元

在"修改"面板上单击"修剪/延伸多个图元"按钮，选择边界线，框选要延伸的多个对象，同时延伸至边界线的效果如图1-171所示。

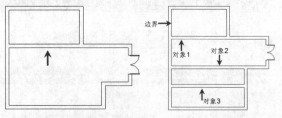

图1-170 延伸单个对象　　　　图1-171 延伸多个对象

15. 其他修改工具

单击"锁定"按钮，锁定选定的图元。输入快捷键PN，同样可以调用该命令。

单击"解锁"按钮，解除图元的锁定状态。该命令的快捷键为UP。

单击"删除"按钮，删除选定的图元。输入DE，激活"删除"命令。或者选择图元，按下Delete键，也可执行"删除"操作。

1.4.5 利用快捷方式

除了通过单击面板按钮调用命令之外，还可以利用快捷方式调用命令。新用户如不了解各命令对应的快捷方式，可以利用屏幕菜单，快速地找到某个命令的快捷方式。

在键盘中输入快捷方式的首字母，例如，输入W，在状态栏上将显示以W开头的命令。按下键盘上的向右方向键→，将顺序显示所有以W开头的快捷方式，如图1-172所示。

翻转至适用的快捷方式，再在键盘中输入与之对应的字母，即可调用命令。例如，翻转至"快捷方式：（W）N窗（建筑>构建）"时，输入N，即可执行WN"窗"命令。

同理，输入C，可启用WC"层叠窗口"命令。输入F，可执行WF"线框"命令。

某些命令没有默认的快捷键方式。例如，在"天花板"命令的屏幕菜单中，并没有显示与之对应的快捷键方式，如图1-173所示。所以为了方便启用命令，Revit允许用户自定义快捷方式。

关于自定义快捷方式的操作方式，请参考下一节。

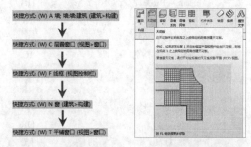

图1-172 显示快捷方式　　　　图1-173 屏幕菜单

Revit为大部分常用的命令赋予了快捷方式，如表1-1所示。

表1-1 快捷键列表

命令	快捷方式
墙	WA
窗	WN
放置构件	CM
房间	RM
房间标记	RT
轴线	GR
文字	TX
对齐标注	DI
移动	MV
复制	CO
旋转	RO
定义旋转中心	R3/空格键
阵列	AR
镜像-拾取轴	MM
创建组	GP
锁定位置	PP
修剪/延伸	TR
偏移	OF

命令	快捷方式
选择整个项目中的所有实例	SA
重复上上个命令	RC/Enter
恢复上一次选择集	Ctrl+←（左方向键）
捕捉远距离对象	SR
象限点	SQ
点	SX
工作平面网格	SW
切点	ST
关闭替换	SS
形状闭合	SZ
关闭捕捉	SO
区域放大	ZR
可见性图形	VV/VG
临时隐藏图元	HH
临时隔离图元	HI
临时隐藏类别	HC
临时隔离类别	IC
重设临时隐藏	HR
渲染	RR
视图窗口平铺	WT
门	DR
标高	LL
高程点标注	EL
绘制参照平面	RP
模型线	LI
按类别标记	TG
详图线	DL
图元属性	PP/Ctrl+1
删除	DE
解锁位置	UP
匹配对象类型	MA
线处理	LW
填色	PT
拆分区域	SF
对齐	AL
拆分图元	SL
垂足	SP
最近点	SN
中点	SM
交点	SI
端点	SE
中心	SC
捕捉到云点	PC
缩放配置	ZF
上一次缩放	ZP
动态视图	F8/Shift+W

命令	快捷方式
线框显示模式	WF
隐藏线框显示模式	HL
带边框着色显示模式	SD
细线显示模式	TL
视图图元属性	VP
隐藏图元	EH
隐藏类别	VH
取消隐藏图元	EU
取消隐藏类别	VU
切换显示隐藏图元模式	RH
快捷键定义窗口	KS
视图窗口重叠	WC

1.4.6　课堂案例——自定义快捷方式

难度：☆☆	
素材文件：无	
效果文件：无	

在线视频：第1章/1.4.1课堂案例——自定义快捷方式.mp4

一千个用户有一千种绘图习惯。为了适应自己的绘图习惯，可以适当地修改软件的工作环境。其中，为命令指定快捷方式便是其中的一个环节。

在本节中，将介绍自定快捷方式的操作步骤。Revit不仅允许用户自定义快捷键方式，甚至可以将相同的快捷方式指定给不同的命令。

01 新建项目文件。切换至"视图"选项卡，单击"窗口"面板上的"用户界面"按钮，向下弹出列表，在其中选择"快捷键"选项，如图1-174所示。

02 打开"快捷键"对话框，如图1-175所示。在对话框中显示命令，以及与之对应的快捷键。

图1-174 选择选项　　图1-175 "快捷键"对话框

 技巧与提示

在命令行中输入KS，也可打开"快捷键"对话框。

03 选择"类型属性"命令，在"按新键"选项中输入快捷键方式，如WA，如图1-176所示。

04 单击"指定"按钮，打开"快捷方式重复"对话框，如图1-177所示。提醒用户快捷方式WA已被指定给"墙"命令，但是允许重复。

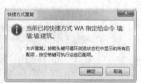

图1-176 **"快捷键"对话框**　　图1-177 **"快捷方式重复"**
　　　　　　　　　　　　　　　　　　　　　对话框

05 单击"确定"按钮，返回"快捷键"对话框，此时"类型属性"命令的快捷方式被指定为WA，如图1-178所示。

06 在键盘中输入W，按下键盘上的右方向键→，翻转快捷方式，可以显示"类型属性"命令，如图1-179所示。

图1-178 设置快捷方式　　图1-179 翻转显示快捷方式

技巧与提示

在"快捷键"对话框中，单击左下角的"导入"按钮，可以导入.xml快捷方式文件，按照文件内容重定义快捷方式。单击"导出"按钮，可将当前视图中快捷方式的设置内容导出至计算机中。

1.5 设置窗口显示样式

在Revit中，可以同时打开多个视图窗口，如平面视图窗口、立面视图窗口及三维视图窗口等。

掌握窗口的显示样式，可以帮助用户利用窗口绘制或编辑图形。

1.5.1 切换窗口

在打开多个窗口的情况下，可以单击"快速访问工具栏"上的"切换窗口"按钮，向下弹出列表，在其中显示已打开的视图窗口的名称，如图1-180所示。

在列表中选择视图名称，可以切换至该视图。

图1-180 显示视图列表

选择"视图"选项卡，单击"窗口"面板上的"切换窗口"按钮，弹出窗口列表，如图1-181所示。选择视图名称，也可切换至视图窗口。

图1-181 向下弹出列表

技巧与提示

需要注意的是，不应同时打开过多的视图窗口，这将导致软件运算速度变慢。

1.5.2 关闭隐藏对象

在"快速访问工具栏"上单击"关闭隐藏对象"按钮，如图1-182所示，则会保留当前视图窗口，关闭其他所有未显示的视图窗口。其优点是可以一次性关闭多个视图窗口。

在"视图"选项卡中，单击"窗口"面板上的"关闭隐藏对象"按钮，如图1-183所示，也可以关闭所有的隐藏窗口。

图1-182 单击"关闭隐藏对　　图1-183 激活命令按钮
象"按钮

1.5.3 复制窗口

执行"复制窗口"的操作，可以打开当前视图的另一个实例。对视图的该实例进行的任何修改，都将反映在视图的其他实例中。

在"视图"选项卡中单击"窗口"面板上的"复制"按钮，如图1-184所示，即可创建当前视图的另一个实例。

操作完毕后，将在视图列表中显示复制结果，如图1-185所示。为与已有的视图窗口相区别，窗口名称后将添加编号。

图1-184 单击"复制"按钮　　图1-185 复制窗口

> **技巧与提示**
>
> 执行"复制窗口"的操作，结果是复制视图实例窗口，而不是复制一个视图副本。

1.5.4 层叠窗口

在"视图"选项卡中单击"层叠"按钮，如图1-186所示。

将按序列对绘图区域中所有打开的窗口按对角排列，从左上角到右下角，如图1-187所示。

图1-186 单击"层叠"按钮　　图1-187 层叠窗口

1.5.5 平铺窗口

在"视图"选项卡中单击"窗口"面板上的"平铺"按钮，如图1-188所示。

图1-188 单击"平铺"按钮

将平铺排列绘图区域中所有已打开的视图，效果如图1-189所示。

图1-189 平铺窗口

1.5.6 课堂案例——排列建筑项目平立剖视图

| 难度：☆☆ |
| 素材文件：无 |
| 效果文件：无 |

在线视频：第1章/1.5.6课堂案例——排列建筑项目平立剖视图.mp4

在创建建筑项目模型的过程中，利用"平铺窗口"工具，可加入需要同时查看项目的平立剖视图。将光标置于某个窗口之中，单击可激活窗口，调整窗口中图元的显示效果。移动鼠标指针，则激活另一个窗口，继续执行编辑操作。

01 启动Revit应用程序，在"最近使用的文件"页面上单击"建筑样例项目"按钮，如图1-190所示，打开样例文件。

02 为了同时查看多个视图，需要先依次打开这些视图。在项目浏览器中展开视图列表，选择视图，单击鼠标右键，在弹出的快捷菜单中选择"打开"选项，如图1-191所示。打开选中的视图。

图1-190 单击"建筑样例项　　图1-191 选择"打开"
目"按钮

03 重复执行上述操作，打开平面视图、立面视图及剖面视图。

04 在"切换窗口"列表中，显示当前已打开的所有视图，如图1-192所示。

图1-192　视图列表

05 在"窗口"面板中单击"平铺"按钮，同时显示所有视图，效果如图1-193所示。

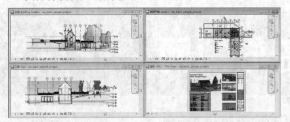

图1-193　平铺窗口

1.5.7　自定义用户界面

默认情况下，用户界面包含若干构件。通过执行设置操作，可以显示或隐藏某些构件。选择"视图"选项卡，单击"窗口"面板上的"用户界面"按钮，向下弹出列表。

列表中将显示界面的构件，包括"导航栏""项目浏览器"及"系统浏览器"等，如图1-194所示。勾选构件，则该构件即在界面中显示。

图1-195所示为关闭显示"项目浏览器"与"属性"选项板的效果。

根据绘图需求或用户的个人习惯，可自定义构件的显示或隐藏状态。

图1-194　弹出列表

图1-195　操作效果

技巧与提示

在二维视图中，列表中的"ViewCube"选项显示灰色。切换至三维视图，则该选项高亮显示，并可以被编辑。

1.6　本章小结

本章介绍了Revit Architecture的基本操作，包括软件的简介及启动软件的方式、工作界面的构成等。

要想熟练掌握运用软件的技巧，首先要了解工作界面中的各个构件。Revit的工作界面包括应用程序按钮、快速访问工具栏及选项卡等若干构件。

了解这些构件所具备的功能，是绘图的必修课。只有掌握了运用构件的方式，才能够借助构件，达到绘制各类图元的目的。

关于项目文件的操作，即"打开文件""新建文件"及"关闭文件"等，与其他制图软件既有相同之处，也有不同之处。通过阅读本章1.4节的内容，可以得知操作方法。

绘制完毕的图元，要想仔细地查看，就需要借助视图查看工具。Revit提供了"导航栏"及"ViewCube"两个工具供用户选用。

在绘制图元的过程中，不知不觉就会打开多个视图窗口。此时利用"窗口"系列工具，不仅可以关闭隐藏窗口，提高软件运行速度，还可以"切换窗口""复制窗口"及"平铺窗口"等。

在正式绘图之前，应仔细阅读本章内容，以便对Revit Architecture有一个基本的了解，为以后的绘图工作打下良好基础。

第 **2** 章

绘制标高与轴网

内容摘要

在Revit中运用相应的命令，可以灵活地创建及编辑标高与轴网。Revit中提供了多种类型的标高线与轴网线供用户选用。关于标高标头与轴网标头，用户可以选用默认的样式，也可以调入外部族文件，甚至可以运用族样板，自行创建标头与轴号。

本章将介绍绘制与编辑标高、轴网的方法。

课堂学习目标

- 学习创建与编辑标高的方法
- 掌握创建与编辑轴网的方法

2.1 标高

通过创建标高，可以定义楼层高度，布置项目的立面效果。Revit中的标高必须在立面视图中创建。所以，在创建标高之前，需要先转换视图。

2.1.1 转换视图

新建一个项目文件，默认进入平面视图。选择"建筑"选项卡，此时发现"基准"面板中的"标高"命令按钮显示为灰色，如图 2-1所示。这表示在当前视图中，"标高"命令不可调用。

切换至"视图"选项卡，单击"创建"面板上的"立面"按钮，向下弹出列表，选择"立面"选项，如图 2-2所示。

图 2-1 按钮显示为灰色　图 2-2 选择"立面"

在绘图区域中指定光标的位置，此时光标显示为立面符号。

> **技巧与提示**
> 连续按下键盘上的Tab键，可以切换立面符号的指示方向。

在合适的位置单击，指定立面符号的位置，即可创建立面符号，效果如图 2-3所示。

同时，在项目浏览器中，新增一个名称为"立面（立面1）"的列表。单击展开列表，显示新建立面视图的名称，如图 2-4所示。

选择视图名称，双击进入立面视图。

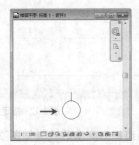

图 2-3 放置立面符号　图 2-4 显示视图名称

2.1.2 如何显示默认标高

在新项目中，系统默认创建名称为"标高1"的视图。用户自行创建立面视图后，就可以在视图中查看名称为"标高1"的标高。

单击右上角导航栏中的"缩放"按钮，向左下角弹出列表，选择"缩放全部以匹配"选项，如图2-5所示。

> **技巧与提示**
> 系统将默认创建的视图统一命名为"标高1"，包括结构视图、平面视图及天花板平面视图。与视图相对应的标高，也相应地被命名为"标高1"。

执行"缩放"操作后，将在视图中显示标高，效果如图 2-6所示。

图 2-5 选择"缩放全部以匹配"　图 2-6 显示标高

2.1.3 创建标高

在立面视图中创建标高有两种方式，一种是调用"标高"命令创建，另一种是调用"修改"命令创建。

本节将介绍这两种创建标高的方式。

1. 调用"标高"命令创建标高

在立面视图中，切换至"建筑"选项卡，"基准"面板上的"标高"命令按钮被激活，如图 2-7所示。

图 2-7 激活按钮

单击"标高"命令按钮，进入"修改|放置 标

高"选项卡。在"绘制"面板中,默认选择"线"绘制样式。

在选项栏中,选择"创建平面视图"选项,不修改默认参数,直接在该参数设置下开始创建标高。

激活命令后,在绘图区域中移动光标。将光标定位于默认标高右侧的端点之上,向上移动鼠标指针,显示蓝色的垂直虚线。

借助临时尺寸标注,将光标定位于距离默认标高5000的位置,如图2-8所示。

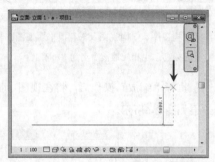

图 2-8 指定起点

单击指定标高的起点。向左移动鼠标指针,当光标与默认标高左侧端点位于同一垂直方向上时,显示蓝色虚线,如图2-9所示。

图 2-9 指定终点

单击指定标高的终点,绘制标高的效果如图2-10所示。选中标高,将显示其与默认标高的间距。

2. 利用"修改"命令创建标高

利用"复制"命令、"镜像"命令及"阵列"命令都可以创建标高。

下面介绍利用"复制"命令创建标高的方法。

切换至"修改"选项卡,单击"修改"面板上的"复制"按钮,激活命令。

在选项栏中勾选"约束"复选框,限制复制标高的方式。

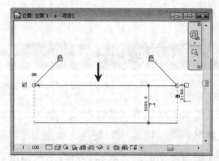

图 2-10 绘制标高

在绘图区域中选择标高,并指定复制起点,如图2-11所示。

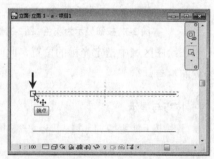

图 2-11 指定起点

在起点单击,向上移动鼠标指针,指定复制方向。在合适的位置单击,指定复制终点,如图 2-12所示。

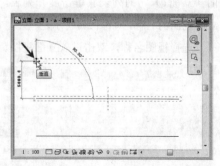

图 2-12 指定终点

在指定的位置创建标高副本的效果如图 2-13所示。

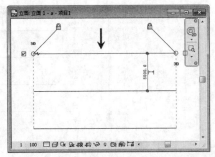

图 2-13 复制标高

2.1.4 添加标高符号

因为2018版本的Revit应用程序没有提供默认的标高符号供用户选用，所以在添加符号之前，需要调入外部文件。

切换至"插入"选项卡，在"从库中载入"面板中单击"载入族"按钮，如图2-14所示，激活命令。

图 2-14 激活"载入族"命令

打开"载入族"对话框，选择族文件。单击"打开"按钮，将文件载入当前项目。

在立面视图中选择标高，单击"属性"面板上的"编辑类型"按钮，打开"类型属性"对话框。

在对话框中单击"符号"选项，在弹出的列表中选择标高符号，如图2-15所示。

图 2-15 选择符号

单击"确定"按钮，返回视图。此时，在所

有标高线的两端均已添加了标高符号，效果如图2-16所示。

图 2-16 显示符号

有时会出现如图 2-17 所示的情况，即在标高线的一端没有显示符号。

此时单击选中左侧的"显示编号"按钮□，即可显示标高符号，效果如图2-18所示。

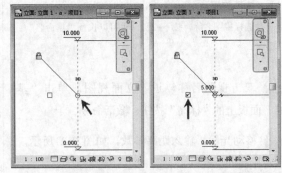

图 2-17 没有显示标高符号　　　图 2-18 显示标高符号

2.1.5 课堂案例——创建建筑项目标高

难度：☆☆☆

素材文件：无

效果文件：素材/第2章/2.1.5课堂案例——创建建筑项目标高.rvt

在线视频：第2章/2.1.5课堂案例——创建建筑项目标高.mp4

按下Ctrl+N组合键，执行"新建项目"的操作。在平面视图中，执行"创建立面"的操作，放置立面符号，创建立面视图。

接下来，就可以在立面视图中创建建筑项目的标高。

01 在项目浏览器中选择立面视图名称，单击鼠标右键，在弹出的快捷菜单中选择"重命名"选项，如图2-19所示。

02 执行上述操作，打开"重命名视图"对话框，修改视图名称。

03 单击"确定"按钮，返回项目浏览器中查看修改结果，如图2-20所示。

图 2-19　设置名称　　图 2-20　修改视图名称

技巧与提示

　选择视图名称，按下F2键，也可以执行"重命名"操作。

04 双击视图名称，进入立面视图。单击"基准"面板上的"标高"按钮，激活命令。

05 移动光标，输入距离参数，如图2-21所示，指定标高的位置。

图 2-21　输入距离值

06 输入距离，按下回车键，指定起点。向左移动鼠标指针，指定终点，绘制标高的效果如图2-22所示。

图 2-22　创建标高

07 重复执行上述操作，创建建筑项目标高的效果如图2-23所示。

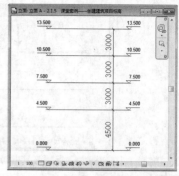

图 2-23　最终效果

技巧与提示

　在命令行中输入LL，也可以激活"标高"命令。

2.1.6 课堂案例——编辑建筑项目的标高

难度：☆☆☆

素材文件：素材/第2章/2.1.5课堂案例——创建建筑项目标高.rvt

效果文件：素材/第2章/2.1.6课堂案例——编辑建筑项目的标高.rvt

在线视频：第2章/2.1.6课堂案例——编辑建筑项目的标高.mp4

　　选择标高，可以隐藏或显示标高符号，调整符号的位置，修改线宽，更改线型，或者重定义标高线的颜色。

　　本节将介绍编辑建筑项目的标高的方法。

01 打开"2.1.5 课堂案例——创建建筑项目标高.rvt"文件。

02 选择最上方的标高，显示左右两侧的端点，如图2-24所示。

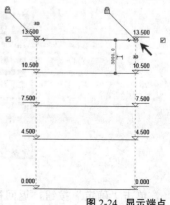

图 2-24　显示端点

03 将光标置于右侧的端点之上，单击并按住鼠标左键不放，激活端点。向右移动鼠标指针，调整端点的位置，效果如图2-25所示。

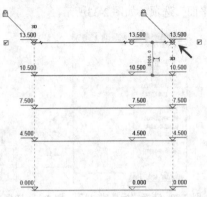

图 2-25 激活端点

04 在合适的位置松开鼠标左键，结束操作。此时可以发现标高符号向右移动了一定的距离，同时标高线被延长了，如图2-26所示。

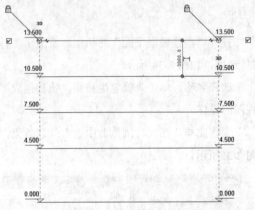

图 2-26 调整端点的位置

技巧与提示

　重复上述操作，也可以激活左侧端点，调整标高符号的位置。

05 选择标高，单击"属性"选项板上的"编辑类型"按钮，打开"类型属性"对话框。

06 单击"线宽"按钮，在弹出的列表中选择线宽代码，如图2-27所示。

07 切换至"视图"选项卡，单击"图形"面板

上的"细线"按钮，退出命令按钮的选择状态，如图2-28所示。

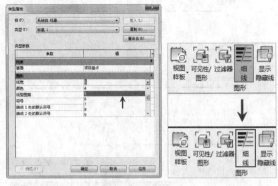

图 2-27 选择线宽代号　　图 2-28 退出选择状态

技巧与提示

　默认选择的线宽代码为1，即标高线显示为细实线。

08 在绘图区域中，标高线以指定的线宽显示，效果如图2-29所示。

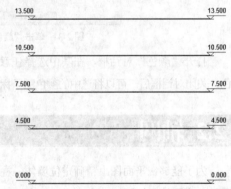

图 2-29 更改线宽

技巧与提示

　如果激活"图形"面板中的"细线"按钮，视图中的图形的轮廓线统一显示为细实线。

09 在对话框中单击"线型图案"选项，向下弹出列表，选择名称为："双划线"的图案。

10 标高线的线型被修改，显示为"双划线"样式，效果如图2-30所示。

　在"类型属性"对话框中单击"颜色"按钮，如图2-31所示。

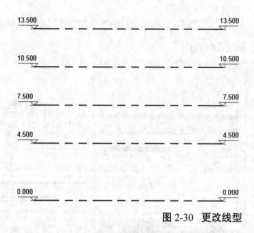

图 2-30　更改线型

图 2-31　单击"颜色"按钮

打开"颜色"对话框，在其中选择任意一种颜色。关闭对话框后，可以将选中的颜色赋予标高线。

2.2　轴网

为了能够在平面图上精确定位墙体、柱及其他图元，需要绘制轴网。

与标高不同，在平面视图或立面视图中均可创建轴网。

2.2.1　转换视图

为了方便创建轴网，需要从立面视图转换至平面视图。在项目浏览器中展开"楼层平面"列表，选择"标高1"视图名称，如图 2-32所示。双击名称，转换至平面视图。

在2.1.3节中，介绍了利用"复制"命令创建标高的方法，结果是没有生成与标高相对应的平面视图。

下面介绍创建平面视图的方法。

切换至"视图"选项卡，单击"创建"面板上的"平面视图"按钮，向下弹出列表，选择"楼层平面"选项，如图 2-33所示。

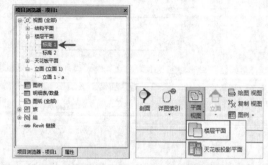

图 2-32　选择"标高1"视图　图 2-33　选择"楼层平面"
选项

技巧与提示

在列表中选择其他选项，可创建相应的平面视图。如选择"天花板投影平面"选项，可以创建天花板平面视图。

打开"新建楼层平面"对话框，将显示"标高3"选项，如图 2-34所示。

选择名称，单击"确定"按钮，执行创建平面视图的操作。

操作完毕，在项目浏览器中查看创建效果，如图 2-35所示。

图 2-34　"新建楼层平面"　　　图 2-35　创建效果
对话框

技巧与提示

在"新建楼层平面"对话框中，仅显示没有对应平面图的标高。

2.2.2 创建轴网

切换至"建筑"选项卡，单击"基准"面板上的"轴网"按钮，如图2-36所示，激活命令。

进入"修改|放置 轴网"选项卡，在"绘制"面板中选择"线"绘制方式。选项栏中显示"偏移"距离为0，如图2-37所示。保持默认设置不变，开始创建轴线。

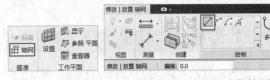

图 2-36　单击"轴　　图 2-37　进入"修改|放置 轴网"
　　　　网"按钮　　　　　　　　　　　　选项卡

 技巧与提示

在命令行中输入GR，也可以激活"轴网"命令。

移动鼠标指针，在绘图区域的任意位置指定起点。

向上移动鼠标指针，指定轴线的端点，如图2-38所示。在移动鼠标的过程中，会显示蓝色虚线，帮助确定端点的方向与位置。同时将显示角度标注，显示光标与水平面之间的夹角。

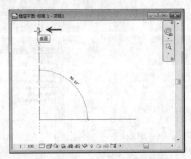

图 2-38　指定终点

在合适的位置单击，指定终点，绘制垂直轴线的效果如图2-39所示。

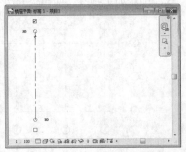

图 2-39　绘制轴线

此时仍然处于绘制模式中。向右移动鼠标指针，显示水平方向上的蓝色虚线。根据临时尺寸标注，指定另一轴线的起点，如图2-40所示。

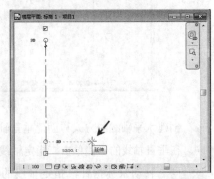

图 2-40　指定起点

向上移动鼠标指针，光标与左侧轴线终点处于同一水平线上时，同时显示水平虚线与垂直虚线，如图2-41所示。

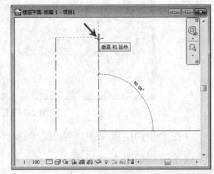

图 2-41　指定终点

两段虚线的交点即为轴线的终点。单击指定终点，绘制第二条轴线的效果如图2-42所示。

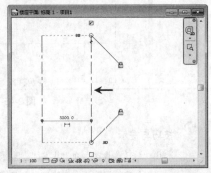

图 2-42　绘制效果

重复上述操作，继续绘制轴线，效果如图2-43所示。

图 2-43 创建效果

创建水平轴线的方式与创建垂直轴线的方式相同。在垂直轴线的一侧单击，指定轴线的起点。

向右移动鼠标指针，指定轴线的终点，如图 2-44所示。

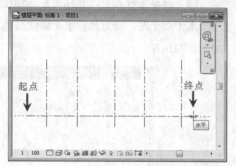

图 2-44 指定起点与终点

在合适的位置单击，结束绘制操作，创建水平轴线的效果如图 2-45所示。

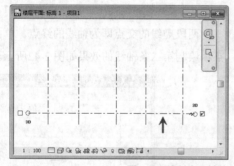

图 2-45 绘制水平轴线

技巧与提示

利用"修改"命令，如"复制""镜像""阵列"命令，可以创建轴线副本。请读者自行尝试操作。

向上移动鼠标指针，继续指定起点与终点，绘制水平轴线的结果如图 2-46所示。

按下Esc键，退出绘制操作。

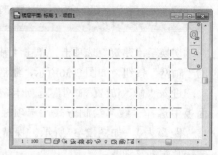

图 2-46 绘制结果

2.2.3 添加轴网标头

因为软件没有提供默认的轴网标头，所以需要从外部载入族文件。

切换至"插入"选项卡，在"从库中载入"面板中单击"载入族"按钮，激活命令。

打开"载入族"按钮，选择族文件。单击"打开"按钮，将文件载入到当前项目中。

选择轴线，单击"属性"选项板中的"编辑类型"按钮，打开"类型属性"对话框。

在对话框中单击"符号"选项，在列表中选择轴号，如图 2-47所示。单击"确定"按钮，返回视图。

图 2-47 "类型属性"对话框

此时可以发现，无论是水平轴线还是垂直轴线，都添加了轴号，如图 2-48所示。

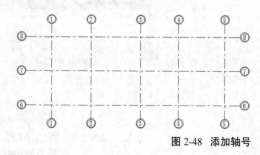

图 2-48 添加轴号

2.2.4 修改轴号

国家建筑制图标准规定，需要使用大写字母注明水平轴线的轴号。

在上一节中，我们为轴网添加了轴号。但是水平轴号显示为数字，所以需要执行"修改轴号"的操作。

选择水平轴号，轴号的周围会显示控制柄，如图2-49所示。

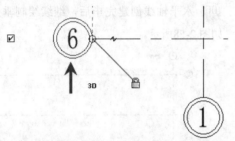

图 2-49 选择轴线

将光标置于轴号之上并单击，进入编辑模式。输入大写字母，表示轴号，如图2-50所示。

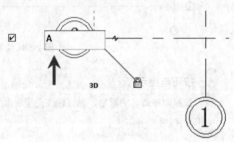

图 2-50 输入轴号

在空白位置单击，退出操作，修改轴号的效果如图2-51所示。

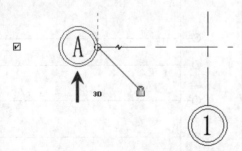

图 2-51 修改轴号

修改一端的轴号，另一端的轴号会同步更新。重复执行修改操作，修改水平轴号，效果如图2-52所示。

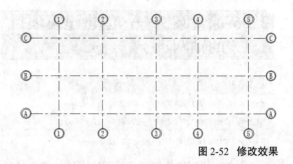

图 2-52 修改效果

技巧与提示

绘制水平轴线后，先修改轴号为大写字母。继续绘制轴线时，后续轴线将按顺序以字母命名。

2.2.5 修改视图名称

2.1.5节中介绍过在项目浏览器中更改立面视图名称的方法。

本节将介绍在"属性"选项板中更改平面视图平面的方法。

在"属性"选项板中单击展开"标识数据"选项组，在"视图名称"选项中显示当前视图的名称。

将光标定位在"视图名称"选项中，删除原有的名称，输入新的视图名称，如图2-53所示。

单击"应用"按钮，随即弹出"Revit"对话框，询问用户是否希望重命名其他视图。

单击"是"按钮，关闭对话框。切换至项目浏览器，展开视图列表，发现结构平面图、楼层平面图及天花板平面图的视图名称被同步修改，效果如图2-54所示。

图 2-53 输入名称　　图 2-54 同步修改视图名称

2.2.6 课堂案例——创建建筑项目的轴网

难度：☆☆☆

素材文件：素材/第2章/2.1.6课堂案例——编辑建筑项目的标高.rvt

效果文件：素材/第2章/2.2.6课堂案例——创建建筑项目的轴网.rvt

在线视频：第2章/2.2.6课堂案例——创建建筑项目的轴网.mp4

本节介绍创建建筑项目轴网的方法。首先打开"2.1.6 课堂案例——编辑建筑项目的标高.rvt"文件，在此基础上创建轴网。

01 打开"2.1.6 课堂案例——编辑建筑项目的标高.rvt"文件。

02 转换至平面视图。选择"建筑"选项卡，单击"基准"面板上的"轴网"按钮，激活命令。

03 在绘图区域中单击指定起点与终点，绘制水平轴线，如图2-55所示。

图 2-55 绘制轴线

04 选择轴线，在轴号上单击，进入编辑模式。修改轴号为A，如图2-56所示。

图 2-56 修改轴号

05 执行"轴网"命令，创建水平轴网，结果如图2-57所示。

图 2-57 绘制水平轴线

06 水平轴线创建完毕后，继续绘制垂直轴线，如图2-58所示。

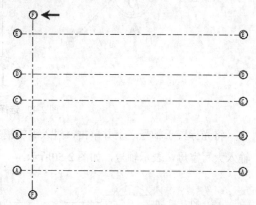

图 2-58 绘制垂直轴线

技巧与提示

按照顺序命名的原则，垂直轴线会援引水平轴线的字母标注法。

07 修改垂直轴线的轴号为1，如图2-59所示。

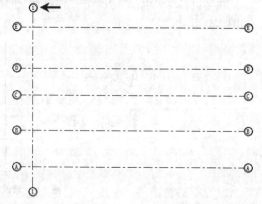

图 2-59 修改轴号

08 重复上述操作，继续绘制垂直轴线，结果如

图2-60所示。

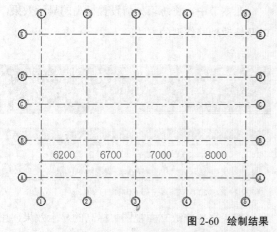

图2-60 绘制结果

2.2.7 课堂案例——编辑建筑项目的轴网

难度：☆☆☆

素材文件：素材/第2章/2.2.6课堂案例——创建建筑项目的轴网.rvt

效果文件：素材/第2章/2.2.7课堂案例——编辑建筑项目的轴网.rvt

在线视频：第2章/2.2.7课堂案例——编辑建筑项目的轴网.mp4

编辑绘制完毕的轴网，可以重新定义轴网的显示样式。编辑内容包括轴号、轴线线型及颜色等。

01 打开"2.2.6 课堂案例——创建建筑项目的轴网.rvt"文件，在此基础上编辑轴网。

02 选择水平轴线，在轴线的两端显示端点，如图2-61所示。

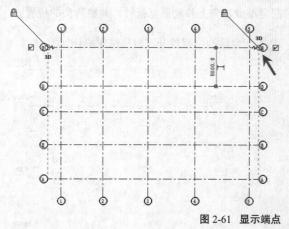

图2-61 显示端点

03 将光标置于端点之上，单击按住左键不放，激活

端点。向右移动鼠标指针，如图2-62所示，调整端点的位置。

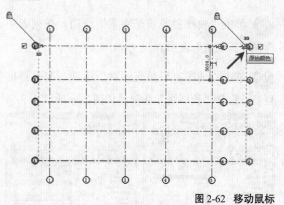

图2-62 移动鼠标

04 在合适的位置松开鼠标左键，右侧的轴号向右移动了若干距离，如图2-63所示。

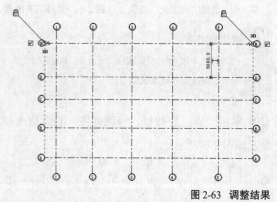

图2-63 调整结果

05 重复以上操作，激活左侧轴号的端点，向左移动鼠标，移动轴号的效果如图2-64所示。

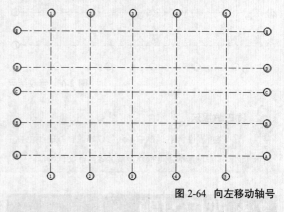

图2-64 向左移动轴号

06 选择轴线，单击"属性"选项板中的"编辑类型"按钮，打开"类型属性"对话框。

07 在对话框中单击"轴线中段"选项，向下弹出列表，选择"自定义"选项，如图2-65所示。

08 单击"轴线中段填充图案"选项，在列表中选择"长划线"选项。

09 单击"轴线末段填充图案"选项，向下弹出列表，选择"长划线"选项，如图2-66所示。

图 2-65 选择"自定义"选项　图 2-66 选择填充图案

技巧与提示

在"轴线中段"列表中选择"无"选项，则轴线中段被隐藏，仅显示轴线末段。

10 单击"确定"按钮，返回视图，查看修改结果，如图2-67所示。

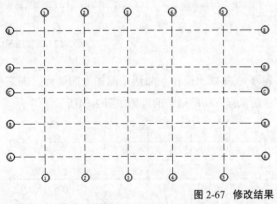

图 2-67 修改结果

技巧与提示

在"类型属性"对话框中，还可以修改轴线的颜色、控制显示/隐藏轴号端点等操作，请读者自行尝试操作。

2.3 课后习题

通过练习操作，可以巩固已学习的知识，并且了解一些新的操作技巧。

在本节中，将练习如何设置标高的显示效果，以及修改轴网线型的方法。

2.3.1 课后习题——设置标高的显示效果

难度：☆☆☆

素材文件：素材/第2章/2.3.1 课后习题——设置标高的显示效果-素材.rvt

效果文件：素材/第2章/2.3.1 课后习题——设置标高的显示效果.rvt

在线视频：第2章/2.3.1 课后习题——设置标高的显示效果.mp4

如果需要修改立面视图中标高的显示效果，可以通过激活标高周围的控制柄进行修改操作。

操作步骤提示如下。

01 在立面视图中选择某一标高，在标高的周围显示控制柄。在两侧的端点上方，会显示"创建或删除长度或对齐约束"按钮。

02 单击左侧端点的按钮，解除约束，同时按钮被隐藏。

03 激活左侧端点，单击并按住鼠标左键不放，向左移动鼠标指针，调整端点的位置。

04 选中标高，在标高线上显示"添加弯头"按钮。

05 单击按钮，向下添加弯头。

06 将光标置于圆形夹点之上，单击并按住鼠标左键不放，向上移动鼠标指针，调整弯头的位置。

07 在合适的位置松开左键，结束操作。

2.3.2 课后习题——修改轴网的线型

难度：☆☆☆

素材文件：素材/第2章/2.3.2 课后习题——修改轴网的线型-素材.rvt

效果文件：素材/第2章/2.3.2 课后习题——修改轴网的线型.rvt

在线视频：第2章/2.3.2 课后习题——修改轴网的线型.mp4

在2.2.7节中，介绍了将轴网的线型设置为"自定义"样式的方法。

本节将学习将轴网的线型设置为"无"样式的方法及效果。

01 选择轴线，单击"属性"选项板上的"编辑类型"按钮，打开"类型属性"对话框。

02 单击"轴线中段"选项，向下弹出列表，选择"无"选项。

03 单击"确定"按钮，返回视图，隐藏轴线中段。

04 默认情况下，轴线末段的长度为25。

05 在"类型属性"对话框中修改"轴线末段长度"选项值为5。

06 单击"确定"按钮，返回视图，结束调整末段长度的操作。

07 在视图中查看重新定义轴网线型的效果。

2.4 本章小结

在本章中，依次介绍了创建标高、编辑标高、创建轴网、编辑轴网的相关知识。

新建项目文件之后，需要先切换至立面视图，才能执行"创建标高"的操作。

因为系统没有默认创建立面视图，所以用户需要先执行"创建立面视图"的操作。

在立面视图中，执行"标高"命令，指定起点与终点，绘制标高线，创建标高。

载入族文件，在标高线的两端添加标高符号。选择标高，显示控制柄。

利用控制柄，更改标高在视图中的显示效果。

创建与编辑轴网的方法和创建与编辑标高的方法大致相同。在"类型属性"对话框中，可以设置轴号的样式、轴线的线型与颜色等。

学习笔记

第**3**章

墙体和柱子

内容摘要

Revit中的墙体与柱子包含一定的属性参数，通过定义属性参数，即可修改图元的尺寸或性质。例如，修改墙体的材质类型、功能属性及宽度、高度等。

本章将介绍创建及编辑各类墙体与柱子的方法。

课堂学习目标

- 掌握设置墙体参数的方法
- 学习创建基本墙体的方法
- 了解设置叠层墙参数以及创建叠层墙的方法
- 学会创建柱子的方法

3.1 绘制基本墙体

Revit中的墙体有几种类型，分别是基本墙体、叠层墙及幕墙。本节将介绍绘制基本墙体的方法。

3.1.1 墙体结构概述

通过设定墙体的参数，可以定义不同样式的墙体。将视图的"详细程度"设置为"中等"样式或"精细"样式，可以查看墙体各构造层，如图 3-1 所示。

在"编辑部件"对话框中，展开"功能"列表，显示6种墙体功能，依次是结构[1]、衬底[2]、保温层/空气层[3]、面层1[4]、面层2[5]、涂膜层。

各功能名称的后方会显示编号数字，这是用来表示连接墙体时，墙体各功能层的优先级别。数字越小，优先连接的级别越高。

连接墙体时，Revit会首先连接相同的墙体功能层。其中，最先连接最高优先级别的"结构[1]"。

在如图 3-1所示的墙体连接示意图中，水平墙体级别最高的"结构[1]"，穿过垂直墙体的"面层2[5]"，连接垂直墙体的级别最高的"结构[1]"。

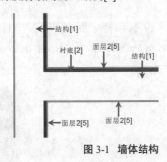

图 3-1 墙体结构

 技巧与提示

涂膜层常常用作防水层，厚度必须为0。

3.1.2 设置墙体参数

激活"墙"命令，进入创建模式。单击"属性"选项板中的"编辑类型"按钮，打开"类型属性"对话框。

在对话框中单击"结构"选项中的"编辑"按

钮，如图 3-2所示，打开"编辑部件"对话框。

在对话框中会显示墙体的原始结构参数，如图 3-3所示，包括"核心边界""结构[1]""核心边界"3个层次。

单击列表下方的"插入"按钮，可以插入新行，为墙体添加结构层。

在下一节中，将具体介绍设置墙体参数的方法。

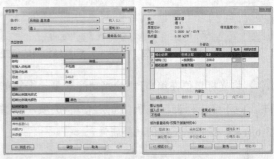

图 3-2 "类型属性"对话框   图 3-3 "编辑部件"对话框

3.1.3 课堂案例——设置墙体参数

难度：☆☆☆

素材文件：素材/第3章/3.1.3 课堂案例——设置墙体参数-素材.rvt

效果文件：素材/第3章/3.1.3 课堂案例——设置墙体参数.rvt

在线视频：第3章/3.1.3 课堂案例——设置墙体参数.mp4

在"编辑部件"对话框中能够插入新结构层，设置结构层的功能，以及修改材质与厚度。本节将介绍具体操作方法。

1. 面层2 [5]

（1）插入新结构层。

① 打开"3.1.3 课堂案例——设置墙体参数-素材.rvt"文件。

② 启用"墙"命令，单击"属性"选项板上的"编辑类型"按钮，打开"类型属性"对话框。

③ 单击"结构"选项后的"编辑"按钮，打开"编辑部件"对话框。

④ 在"编辑部件"对话框中连续单击3次左下角的"插入"按钮，在列表中插入3个新结构层，如图 3-4所示。

05 选择结构层,单击"向上"按钮,向上调整结构层的位置;单击"向下"按钮,则向下调整结构层的位置,操作结果如图3-5所示。

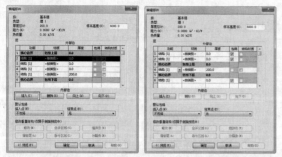

图 3-4 插入新结构层　　图 3-5 调整结构层的位置

06 将光标定位在第1行中的"功能"单元格并单击,向下弹出列表。选择"面层2[5]"选项,如图3-6所示,指定结构层的功能属性。

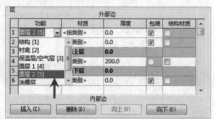

图 3-6 选择"面层2[5]"选项

07 重复上述操作,陆续指定其他结构层的功能属性,结果如图3-7所示。

（2）复制材质。

01 将光标定位在"材质"单元格中,单击右侧的矩形按钮,如图3-8所示。打开"材质浏览器"对话框。

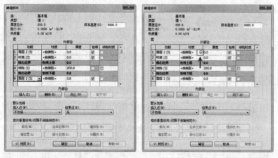

图 3-7 设置功能属性　　图 3-8 单击矩形按钮

02 在对话框的左上角选择"项目材质:<所有>"选项,在材质列表中选择"默认"材质。

03 单击鼠标右键,在弹出的列表中选择"复

制"选项,如图3-9所示。

图 3-9 选择"复制"选项

04 创建材质副本,同时修改材质名称为"面层–粉刷",如图3-10所示。

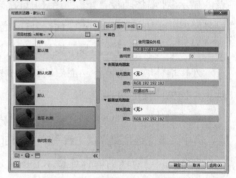

图 3-10 "类型属性"对话框

（3）设置材质类别。

01 保持"面层–粉刷"材质的选择,单击左下角的"打开/关闭资源浏览器"按钮,如图 3-11所示。

图 3-11 单击"打开/关闭资源
浏览器"按钮

02 打开"资源浏览器"对话框,展开"Autodesk物理资源"列表,在左侧的列表中选择"灰泥"选项。

03 在右侧的界面中选择"精细–白色"材质,单击右侧的矩形按钮,如图3-12所示,替换材质。

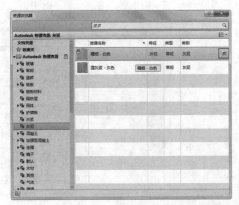

图 3-12 单击替换按钮

（04）单击右上角的"关闭"按钮，返回"材质浏览器"对话框。

（05）选择"图形"选项卡，单击"着色"选择组下的"颜色"按钮，如图 3-13 所示。

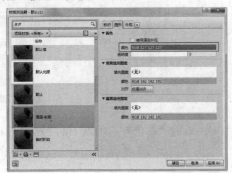

图 3-13 单击"颜色"按钮

（06）打开"颜色"对话框，选择颜色，如图 3-14 所示。

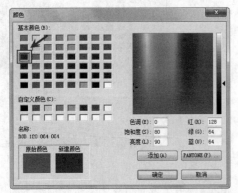

图 3-14 选择颜色

（07）单击"确定"按钮关闭对话框，设置颜色的效果如图 3-15 所示。

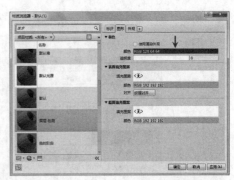

图 3-15 设置颜色效果

（4）设置填充图案。

（01）在"表面填充图案"选项组下单击"填充图案"按钮，如图 3-16 所示。

图 3-16 单击"填充图案"按钮

（02）打开"填充样式"对话框，选择名称为"交叉填充"的图案，如图 3-17 所示。

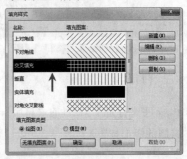

图 3-17 选择图案

（03）单击"确定"按钮关闭对话框，设置填充图案的效果如图 3-18 所示。

图 3-18 操作结果

（04）在"截面填充图案"选项组下单击"填充图

案"按钮，在"填充样式"对话框中选择"实体填充"图案，如图3-19所示。

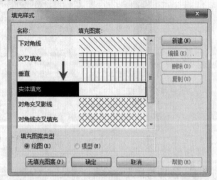

图3-19 选择图案

05 单击"确定"按钮关闭对话框，设置填充图案的结果如图3-20所示。

06 单击"确定"按钮，返回"编辑部件"对话框。修改"厚度"值为10，如图3-21所示。

图3-20 操作结果　　　图3-21 设置"厚度"值

2. 衬底[2]

01 将光标置于第2行的"材质"单元格中，单击右侧的矩形按钮，如图3-22所示。

图3-22 单击矩形按钮

02 打开"材质浏览器"对话框，选择已创建的"面层-粉刷"材质，单击鼠标右键，在弹出的快捷菜单中选择"复制"选项，如图3-23所示。

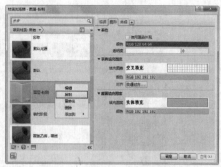

图3-23 选择"复制"选项

03 创建材质副本，并将材质重命名为"衬底"，如图3-24所示。

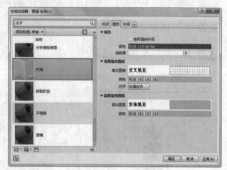

图3-24 重命名材质

04 单击"着色"选项组下的"颜色"按钮，在"颜色"对话框中选择"白色"，如图3-25所示。

05 单击"确定"按钮关闭对话框，修改材质的颜色。

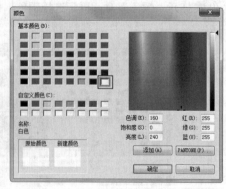

图3-25 选择颜色

06 单击"表面填充图案"选项组下的"填充图案"按钮，打开"填充样式"对话框。

07 单击左下角的"无填充图案"按钮，如图3-26所示。

图 3-26 单击"无填充图案"按钮

(08) 单击"确定"按钮关闭对话框，设置结果如图 3-27所示。

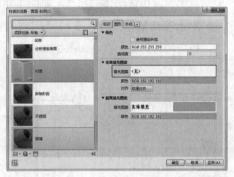

图 3-27 设置结果

(09) 单击"确定"按钮，返回"编辑部件"对话框。修改"厚度"值为20，如图 3-28所示。

图 3-28 设置"厚度"值

3. 设置其他结构层材质

(01) 选择第6行，将光标定位在"材质"单元格中，单击右侧的矩形按钮，如图 3-29所示。

(02) 打开"材质浏览器"对话框，选择已创建的"面层-粉刷"材质，创建材质副本，并将材质命名为"内墙-粉刷"。

(03) 单击"着色"选项组下的"颜色"按钮，在"颜色"对话框中选择白色。

(04) 单击"表面填充图案"选项组下的"填充图案"按钮，打开"填充样式"对话框，单击左下角的"无填充图案"按钮。

图 3-29 单击矩形按钮

(05) 执行上述操作后，结果如图 3-30所示。

图 3-30 设置结果

(06) 单击"确定"按钮，返回"编辑部件"对话框。修改"厚度"值为10，如图 3-31所示。

(07) 单击"确定"按钮，返回"类型属性"对话框。在"厚度"选项中显示墙体的厚度，即为各结构层相加的结果。

(08) 设置"功能"属性为"外部"，如图 3-32所示。单击"确定"按钮，关闭对话框，结束设置墙体参数的操作。

图 3-31 设置"厚度"值　图 3-32 "类型属性"对话框

3.1.4 绘制墙体的方法

选择"建筑"选项卡,单击"构建"面板上的"墙"按钮,向下弹出列表,选择"墙:建筑"选项,如图3-33所示。

进入"修改|放置 墙"选项卡,在"绘制"面板上单击"线"按钮,如图3-34所示,指定绘制墙体的方式。

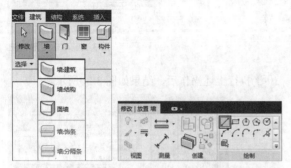

图 3-33 选择"墙: 图 3-34 选择绘制方式
建筑"命令

选项栏中显示墙体的高度,以及"定位线"的样式,保持默认值不变,如图3-35所示。

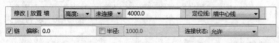

图 3-35 设置参数

在"属性"选项板中设置参数,包括"定位线""底部约束"及"底部偏移"等,如图3-36所示。

选择"定位线"为"墙中心线",表示以墙中心线为基准,确定墙体的位置。

"底部约束"为"一层",表示墙体的底部边界线位于一层。"底部偏移"为0,表示墙体底部边界线与一层边界线重合。

在"顶部约束"选项中,默认选择"未连接",表示尚未设定墙体顶部边界线的位置。

"无法连接高度"选项值表示即将绘制的墙体的距离。

如果将"顶部约束"设置为"直到标高:二层",如图3-37所示,表示墙体顶部边界线直达二层。同时,"无法连接高度"选项将不可编辑,而是显示一层至二层的高度,将所绘制的墙体限定于一层至二层之间。

图 3-36 "属性"选项板 图 3-37 设置"顶部约束"参数

参数设置完毕,开始绘制墙体。在1轴与A轴的交点单击,指定墙体的起点,如图3-38所示。

向上移动鼠标指针,在1轴与C轴的交点处单击,指定墙体的下一点,如图3-39所示。

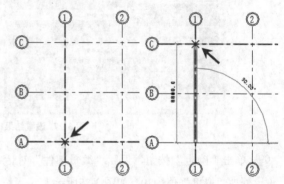

图 3-38 指定起点   图 3-39 指定终点

绘制一段外墙的效果如图 3-40所示。此时仍然处在绘制状态下,移动鼠标指针,继续指定下一个点,即可绘制另一段墙体。

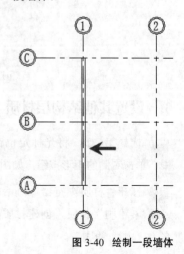

图 3-40 绘制一段墙体

3.1.5 课堂案例——绘制建筑项目一层墙体

难度：☆☆☆

素材文件：素材/第3章/3.1.3 课堂案例——设置墙体参数.rvt

效果文件：素材/第3章/3.1.5 课堂案例——绘制建筑项目一层墙体.rvt

在线视频：第3章/3.1.5 课堂案例——绘制建筑项目一层墙体.mp4

在3.1.3节中，介绍了设置墙体参数的方法。在绘制项目墙体之前，首先打开"3.1.3 课堂案例——设置墙体参数.rvt"文件，在此基础上绘制建筑项目一层墙体。

1. 绘制外墙

01 打开"3.1.3 课堂案例——设置墙体参数.rvt"文件。

02 在"构建"面板上单击"墙"按钮，调用命令。单击"属性"选项板中的"编辑类型"按钮，打开"类型属性"对话框。

03 单击右上角的"重命名"按钮，如图 3-41 所示。

04 打开"重命名"对话框，设置"新名称"参数，如图3-42所示。

图 3-41 "类型属性"对话框

图 3-42 输入名称

05 单击"确定"按钮，返回"类型属性"对话框。继续单击"确定"按钮，返回视图。

06 在选项卡中的"绘制"面板中单击"矩形"按钮，如图3-43所示，指定绘制方式。

07 在"属性"选项板中修改"顶部约束"选项值，如图3-44所示，限定墙体的高度。

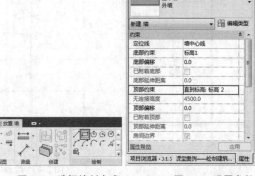

图 3-43 选择绘制方式　　图 3-44 设置参数

08 单击1轴与E轴的交点，指定起点，如图 3-45 所示。

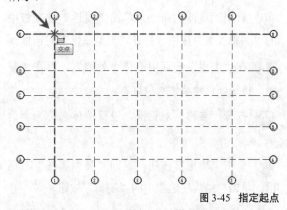

图 3-45 指定起点

09 向右下角移动鼠标指针，单击5轴与A轴的交点为对角点，如图3-46所示。

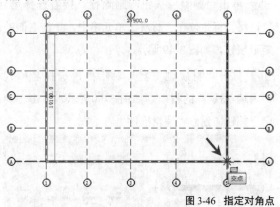

图 3-46 指定对角点

10 绘制墙体的结果如图3-47所示。

图 3-47 绘制墙体

2. 绘制内墙

（1）修改墙体参数。

① 启用"墙体"命令，单击"属性"选项板中的"编辑类型"按钮，打开"类型属性"对话框。

② 在"类型"选项中选择"外墙"，单击"复制"按钮，创建墙体类型副本。

③ 打开"名称"对话框，设置墙体名称为"内墙"。

④ 单击"确定"按钮，返回"类型属性"对话框。单击"结构"选项中的"编辑"按钮。

⑤ 打开"编辑部件"对话框，在列表中选择第2行，如图3-48所示。

⑥ 单击"删除"按钮，删除行。接着选择第1行，将光标定位在"材质"单元格中，单击右侧的矩形按钮，如图3-49所示。

⑦ 打开"材质浏览器"对话框，选择名称为"内墙-粉刷"的材质，如图 3-50所示。单击"确定"按钮，返回"编辑部件"对话框。

图 3-48 选择第2行

图 3-49 单击矩形按钮

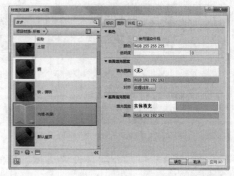

图 3-50 选择材质

⑧ 修改第1行"面层2[5]"的材质，效果如图3-51所示。保持其他参数不变，单击"确定"按钮，返回"类型属性"对话框。

⑨ 单击"功能"选项，在列表中选择"内部"选项，如图3-52所示，指定墙体的功能类型。

⑩ 单击"确定"按钮，关闭对话框。

图 3-51 修改结果　图 3-52 选择"内部"选项

（2）绘制墙体

① 在选项卡中的"绘制"面板中单击"线"按钮，如图3-53所示，指定绘制方式。

② 在"属性"选项板中修改"顶部约束"为"直到标高：标高2"，如图3-54所示。

图 3-53 选择绘制方式　　图 3-54 设置参数

03 在1轴与D轴的交点单击，指定起点，如图3-55所示。

04 向右移动鼠标指针，在5轴与D轴的交点单击，如图3-56所示，指定下一点。

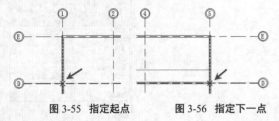

图 3-55 指定起点   图 3-56 指定下一点

05 按一次Esc键，暂时退出命令，绘制一段墙体的效果如图3-57所示。

06 此时仍然处在绘制状态中，继续指定起点、下一点，绘制内墙体，最终结果如图3-58所示。

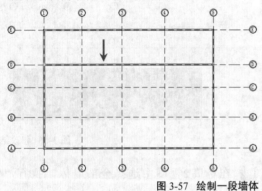

图 3-57 绘制一段墙体

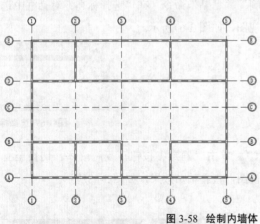

图 3-58 绘制内墙体

07 单击快速访问工具栏上的"默认三维视图"按钮，如图3-59所示。转换至三维视图。

图 3-59 单击"默认三维视图"按钮

技巧与提示

在项目浏览器中展开"三维视图"列表，选择视图名称。单击鼠标右键，在列表中选择"打开"按钮，也可以转换至三维视图。

08 在视图中查看墙体的三维样式，效果如图3-60所示。

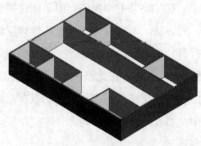

图 3-60 三维样式

3.1.6 绘制其他楼层墙体的方法

通过执行"复制""粘贴"操作，可以创建其他楼层，避免重复绘制。

选择墙体，按下Ctrl+C组合键，复制墙体。在"修改"选项卡中单击"剪贴板"上的"粘贴"按钮，在列表中选择"与选定的标高对齐"选项，如图3-61所示。

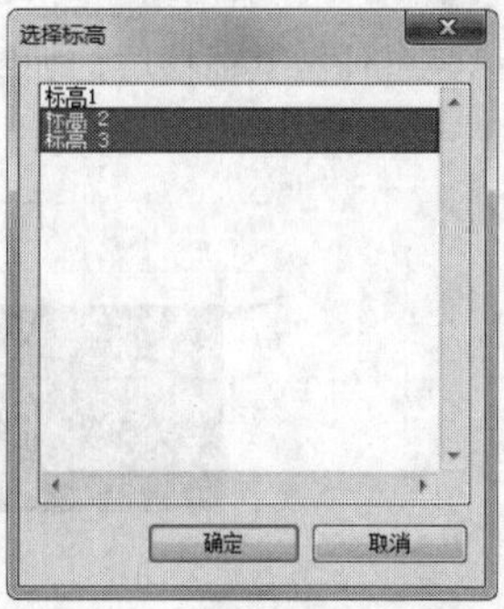

技巧与提示

按下Ctrl+Insert组合键，也可复制墙体。

随即打开"选择标高"对话框，选择标高，如图3-62所示。单击"确定"按钮，即可将所选墙体复制到指定的视图中。

图 3-61 选择"与选定的标   图 3-62 "选择标高"对话框
高对齐"选项

3.1.7 课堂案例——创建建筑项目 其他楼层的墙体

难度：☆☆☆

素材文件：素材/第3章/3.1.5 课堂案例——绘制建筑项目一层墙体.rvt

效果文件：素材/第3章/3.1.7 课堂案例——创建建筑项目其他楼层的墙体.rvt

在线视频：第3章/3.1.7 课堂案例——创建建筑项目其他楼层的墙体.mp4

在3.1.5节中，我们介绍了创建建筑项目一层墙体的方法，本节将介绍创建其他楼层墙体的方法。打开"3.1.5 课堂案例——绘制建筑项目一层墙体.rvt"文件，在此基础上创建其他楼层的墙体。由于楼层层高并不都相同，所以在复制墙体的过程中，需要注意修改层高。

(01) 打开"3.1.5 课堂案例——绘制建筑项目一层墙体.rvt"文件。

(02) 在"标高1"视图中选择全部的墙体。

(03) 在"修改"选项卡中单击"剪贴板"面板上的"复制到剪贴板"按钮，如图3-63所示。

图 3-63 单击"复制到剪贴板"按钮

(04) 单击"剪贴板"面板上的"粘贴"按钮，在列表中选择"与选定的标高对齐"选项。打开"选择标高"对话框，选择"标高2"。

(05) 单击"确定"按钮，复制墙体。切换至立面图，查看复制效果。

(06) 此时，墙体顶部界线越出标高2视图的界线，已经延伸至其他楼层，如图3-64所示。

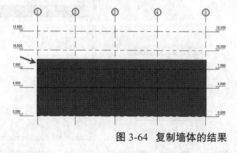

图 3-64 复制墙体的结果

(07) 切换至标高2平面视图，选择全部的墙体，在

"属性"选项板中指定"顶部约束"为"直到标高：标高3"，设置"顶部偏移"为0，如图3-65所示。

图 3-65 设置参数

(08) 返回立面视图，查看修改结果。此时墙体已被限定在标高2视图内，如图3-66所示。

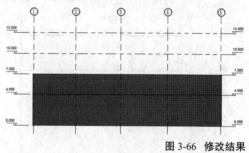

图 3-66 修改结果

(09) 在标高2视图中选择全部墙体，执行"复制""粘贴"命令，在"选择标高"对话框中选择视图，如图3-67所示。

图 3-67 选择标高

(10) 单击"确定"按钮，复制墙体。切换至立面视图，查看粘贴效果，如图3-68所示。

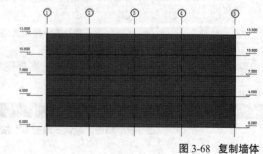

图 3-68 复制墙体

⑪　切换至三维视图，查看三维效果，如图3-69所示。

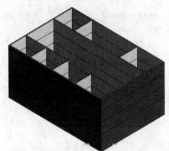

图 3-69　三维样式

3.2　编辑基本墙体

利用墙体编辑工具，可以编辑选中的墙体，包括连接墙体、清理墙体以及附着与分离墙体等。

3.2.1　连接墙体的方法

切换至"修改"选项卡，单击"几何图形"面板上的"墙连接"按钮，如图3-70所示，可以修改墙体的连接方式。

选择两段墙体，将其连接方式设置为"平接"，效果如图3-71所示。

图 3-70　单击"墙连接"按钮

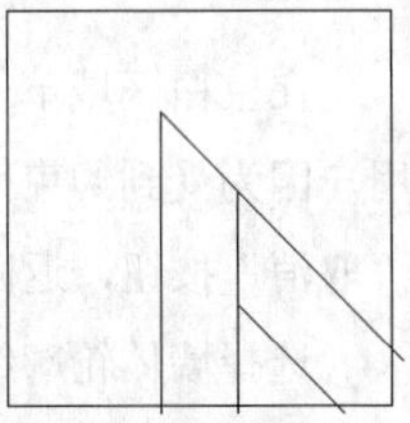

图 3-71　"平接"效果

修改连接方式"斜接"，结果如图3-72所示。

最后一种连接方式为"方接"，连接效果如图3-73所示。

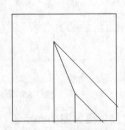

图 3-72　"斜接"效果

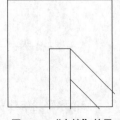

图 3-73　"方接"效果

3.2.2　课堂案例——连接两段墙体

难度：☆☆☆

素材文件：素材/第3章/3.2.2 课堂案例——连接两段墙体-素材.rvt

效果文件：素材/第3章/3.2.2 课堂案例——连接两段墙体.rvt

在线视频：第3章/3.2.2 课堂案例——连接两段墙体.mp4

修改墙体的连接方式之后，可以选择"清理连接"方式或"不清理连接"方式。选择"清理连接"方式，将删除连接的痕迹；选择"不清理连接"方式，则保留连接效果。

此外，在绘制墙体时，默认选择"连接"墙体。在修改墙体的连接方式时，可以重新选择是否需要连接墙体。

①　打开"3.2.2 课堂案例——连接两段墙体-素材.rvt"文件。

②　在"几何图形"面板上单击"墙连接"按钮，激活命令。将光标置于要连接的墙体之上，会显示矩形框，如图3-74所示。

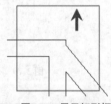

图 3-74　显示矩形框

③　在选项栏中选中"平接"单选按钮，如图3-75所示，选择连接墙体的方式。

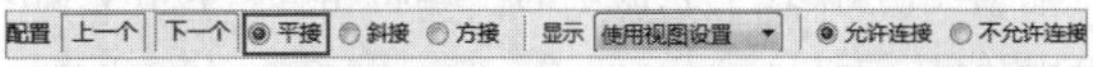

配置　上一个　下一个　●平接 ○斜接 ○方接　显示　使用视图设置　●允许连接 ○不允许连接

图 3-75　选择连接方式

④　此时，矩形框内的墙体更改连接方式，显示为"平接"样式，效果如图3-76所示。

⑤　在选项栏中单击"斜接"按钮，更改连接方式，效果如图3-77所示。

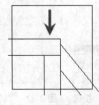

图 3-76　"平接"效果

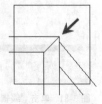

图 3-77　"斜接"效果

⑥ 保持墙体的选择状态不变，单击"显示"选项，向下弹出列表，选择"不清理连接"选项，如图3-78所示。

图3-78 选择"不清理连接"选项

⑦ 在空白区域单击，退出命令，保留"斜接"墙体的痕迹，如图3-79所示。

⑧ 在选项栏中选中"不允许连接"单选按钮，将取消连接墙体，各段墙体为独立状态，效果如图3-80所示。

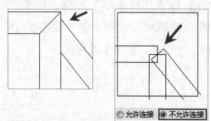

图3-79 不清理连接 图3-80 取消连接墙体

3.2.3 编辑墙体轮廓的方法

选择需要编辑的墙体，进入"修改|墙"选项卡。单击"模式"面板中的"编辑轮廓"按钮，如图3-81所示。

如果此时处在平面视图中，系统会弹出"转到视图"对话框。选择立面视图，单击"打开视图"按钮，如图3-82所示。

图3-81 单击"编辑轮廓"按钮

图3-82 "转到视图"对话框

转换至立面视图，屏幕中显示立面墙体轮廓线，如图3-83所示。

图3-83 切换至立面视图

选择垂直轮廓线，显示水平轮廓线的宽度。单击临时尺寸标注数字，进入编辑模式，输入新的宽度值，如图3-84所示。

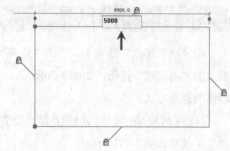

图3-84 输入参数

在空白区域单击，随即弹出提示对话框，提醒用户因为受到约束而不能修改轮廓线的宽度。单击"取消"按钮，返回视图。

选择墙体轮廓线，单击"锁定"按钮，转换为"解锁"模式，如图3-85所示。

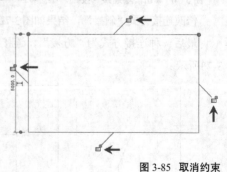

图3-85 取消约束

修改水平轮廓线宽度效果如图3-86所示。

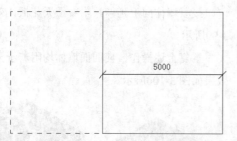

图 3-86 修改宽度

选择左侧轮廓线及上方轮廓线，按下Delete键删除，效果如图 3-87所示。

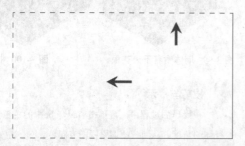

图 3-87 删除轮廓线

在"绘制"面板中单击"起点，终点，半径弧"按钮，如图3-88所示，选择绘制轮廓线的方式。

将光标定位在水平轮廓线的左侧端点，如图3-89所示，指定圆弧的起点。

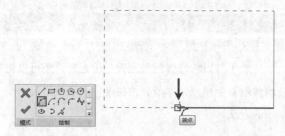

图 3-88 单击"起点，　　图 3-89 指定起点
终点，半径弧"按钮

向右上角移动鼠标指针，单击垂直轮廓线的端点，指定圆弧的终点，如图 3-90所示。

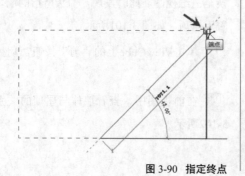

图 3-90 指定终点

向左上角移动鼠标指针，指定圆弧的半径，如图 3-91所示。

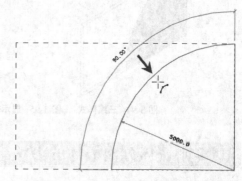

图 3-91 指定半径

绘制圆弧轮廓线的效果如图 3-92所示。

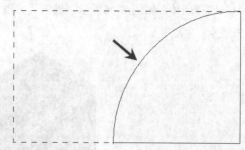

图 3-92 绘制圆弧

单击"模式"面板中的"完成编辑模式"按钮✔，退出命令，编辑墙体轮廓的效果如图 3-93所示。

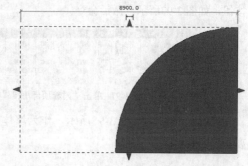

图 3-93 编辑结果

转换至三维视图，观察将矩形墙体修改为弧墙的效果，如图 3-94所示。

也可以在三维视图中执行"编辑轮廓"的操作，此时，轮廓线显示为透视样式，如图 3-95所示。可以参考在立面视图中的编辑方法来编辑三维视图中的轮廓线。

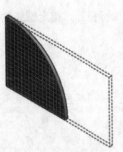

图 3-94　三维样式　　图 3-95　显示轮廓线

3.2.4 附着与分离墙体的方法

对墙体执行"附着与分离"操作时，最好在三维视图中进行，可以比较直观地查看编辑结果。

选择墙体，如图 3-96所示，进入"修改|墙"选项卡。

图 3-96　选择墙体

单击"修改墙"面板中的"附着顶部/底部"按钮，如图 3-97所示，激活命令。

图 3-97　单击"附着顶部/底部"按钮

选择天花板，如图 3-98所示，作为墙体即将要附着的构件。

图 3-98　选择天花板

接着墙体向上延伸，附着于天花板，效果如图 3-99所示。

重复上述操作，使四面墙体均附着于天花板，效果如图 3-100所示。

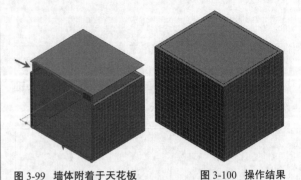

图 3-99　墙体附着于天花板　　图 3-100　操作结果

技巧与提示

在操作的过程中，可单击ViewVube中的角点，转换视图的角度，从而方便调整视图方向。

3.2.5 课堂案例——附着墙体至屋顶

难度：☆☆☆

素材文件：素材/第3章/3.2.5 课堂案例——附着墙体至屋顶-素材.rvt

效果文件：素材/第3章/3.2.5 课堂案例——附着墙体至屋顶.rvt

在线视频：第3章/3.2.5 课堂案例——附着墙体至屋顶.mp4

除了可以将墙体附着至天花板之外，还可以将墙体附着至屋顶。本节介绍将选中的墙体附着至屋顶的方法。

01 打开"3.2.5 课堂案例——附着墙体至屋顶-素材.rvt"文件。

02 为了方便观察墙体与屋顶的连接关系，先转换至三维视图。此时发现，箭头所指的墙体没有附着于屋顶，如图 3-101所示。

03 单击ViewCube上的"前"按钮，切换至前视图。

04 在前视图中，查看墙体与屋顶的关系，如图 3-102所示。

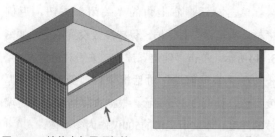

图 3-101 墙体未与屋顶相接   图 3-102 前视图

⑤ 选择要编辑的墙体，如图 3-103所示，此时墙体显示为透明的蓝色。

⑥ 将光标置于屋顶之上，高亮显示屋顶，如图 3-104所示。单击选择屋顶。

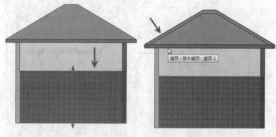

图 3-103 选择墙体   图 3-104 选择屋顶

⑦ 附着墙体至屋顶的效果如图 3-105所示。

图 3-105 墙体附着于屋顶

⑧ 单击ViewCube上的角点，如图 3-106所示，转换视图。

⑨ 切换至三维视图，查看墙体附着于屋顶的效果，如图 3-107所示。

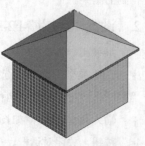

图 3-106 单击角点   图 3-107 转换视图

3.3 绘制叠层墙

创建叠层墙的方式，与创建基本墙的方式大致相同。区别在于，叠层墙在垂直方向上是由一种或几种子墙组成的。

本节介绍绘制叠层墙的方法。

3.3.1 设置叠层墙参数的方法

因为叠层墙由子墙组成，所以为了创建叠层墙，需要设置子墙的类型参数。

1. 设置"叠层墙-F1"墙体类型参数

选择"建筑"选项卡，单击"构建"面板上的"墙"按钮。在"属性"选项板中单击"编辑类型"按钮。

打开"类型属性"对话框，在"类型"列表中选择墙体，如选择"外墙"。单击"复制"按钮，如图 3-108所示，创建墙副本。

在弹出的"名称"对话框中设置墙体名称，如图 3-109所示。将名称的前缀命名为"叠层墙"，可以明确标示该墙体为叠层墙的子墙。

读者也可自定义墙体的名称，不必拘泥于本文所使用的方法。单击"确定"按钮，返回"类型属性"对话框。单击"结构"选项后的"编辑"按钮。

图 3-108 单击"复制"按钮   图 3-109 输入名称

打开"编辑部件"对话框。选择第2行，如图 3-110所示，单击列表下方的"删除"按钮，删除该行。

选择第3行，将光标定位在"材质"单元格中，单击右侧的矩形按钮，如图 3-111所示。

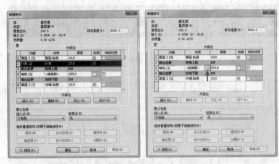

图 3-110　选择行　　　　图 3-111　单击矩形按钮

打开"材质浏览器"对话框。在材质列表中选择"默认"材质，单击鼠标右键，在弹出的快捷键菜单中选择"复制"选项。

执行上述操作之后，创建材质副本。重命名副本名称，方便识别。例如，可以将其命名为"混凝土"。

保持"混凝土"材质的选择状态，单击对话框左下角的"打开/关闭资源浏览器"按钮，如图3-112所示。

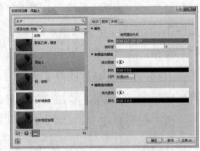

图 3-112　单击"打开/关闭资源浏览器"按钮

打开"资源浏览器"对话框。单击展开"Autodesk物理资源"列表，选择"混凝土"选项。

展开"混凝土"列表，选择"标准"选项。在右侧的材质类别中选择"混凝土"材质，单击右侧的矩形按钮，如图3-113所示，执行"替换资源"的操作。

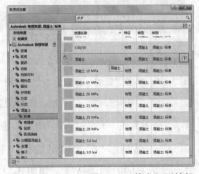

图 3-113　单击矩形按钮

单击对话框右上角的"关闭"按钮，返回"材质浏览器"对话框。保持参数设置不变，如图3-114所示。单击"确定"按钮，关闭对话框。

在"编辑部件"对话框中修改第3行的"厚度"值，如图3-115所示。根据实际情况，指定墙体的厚度。本文所提供的500仅作为参考值。

选择第5行面层2[5]，单击"材质"单元格中的矩形按钮，打开"材质浏览器"对话框。选择材质，使得材质类型与第1行面层2[5]相同，修改结果如图3-116所示。

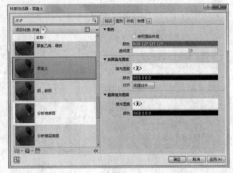

图 3-114　保持参数不变

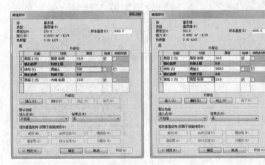

图 3-115　修改"厚度"值　　　图 3-116　修改材质

单击"确定"按钮，返回"类型属性"对话框。在"厚度"选项中，显示墙体的厚度为520，如图3-117所示。这是由面层与结构层的厚度相加得到的结果。

2. 设置"叠层墙-F2-F5"墙体类型参数

继续上一步的操作。在"类型属性"对话框中，在"类型"选项中选择"叠层墙-F1"，单击"复制"按钮，打开"名称"对话框。

输入墙体名称，如图3-118所示。单击"确定"按钮，关闭对话框。

图 3-117 显示墙体厚度　　　图 3-118 修改名称

单击"结构"选项后的"编辑"按钮，打开"编辑部件"对话框。选择第1行面层2[5]，单击"材质"单元格中的矩形按钮，如图3-119所示。

打开"材质浏览器"对话框。选择材质，单击鼠标右键，在弹出的快捷菜单中选择"复制"选项。

图 3-119 单击矩形按钮

修改材质副本的名称。接着单击"着色"选项组下的"颜色"按钮，如图3-120所示。

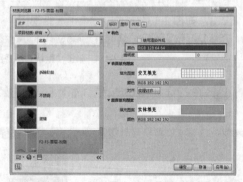

图 3-120 单击"颜色"按钮

打开"颜色"对话框，在"基本颜色"列表下选择颜色，如图 3-121所示。单击"确定"按钮，关闭对话框。

在"颜色"选项中显示修改颜色的结果，如图 3-122所示。保持其他参数设置不变，单击"确

定"按钮，关闭对话框。

选择第5行面层2[5]，单击"材质"单元格中的矩形按钮，打开"材质浏览器"对话框。

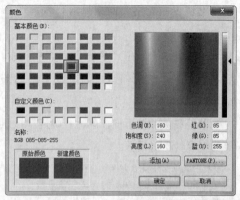

图 3-121 选择颜色

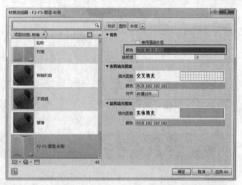

图 3-122 修改结果

在对话框中重新选择材质，操作结果如图 3-123所示。

在"编辑部件"对话框中单击"确定"按钮，返回"类型属性"对话框。在"类型"选项中，显示所设置的墙体类型的名称，如图 3-124所示。

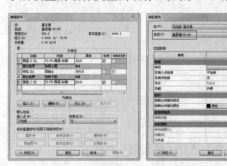

图 3-123 更改材质　　图 3-124 显示墙体类型名称

3. 设置"叠层墙"类型参数

继续上一步操作。单击"族"选项，在列表中

选择"系统族：叠层墙"选项。单击"结构"选项后的"编辑"按钮，如图3-125所示。

打开"编辑部件"对话框。选择第1行，单击"名称"单元格，向下弹出列表，选择"叠层墙-F1"选项。

选择第2行，在"名称"列表中选择"叠层墙-F2-F5"，接着修改"高度"值，如图 3-126 所示。

其他参数保持不变，单击"确定"按钮，返回"类型属性"对话框。

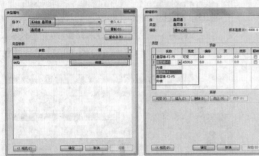

图 3-125 单击"编辑"按钮　　图 3-126 设置参数

3.3.2 课堂案例——创建叠层墙

难度：☆☆☆

素材文件：素材/第3章/3.3.2 课堂案例——创建叠层墙-素材.rvt

效果文件：素材/第3章/3.3.2 课堂案例——创建叠层墙.rvt

在线视频：第3章/3.3.2 课堂案例——创建叠层墙.mp4

激活"墙"命令，在"属性"选项板中选择墙体类型为"叠层墙"。接着设置墙体参数，在绘图区域中指定起点与终点，即可创建叠层墙。

01 打开"3.3.2 课堂案例——创建叠层墙-素材.rvt"文件。

02 选择"建筑"选项卡，单击"构建"面板上的"墙"按钮，如图3-127所示。

03 在"属性"选项板中单击墙体类型名称，向下弹出列表，选择"叠层墙"类型。

04 在"约束"选项组中设置墙体参数，如图3-128所示。

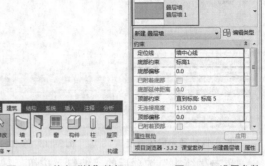

图 3-127 单击"墙"按钮　　图 3-128 设置参数

05 在选项卡中单击"绘制"面板上的"线"按钮，指定绘制方式，其他参数保持不变，如图3-129所示。

图 3-129 单击"线"按钮

06 在绘图区域中单击指定起点与终点，参考临时尺寸标注，绘制墙体，如图3-130所示。

图 3-130 绘制墙体

07 单击快速访问工具栏上的"默认三维视图"按钮，如图3-131所示，转换至三维视图。

图 3-131 单击"默认三维视图"按钮

08 在三维视图中查看创建叠层墙的效果如图3-132所示。

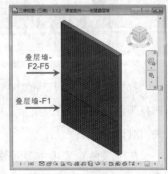

图 3-132 叠层墙的三维效果

3.3.3 编辑叠层墙的技巧

修改叠层墙类型属性参数，可以更改墙体的显示效果。选择叠层墙，单击"属性"选项板中的"编辑类型"按钮，打开"类型属性"对话框。

单击"族"选项，在列表中选择"系统族：基本墙"。单击"类型"选项，在列表中选择"叠层墙-F1"选项。接着单击"结构"选项中的"编辑"按钮，如图3 133所示。

打开"编辑部件"对话框。选择第3行，将光标定位在"厚度"单元格中，修改参数值，如图3-134所示。

图3-133　单击"编辑"按钮　　**图3-134　修改厚度**

单击"确定"按钮，返回"类型属性"对话框。在"族"列表中，选择"系统族：叠层墙"选项。单击"结构"选项中的"编辑"按钮，如图3-135所示。

打开"编辑部件"对话框。单击"偏移"选项，向下弹出列表，选择"面层面：外部"选项，如图3-136所示，更改墙体的对齐方式。

图3-135　单击"编辑"按钮　　**图3-136　选择"偏移"方式**

修改参数后，返回视图，查看修改结果。此时，叠层墙中名称为"叠层墙-F1"的子墙体的显示效果如图3-137所示。

在上述操作后，将"叠层墙-F1"的宽度修改为700。叠层墙的墙体对齐方式被设置为"面层面：外部"，表示上下子墙体以面层外轮廓线为对齐基准。

因为上下子墙体的宽度不一致，因此宽度为700的下方子墙体向一侧凸出。

在"编辑部件"对话框中修改"偏移"方式为"核心层中心线"，单击左下角的"预览"按钮，打开预览窗口。

图3-137　修改结果

在窗口中显示修改叠层墙对齐方式的效果，如图3-138所示。

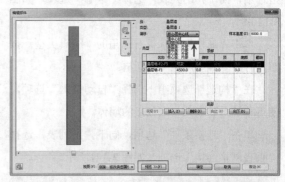

图3-138　打开预览窗口

技巧与提示

选择"墙中心线"偏移方式，效果与选择"核心层中心线"方式相同。

更改"偏移"方式为"面层面：外部"，预览窗口内的墙体同时更新对齐方式，效果如图3-139所示。

除了本节所讲述的方法外，读者还可以修改叠层墙的其他类型参数来更改其显示效果。

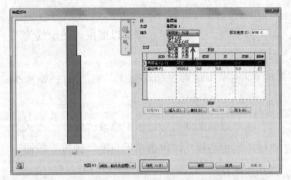

图 3-139　同步更新修改结果

3.4　绘制与编辑幕墙

在Revit中创建幕墙，可以在已有的幕墙系统族的基础上进行。本节将介绍设置幕墙参数、绘制幕墙及编辑幕墙的方法。

3.4.1　设置幕墙参数的方法

选择"建筑"选项卡，单击"构建"面板上的"墙"按钮。单击"属性"选项板中的墙体类型选项，向下弹出列表，选择"幕墙"选项，如图3-140所示。

单击"属性"选项板右上角的"编辑类型"按钮，打开"类型属性"对话框。

在"构造"选项组下选择"自动嵌入"选项，使得幕墙自动嵌入与之相接的墙体。

单击"连接条件"选项，向下弹出列表，选择"垂直网格连接"选项，如图3-141所示。

图 3-140　选择"幕墙"选项　　**图 3-141　设置参数**

3.4.2　课堂案例——绘制幕墙

难度：☆☆☆

素材文件：素材/第3章/3.4.2 课堂案例——绘制幕墙-素材.rvt

效果文件：素材/第3章/3.4.2 课堂案例——绘制幕墙.rvt

在线视频：第3章/3.4.2 课堂案例——绘制幕墙.mp4

上一节介绍了设置幕墙参数的方法。本节将在此基础上，继续介绍绘制幕墙的方法。

01 打开"3.4.2 课堂案例——绘制幕墙-素材.rvt"文件。

02 在"构建"面板上单击"墙"按钮，如图3-142所示，激活命令。

03 在"属性"选项板中设置"底部约束"为"标高1"，"顶部约束"为"直到标高：标高4"，修改"顶部偏移"为2000，如图3-143所示。

图 3-142　单击"墙"按钮　　**图 3-143　设置参数**

技巧与提示

将"顶部偏移"设置为2000，表示幕墙的顶部轮廓线在标高4的基础上，向上延伸2000。

04 单击2轴与E轴的交点，指定幕墙的起点，如图3-144所示。

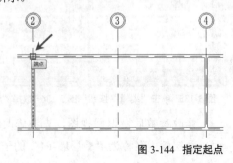

图 3-144　指定起点

⑤ 向右移动鼠标指针，单击4轴与E轴的交点，指定幕墙的终点，如图3-145所示。

图 3-145 指定终点

⑥ 创建幕墙的效果如图3-146所示。

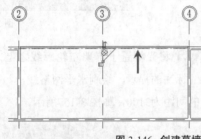

图 3-146 创建幕墙

⑦ 转换至三维视图，查看创建幕墙的效果，如图3-147所示。

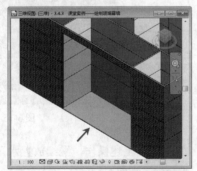

图 3-147 查看效果

3.4.3 课堂案例——划分幕墙的网格

难度：☆☆☆

素材文件：素材/第3章/3.4.2 课堂案例——绘制幕墙.rvt

效果文件：素材/第3章/3.4.3课堂案例——划分幕墙的网格.rvt

在线视频：第3章/3.4.3课堂案例——划分幕墙的网格.mp4

上一节中介绍了如何创建幕墙，在此基础上，本节将介绍划分幕墙网格线的方法。

1. 隔离对象

在屏幕中隐藏其他对象，单独显示幕墙，可以更清晰地在幕墙上放置网格。

① 打开"3.4.2 课堂案例——绘制幕墙.rvt"文件。

② 在三维视图中，将光标置于幕墙之上，单击选中幕墙，如图3-148所示。

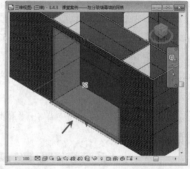

图 3-148 选择幕墙

③ 在视图控制栏中单击"临时隔离/隐藏"按钮，向上弹出列表，选择"隔离图元"选项，如图3-149所示。

图 3-149 单击"临时隔离/隐藏"按钮

④ 进入隔离视图，在视图中，其他对象被隔离，单独显示幕墙，如图3-150所示。

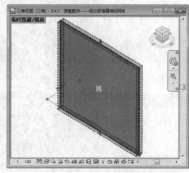

图 3-150 隔离对象的效果

⑤ 单击ViewCube上的"后"按钮，如图3-151所示，转换视图。

⑥ 切换至后视图，查看幕墙的立面效果，如图

3-152所示。在此基础上，开始放置网格。

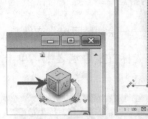

图 3-151 单击
"后"按钮

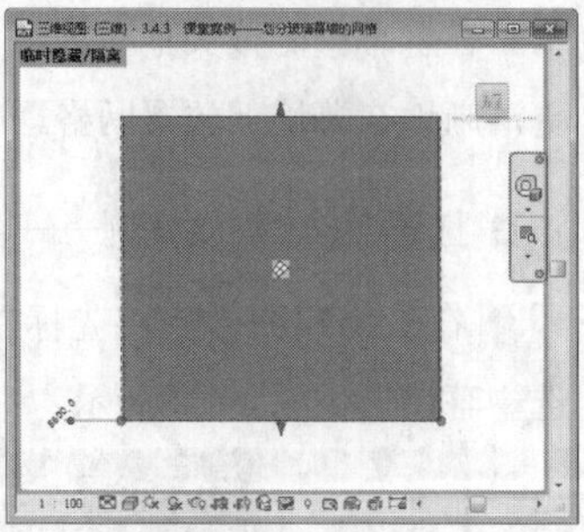

图 3-152 幕墙的立面效果

2. 放置网格

① 在"构建"面板中单击"幕墙网格"按钮，如图 3-153所示。

图 3-153 单击"幕墙网格"按钮

② 进入"修改|放置 幕墙网格"选项卡，单击"放置"面板上的"全部分段"按钮，如图 3-154所示。

图 3-154 选择放置方式

③ 将光标置于幕墙上轮廓线的中点之上，单击放置垂直网格线，如图 3-155所示。

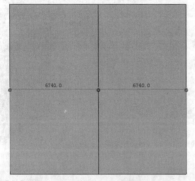

图 3-155 放置垂直网格线

技巧与提示

将光标置于网格线的临时尺寸标注之上，单击进入编辑模式。输入参数，可以定义网格线的位置。

④ 重复上述操作，继续放置垂直网格线，间距为3600，结果如图 3-156所示。

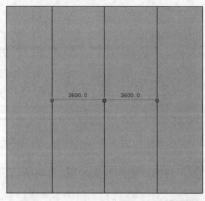

图 3-156 操作结果

⑤ 将光标置于幕墙左轮廓线之上，根据临时尺寸标注的提示，绘制水平网格线，与幕墙上轮廓线的间距为3100，如图 3-157所示。

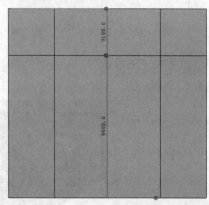

图 3-157 放置水平网格线

⑥ 重复上述操作，继续放置水平网格线，间距为3200，如图 3-158所示。

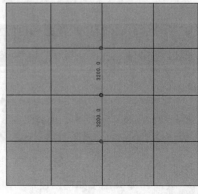

图 3-158 操作结果

07 在"设置"面板上单击"一段"按钮，如图
3-159所示，更改放置网格线的方式。

08 将光标置于水平网格线之上，预览放置效
果，如图3-160所示。

图 3-159　选择放置方式

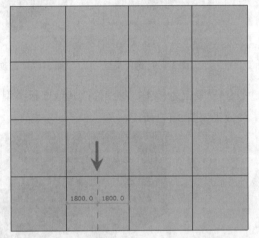

图 3-160　预览放置效果

09 在合适的位置单击，放置垂直网格线，间距
为1800，如图3-161所示。

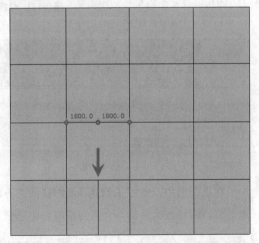

图 3-161　放置网格线

10 重复上述操作，继续放置网格线，最终结果
如图3-162所示。

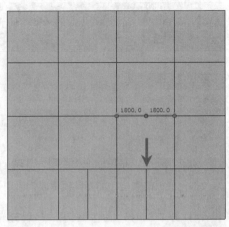

图 3-162　最终效果

3. 转换视图显示方式

01 单击视图控制栏上的"临时隐藏/隔离"按
钮，向上弹出列表，选择"重设临时隐藏/隔离"
选项，如图 3-163所示。

02 单击ViewCube右上角的角点，如图3-164所示。

图 3-163　选择"重设临时隐藏/　　图 3-164　单击右上角角点
隔离"选项

03 转换视图，查看创建网格线的效果，如图
3-165所示。

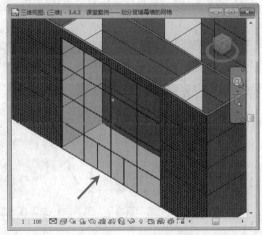

图 3-165　三维效果

3.4.4 课堂案例——重定义幕墙的嵌板

难度：☆☆☆

素材文件：素材/第3章/3.4.3课堂案例——划分幕墙的网格.rvt

效果文件：素材/第3章/3.4.4课堂案例——重定义幕墙的嵌板.rvt

在线视频：第3章/3.4.4课堂案例——重定义幕墙的嵌板.mp4

默认情况下，幕墙的嵌板类型为玻璃。用户可以修改指定嵌板的类型，如将嵌板更改为门窗类型。

⑴ 打开"3.4.3 课堂案例——划分幕墙的网格.rvt"文件。

⑵ 选择"插入"选项卡，单击"从库中载入"按钮。

⑶ 打开"载入族"对话框，选择族文件，如图3-166所示。单击"打开"按钮，载入文件至项目中。

图 3-166 选择文件

⑷ 将光标置于幕墙之上，高亮显示幕墙，如图3-167所示。

⑸ 按下Tab键，将循环高亮显示幕墙嵌板。当高亮显示如图3-168所示的嵌板时，单击选中嵌板。

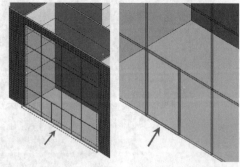

图 3-167 高亮显示幕墙　　　图 3-168 选择幕墙嵌板

⑹ 在"属性"选项板中单击嵌板类型选项，向

下弹出列表，选择"门嵌板_双扇地弹无框玻璃门"，如图3-169所示。

⑺ 修改嵌板类型的效果如图3-170所示。

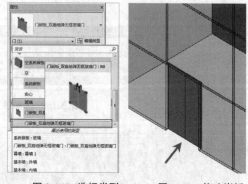

图 3-169 选择类型　　　图 3-170 修改嵌板

⑻ 重复上述操作，继续修改其他嵌板类型，最终效果如图3-171所示。

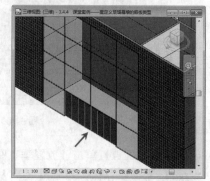

图 3-171 最终结果

3.4.5 课堂案例——创建幕墙的竖梃

难度：☆☆☆

素材文件：素材/第3章/3.4.4课堂案例——重定义幕墙的嵌板.rvt

效果文件：素材/第3章/3.4.5课堂案例——创建幕墙的竖梃.rvt

在线视频：第3章/3.4.5课堂案例——创建幕墙的竖梃.mp4

在上一节中，介绍了创建幕墙网格线的方法。本书将以网格线为基础，介绍为幕墙创建竖梃。

⑴ 打开"3.4.4 课堂案例——重定义幕墙的嵌板.rvt"文件。

⑵ 在"构建"面板上单击"竖梃"按钮，如图3-172所示。

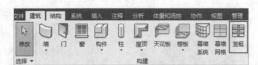

图 3-172　单击"竖梃"按钮

03　进入"修改|放置 竖梃"选项卡，单击"放置"面板上的"网格线"按钮，如图 3-173所示。

图 3-173　单击"网格线"按钮

04　将光标置于网格线之上，高亮显示网格线，如图 3-174所示。

05　在网格线上单击，即可在网格线上创建竖梃，效果如图 3-175所示。

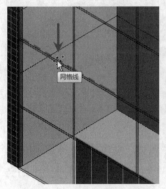 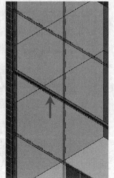

图 3-174　高亮显示网格线　　图 3-175　创建竖梃

06　在"放置"面板上单击"单段网格线"按钮，如图 3-176所示，更改放置方式。

图 3-176　单击"单段网格线"按钮

07　将光标置于左下角的网格线之上，高亮显示网格线，如图 3-177所示。

08　创建单段网格线的效果如图 3-178所示。

 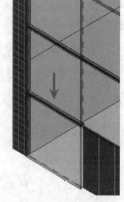

图 3-177　高亮显示网格线　　图 3-178　创建竖梃

09　在"放置"面板上单击"全部网格线"按钮，如图 3-179所示，更改放置方式。

图 3-179　单击"全部网格线"按钮

10　滑动鼠标滚轮，缩小视图。将光标置于幕墙网格线之上，高亮显示全部的网格线，如图 3-180所示。

11　此时单击，即可将竖梃放置在选定的所有网格线之上，效果如图 3-181所示。

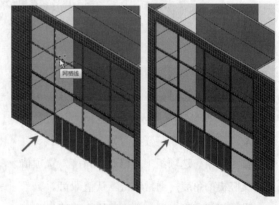

图 3-180　高亮显示网格线　图 3-181　创建竖梃的最终效果

3.4.6　编辑竖梃的方法

默认情况下，竖梃的轮廓线为矩形。用户可以自定义竖梃的轮廓类型及连接方式，本节将介绍其操作方法。

1. 更改竖梃的轮廓

单击视图控制栏中的"临时隐藏/隔离"按钮，向上弹出列表，选择"隔离图元"选项，如图3-182所示。

图 3-182 选择"隔离图元"选项

进入隔离视图，单独显示幕墙及竖梃，如图3-183所示。

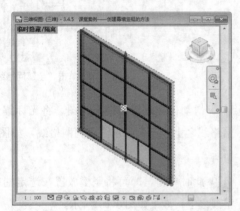

图 3-183 隔离图元

选择竖梃，显示为透明的蓝色，如图 3-184所示。

单击"属性"选项板中的"编辑类型"按钮，打开"类型属性"对话框。

在"类型参数"列表中，显示"约束""构造"及"尺寸标注"等数据，如图3-185所示。

在"约束"选项组下，修改"角度"选项值，重定义竖梃的角度，通常保持默认值即可。

设置"偏移"参数，定义竖梃与幕墙的距离。

在"构造"选项组下，单击"轮廓"选项，向下弹出列表，选择选项，定义竖梃的轮廓线样式。默认选择"系统竖梃轮廓：矩形"样式。

默认的"厚度"值为50，表示矩形竖梃的厚度。

图 3-184 选择竖梃　　　图 3-185 显示参数

在"轮廓"选项中选择"系统竖梃轮廓：圆形"样式，展开"其他"选项组，包含"半径"选项，如图3-186所示。修改半径值，定义圆形竖梃的大小。

单击"确定"按钮，返回视图，查看圆形竖梃的效果，如图 3-187所示。默认半径值为25，可根据实际情况，自定义参数值的大小。

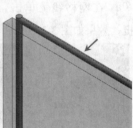

图 3-186 选择轮廓样式　　图 3-187 更改竖梃轮廓样式为圆形

选择竖梃，在"属性"选项板中单击类型选项，向下弹出列表。在列表中显示了各种类型的竖梃，如图3-188所示。选择选项，即可修改竖梃的轮廓样式。

2. 更改竖梃的连接方式

竖梃默认的连接方式为"结合"样式。在视图中选择竖梃，在图元上显示"切换竖梃连接"符号，如图3-189所示。

图 3-188 样式列表　　　图 3-189 选择竖梃

单击符号，切换竖梃的连接样式，图3-190所示为两种连接样式的效果。

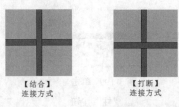

【结合】　　　　　　　【打断】
连接方式　　　　　　　连接方式

图3-190　不同的连接方式

技巧与提示

切换至立面视图，能够更加直观地查看不同连接方式的显示效果。

或者选择竖梃，单击鼠标右键，在弹出的快捷菜单中选择"连接条件"选项，向右弹出子菜单，如图3-191所示。

选择菜单选项，同样可以切换竖梃的连接方式。

图3-191　显示"连接条件"的子菜单

选择竖梃，单击鼠标右键，在弹出的快捷菜单中选择"选项竖梃"选项，向右弹出子菜单，如图3-192所示。

选择菜单选项，可以选中指定位置上的竖梃。

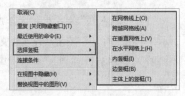

图3-192　"选项竖梃"的子菜单

3.4.7　创建幕墙系统的方法

执行"创建幕墙系统"的操作，可以一次性得到包含嵌板及连接条件的幕墙系统，不需要用户逐步执行"创建幕墙""放置网格线""创建竖梃"等操作。

本节将以在体量模型上创建幕墙系统为例，介绍幕墙系统的创建步骤。

切换至"建筑"选项卡，单击"构建"面板上的"幕墙系统"按钮激活命令。

随即进入"修改|放置面幕墙系统"选项卡，默认选择"多重选择"面板上的"选择多个"按钮，如图3-193所示。保持默认选择不变即可。

图3-193　单击"选择多个"按钮

单击"属性"选项板上的"编辑类型"按钮，打开"类型属性"对话框。

在"类型参数"列表中，"幕墙嵌板"与"连接条件"选项分别显示默认样式的嵌板与连接条件。

单击选项，向下弹出列表，选择选项，重定义幕墙系统的类型。例如，选择"系统嵌板：玻璃"及"边界和网格1连接"选项，如图3-194所示。

其他选项参数可以保持默认值，也可以按照需要自行设置。

单击"确定"按钮，返回视图。将光标置于体量模型面上，高亮显示面轮廓线，如图3-195所示。

图3-194　"类型属性"对话框　　图3-195　高亮显示轮廓线

单击选择模型面，显示透明的蓝色，如图3-196所示，表示即将在该模型面上创建幕墙系统。

此时"多重选择"面板中的"选择多个"按钮显示为灰色，表示不可执行该项操作。

单击"清除选择"按钮，可以清除当前已选中的模型面。

这里单击"创建系统"按钮，如图3-197所示，执行"创建幕墙系统"的操作。

图 3-196 选择模型面　　图 3-197 单击"创建系统"按钮

查看绘图区域，发现已在选中的模型面上创建幕墙系统，效果如图3-198所示。

选择幕墙系统，重新调出"类型属性"对话框，修改参数，调整图元的显示效果。

图 3-198 创建幕墙系统

💡 **技巧与提示**

切换至"体量和场地"选项卡，单击"面模型"面板上的"幕墙系统"按钮，也可执行"创建幕墙系统"的操作。

3.5 柱子

Revit中的柱子有两种类型，分别是建筑柱与结构柱。因为2018版本的Revit没有提供柱族，所以在创建柱子之前，需要先载入族文件。

3.5.1 载入柱族

选择"建筑"选项卡，单击"构建"面板上的"结构柱"按钮，如图3-199所示。

接着弹出提示对话框，询问用户是否需要现在载入结构柱族。单击"是"按钮。

打开"载入族"对话框，选择族文件，如图3-200所示。单击"打开"按钮，将族文件载入项目中。

图 3-199 单击　　　　图 3-200 选择文件
"柱"按钮

💡 **技巧与提示**

在命令行中输入CL，启用"结构柱"命令。

3.5.2 创建柱子的方法

在"构建"面板上单击"结构柱"按钮下方的实心箭头，向下弹出列表，选择"柱：建筑"选项，如图3-201所示。激活命令，创建建筑柱。

弹出提示对话框，询问用户是否要现在载入柱族，如图3-202所示。单击"是"按钮。

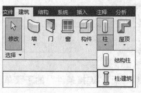

图 3-201 选择"柱：建筑"选项　　图 3-202 提示对话框

💡 **技巧与提示**

在上一节中，所载入的是结构柱族。在本节中，需要载入柱族，以方便创建建筑柱。

打开"载入族"对话框，选择族文件，如图 3-203 所示。单击"打开"按钮，载入族文件至项目中。

载入完毕后，在"属性"选项板中显示柱子的信息。

此时在光标处可以预览建筑柱，如图 3-204所示。移动光标，指定柱子的插入点。

图 3-203 选择文件　　图 3-204 预览建筑柱

3.5.3 课堂案例——在项目中创建柱子

难度：☆☆☆

素材文件：素材/第3章/3.5.3 课堂案例——在项目中创建柱子-素材.rvt

效果文件：素材/第3章/3.5.3 课堂案例——在项目中创建柱子.rvt

在线视频：第3章/3.5.3 课堂案例——在项目中创建柱子.mp4

通过修改柱子的参数，可以重定义柱子的外观。本节将介绍修改柱子参数及创建柱子的方法。

01 打开"3.5.3 课堂案例——在项目中创建柱子-素材.rvt"文件。

02 启用"柱：建筑"命令，单击"属性"选项板上的"编辑类型"按钮，打开"类型属性"对话框。

03 单击"类型"选项，在列表中选择"610×610mm"选项，如图 3-205所示，其他参数保持默认值。

技巧与提示

在"属性"选项板中单击类型名称，向下弹出列表，可在其中选择柱子的规格，如图 3-206所示。

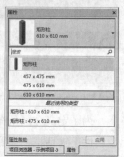

图 3-205 选择"类型"选项　图 3-206 选择柱子的规格

04 在选项栏中设置"高度"为"标高3"，如图 3-207所示，表示以当前视图为基础，柱子的顶部轮廓线直达至"标高3"。

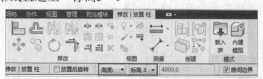

图 3-207 设置参数

05 单击1轴与C轴为交点，放置建筑柱，如图 3-208所示。

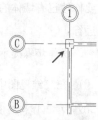

图 3-208 放置柱子

06 此时尚处在命令中，继续单击轴线交点，放置柱子的效果如图 3-209所示。

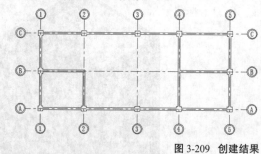

图 3-209 创建结果

07 转换至三维视图，查看创建柱子的三维效果，如图 3-210所示。

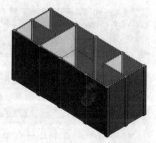

图 3-210 三维效果

3.6 课后习题

本节提供了一些习题，希望读者自行上机操作，练习墙体与柱子的编辑方法，复习巩固本节知识。

3.6.1 课后习题——在"属性"选项板中修改墙体的高度

难度：☆☆☆

素材文件：素材/第3章/3.6.1 课后习题——在"属性"选项板中修改墙体的高度-素材.rvt

效果文件：素材/第3章/3.6.1 课后习题——在"属性"选项板中修改墙体的高度.rvt

在线视频：第3章/3.6.1 课后习题——在"属性"选项板中修改墙体的高度.mp4

在绘制墙体之前，可以先定义墙体高度。如果要修改已有墙体的高度，可以在"属性"选项板中进行。

操作步骤提示如下。

① 在三维视图中选择要修改高度的墙体。

② 在"属性"选项板中修改"顶部约束"选项值为"直到标高：标高3"。

③ 此时，墙体向上延伸，直达"标高3"。

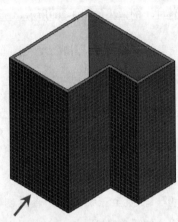

3.6.2 课后习题——在墙体上创建装饰条

难度：☆☆☆

素材文件：素材/第3章/3.6.2 课后习题——在墙体上创建装饰条-素材.rvt

效果文件：素材/第3章/3.6.2 课后习题——在墙体上创建装饰条.rvt

在线视频：第3章/3.6.2 课后习题——在墙体上创建装饰条.mp4

必须要切换至三维视图，才可以激活"墙：饰条"命令。为了方便观察创建效果，可以在三维视图中执行放置墙饰条的操作。

操作步骤提示如下。

① 选择"建筑"选项卡，在"构建"面板上单击"墙"按钮，向下弹出列表，选择"墙：饰条"选项。

② 在"属性"选项板上单击"编辑类型"按钮。

③ 打开"类型属性"对话框。单击"轮廓"选项，在列表中选择轮廓线样式。

④ 在"放置"面板中单击"水平"按钮，指定

放置墙饰条的方向。

⑤ 将光标置于墙体上，预览放置墙饰条的效果。

⑥ 单击放置墙饰条。

⑦ 保持墙饰条的选择状态不变，在"属性"选项板中，修改"相对标高的偏移"选项参数为1500，向上移动墙饰条。

⑧ 重复上述操作，拾取墙体，放置墙饰条，并修改墙饰条的位置。

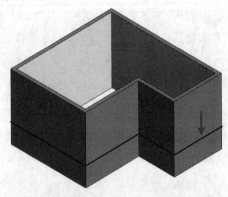

3.6.3 课后习题——在墙体上绘制分隔条

难度：☆☆☆

素材文件：素材/第3章/3.6.3 课后习题——在墙体上绘制分隔条-素材.rvt

效果文件：素材/第3章/3.6.3 课后习题——在墙体上绘制分隔条.rvt

在线视频：第3章/3.6.3 课后习题——在墙体上绘制分隔条.mp4

为了定义分隔条在墙体上的效果，可以在"类型属性"对话框中设置"默认收进"选项参数。在三维视图中，选中分隔条，修改尺寸标注数字，调整分隔条在墙面上的位置。

操作步骤提示如下。

① 在"构建"面板上单击"墙"按钮，在弹出的列表中选择"墙：分隔条"选项。

② 在"属性"选项板上单击"编辑类型"按钮，打开"类型属性"对话框。

③ 修改"默认收进"选项值为30，"轮廓"样式保持"默认"样式即可。

④ 在"放置"面板上单击"水平"按钮，指定

放置分隔条的方向。

05 将光标置于墙体之上，预览放置分隔条的效果。

06 在"属性"选项板中修改"相对标高的偏移"值，向上移动分隔条所示。

07 重复上述操作，继续在墙面上放置分隔条。

08 重复执行"墙：分隔条"命令，在墙面上放置分隔条。在"属性"选项板中修改"相对标高的偏移"参数为1400。

09 向上调整分隔条的位置，在墙面上放置另一分隔条，退出命令，完成操作。

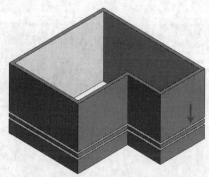

3.6.4 课后习题——自定义建筑柱的材质

难度：☆☆☆

素材文件：素材/第3章/3.6.4 课后习题——自定义建筑柱的材质-素材.rvt

效果文件：素材/第3章/3.6.4 课后习题——自定义建筑柱的材质.rvt

在线视频：第3章/3.6.4 课后习题——自定义建筑柱的材质.mp4

自定义建筑柱材质，需要先打开"类型属性"对话框。再打开"材质浏览器"对话框，在其中设置材质参数。关闭对话框后，在视图中查看修改效果。

操作步骤提示如下。

01 切换至三维视图，选择柱子。

02 单击"属性"选项板中的"编辑类型"按钮，打开"类型属性"对话框。

03 将光标定位在"材质"选项中，单击右侧的矩形按钮。

04 打开"材质浏览器"对话框。在材质列表中选择"默认"材质，单击鼠标右键，在弹出的快捷菜单中选择"复制"选项。

05 创建材质副本，并将副本命名为"柱子材质"。单击左下角的"打开/关闭资源浏览器"按钮。

06 打开"资源浏览器"对话框。单击展开"Autodesk物理资源"列表，展开"石料"列表，选择"大理石"选项。

07 在右侧的界面中选择"粗糙抛光-白色"材质，单击右侧的矩形按钮。

08 单击右上角的关闭按钮，返回"材质浏览器"对话框，保持参数设置不变。

09 返回视图，单击视图控制栏上的"视觉样式"按钮，向上弹出类别，选择"真实"选项。

10 在视图中查看修改柱子材质的效果。

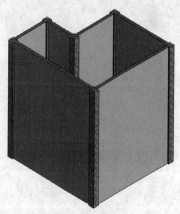

3.7 本章小结

本章介绍了墙体与柱子的相关知识，包括创建与编辑对象的方法。

如果想要所创建的对象符合使用要求，那么在创建之前需要先设置属性参数，无论是墙体还是柱子都是如此。

设置墙体参数稍显复杂，但是仔细阅读本章内容就会发现其实不难。

以默认参数创建对象，再选择对象，执行修改参数的操作，也可以使得对象与需求相符。

为了帮助读者更顺利地练习操作，在本章的末尾提供了课后习题，并附上详细的操作步骤，相信即使是初学者，在操作的过程中也不会有很大的障碍。

第4章

门与窗

内容摘要

Revit 2018中没有提供默认的门族、窗族，反而为创建各种各样的门窗图元提供了空间。用户可以载入多种类型的族文件，丰富建筑项目中门窗图元的显示效果。

本章将介绍创建门与窗的方法。

课堂学习目标

- 掌握放置门的方法
- 学习放置窗的方法

4.1 门

新建的项目文件没有门族，需要载入门族文件，才可以为项目添加门对象。

本节将介绍添加门对象的方法。

4.1.1 门族从哪里来

门族的来源有两个途径，一个是从网络上下载族模型，另一个是用户自行创建。

与其他软件类似，低版本的Revit文件能够在高版本的Revit软件中打开，反之则不行。

将低版本的文件在高版本的Revit中打开，系统会弹出如图4-1所示的"模型升级"对话框，告知用户正在升级模型。

图4-1 "模型升级"对话框

Revit提供了创建门族、窗族的样板。执行"新建"|"族"命令，打开"新族-选择样板文件"对话框。

选择"公制门"族样板，如图4-2所示。单击"打开"按钮，进入族编辑器，即可在其中创建对象。

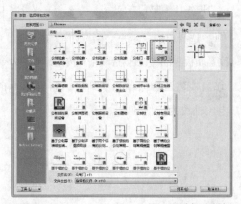

图4-2 选择族样板

创建完毕，存储对象至计算机中。在创建项目时，就可以载入族文件，执行"放置门"的操作，为项目添加门对象。

4.1.2 载入门族

选择"建筑"选项卡，单击"构建"面板上的"门"按钮，如图4-3所示。

技巧与提示

在命令行中输入DR，也可以调用"门"命令。

弹出提示对话框，询问用户是否要现在载入门族。单击"是"按钮，如图4-4所示，打开"载入族"对话框。

图4-3 单击"门"按钮　　图4-4 单击"是"按钮

在对话框中选择族文件，如图4-5所示。单击"打开"按钮，即可将门族载入至项目中。

图4-5 选择文件

4.1.3 设置门参数的方法

继续上一节的操作。顺利地载入门族后，在"属性"选项板中显示门信息。

单击类型名称，向下弹出列表，显示各种规格的门，如图4-6所示。选择选项，指定即将要创建的门图元的类型。

图4-6 显示各种规格的门

单击"属性"选项板中的"编辑类型"按钮，打开"类型属性"对话框。

单击"类型"选项，向下弹出列表，显示不同的规格，如图4-7所示。选择选项，指定门规格。

图4-7 向下弹出列表

在"材质和装饰"选项组中，显示"把手材质""玻璃"及"门嵌板材质""框架材质"的属性，默认为"<按类别>"材质。

在"尺寸标注"选项组下，显示门图元的默认尺寸，如图4-8所示。用户可以沿用默认尺寸，也可以自定义尺寸。

修改尺寸的结果，需要到视图中查看。参数设置完毕，单击"确定"按钮，关闭对话框即可。

图4-8 显示类型参数

4.1.4 课堂案例——在建筑项目的一层中添加门

难度：☆☆☆

素材文件：素材/第4章/4.1.4 课堂案例——在建筑项目的一层中添加门-素材.rvt

效果文件：素材/第4章/4.1.4 课堂案例——在建筑项目的一层中添加门.rvt

在线视频：第4章/4.1.4 课堂案例——在建筑项目的一层中添加门.mp4

在为建筑项目添加门之前，首先要载入"单扇门"与"双扇门"族文件。

本节介绍在项目中布置门的操作步骤。

1. 添加单扇门

01 打开"4.1.4 课堂案例——在建筑项目的一层

中添加门-素材.rvt"文件。

02 单击"构建"面板上的"门"按钮，在"属性"选项板中选择"单扇平开木门2"，如图4-9所示。

03 将光标置于内墙体之上，显示临时尺寸标注，同时可以预览放置门的效果，如图4-10所示。

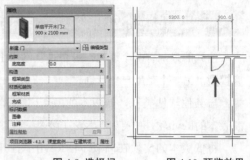

图4-9 选择门　　　　图4-10 预览效果

04 通过预览放置效果，发现门的开启方向不符合要求。此时可以按下空格键，翻转门的开启方向，预览效果如图4-11所示。

05 借助临时尺寸标注，确定门的位置，单击放置单扇门，效果如图4-12所示。

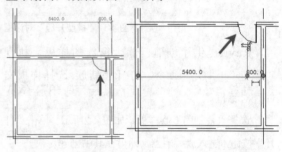

图4-11 翻转门方向　　　　图4-12 放置门

06 选择单扇门，进入"修改|门"选项卡。单击"修改"面板上的"镜像-拾取轴"按钮，激活命令。

07 选择单扇门相邻的轴线，如图4-13所示，指定该轴线为镜像轴。

图4-13 选择镜像轴

08 在轴线的右侧创建单扇门副本的效果如图

4-14所示。

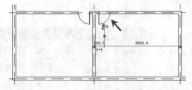

图4-14 复制门

09 重复"门"命令，继续在内墙体上放置单扇门，效果如图4-15所示。

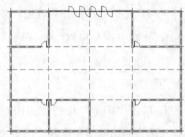

图4-15 放置单扇门的结果

2. 添加双扇门

01 在"属性"选项板中单击类型名称，在列表中选择"双扇平开镶玻璃门3-带亮窗"，如图4-16所示。

图4-16 选择门

02 将光标置于3轴与4轴之间的外墙体之上，借助临时尺寸标注，确定门的位置，如图4-17所示。

03 确定位置后，单击放置双扇门，效果如图4-18所示。

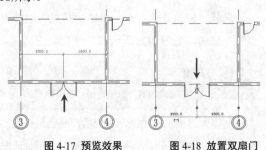

图4-17 预览效果　　图4-18 放置双扇门

04 此时仍然处在命令中。在"属性"选项板中选择规格为"1800×2600mm"的双扇门，如图4-19所示。

图4-19 选择门

05 将光标置于C轴与D轴的外墙上，预览放置效果，单击放置双扇门，效果如图4-20所示。

06 在右侧的外墙上继续放置双扇门。选择门，显示临时尺寸标注。将光标置于标注数字之上，高亮显示数字，如图4-21所示。

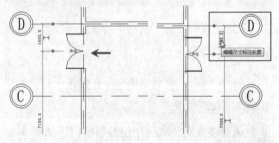

图4-20 放置门　　图4-21 高亮显示尺寸数字

07 单击尺寸数字，进入在位编辑模式，输入参数，如图4-22所示。

08 调整双扇门在外墙上的位置，效果如图4-23所示。

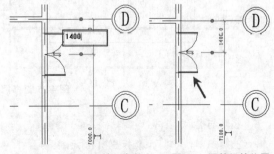

图4-22 输入参数　　图4-23 调整门的位置

⑨ 重复上述操作，继续放置双扇门，最终效果如图4-24所示。

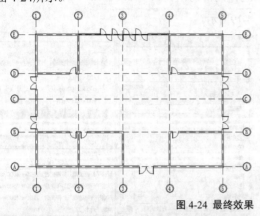

图4-24 最终效果

4.1.5 课堂案例——快速创建建筑项目其他楼层的门

难度：☆☆☆

素材文件：素材/第4章/4.1.4 课堂案例——在建筑项目的一层中添加门.rvt

效果文件：素材/第4章/4.1.5 课堂案例——快速创建建筑项目其他楼层的门.rvt

在线视频：第4章/4.1.5 课堂案例——快速创建建筑项目其他楼层的门.mp4

利用"复制"与"粘贴"功能，可以轻松地创建其他楼层的门。

① 打开"4.1.4 课堂案例——在建筑项目的一层中添加门.rvt"文件。

② 选择要复制至其他楼层的单扇门，如图4-25所示。

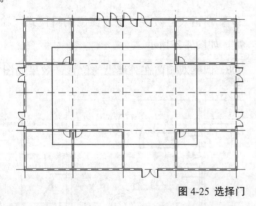

图4-25 选择门

 技巧与提示

按住Ctrl键，可以同时选择多个门图元。

③ 在"剪贴板"面板上单击"复制到剪贴板"按钮，如图4-26所示。

图4-26 单击"复制到剪贴板"按钮

④ 接着单击"粘贴"按钮，向下弹出列表，选择"与选定的标高对齐"选项，如图4-27所示。

⑤ 打开"选择标高"对话框。首先选择"标高2"，按照Shift键不放，单击"标高4"，选择结果如图4-28所示。

⑥ 单击"确定"按钮，关闭对话框，即可将选定的单扇门粘贴至指定的楼层中去。

图4-27 选择"与选定的标高   图4-28 选择标高
对齐"选项

4.2 窗

在Revit中放置窗，同样需要先载入族文件。窗的样式有推拉窗、平开窗等，用户通过重定义载入文件的参数，可以在项目中创建各种不同样式的窗。

4.2.1 载入窗族

选择"建筑"选项卡，单击"构建"面板上的"窗"按钮，如图4-29所示。

 技巧与提示

在命令行中输入WN，也可调用"窗"命令。

随即弹出提示对话框，询问用户是否现在载入窗族。单击"是"按钮，如图4-30所示，关闭对话框。

图 4-29 单击"窗"按钮　　图 4-30 单击"是"按钮

技巧与提示

载入窗族后，再次启用"窗"命令，不会出现上述的提示对话框。

打开"载入族"对话框，选择窗族，如图 4-31 所示。单击"打开"按钮，载入族文件至项目中。

图 4-31 选择文件

4.2.2 设置窗参数的方法

载入窗族后，"属性"选项板中会显示窗图元的信息，如图 4-32 所示。

类型选项中会显示窗图元的名称，例如"组合窗-双层单列（固定+推拉）"，在名称的下方显示窗的规格为"1200×1800mm"，如图4-32所示。

图 4-32 "属性"选项板

默认情况下，窗的"底高度"为900。转换至立面视图，可以直观地查看窗与楼层底边的间距，如图4-33所示。

单击"属性"选项板中的"编辑类型"按钮，打开"类型属性"对话框。

单击"类型"选项，向下弹出列表，选择窗的规格，如图 4-34所示。

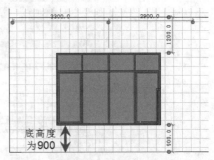

图 4-33 查看窗的"底高度"距离

图 4-34 向下弹出类别列表

在"类型参数"列表中，"窗嵌入"选项值默认为65，表示窗嵌入墙体的距离。

单击"下部窗扇类型<窗>"选项，向下弹出列表，选择选项，定义窗扇的类型，如图4-35所示。

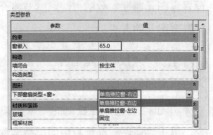

图 4-35 选择"下部窗扇类型<窗>"选项

技巧与提示

不同类型的窗图元，与之对应的"类型属性"对话框中所包含的选项也不同。例如"下部窗扇类型<窗>"选项就与特定的窗图元对应。

在"材质和装饰"选项中，修改"玻璃"与"框架材质"的选项参数，通常保持"<按类别>"即可。

修改"尺寸标注"选项组的参数，包括"粗略宽度""粗略高度"等，如图4-36所示，可以修改窗的显示效果。

参数设置完毕，单击"确定"按钮，关闭对话框。

图 4-36 设置参数

4.2.3 课堂案例——在建筑项目的一层添加窗

难度：☆☆☆

素材文件：素材/第4章/4.1.5 课堂案例——快速创建建筑项目其他楼层的门.rvt

效果文件：素材/第4章/4.2.3 课堂案例——在建筑项目的一层添加窗.rvt

在线视频：第4章/4.2.3 课堂案例——在建筑项目的一层添加窗.mp4

在4.2.1节与4.2.2节中，依次介绍了载入窗族与设置窗图元属性参数的方法。本节将介绍在项目中放置窗图元的方法。

① 打开"4.1.5 课堂案例——快速创建建筑项目其他楼层的门.rvt"文件。

② 单击"构建"面板上的"窗"按钮，激活命令。单击"属性"选项板中的类型名称，在弹出的列表中选择"组合窗-双层四列（两侧平开）-上部固定"选项，如图4-37所示。

图 4-37 选择"组合窗-双层四列（两侧平开）-上部固定"选项

③ 将光标置于1轴与2轴之间的外墙体之上，借助临时尺寸标注，确定窗的位置，如图4-38所示。

④ 单击放置窗，效果如图 4-39所示。

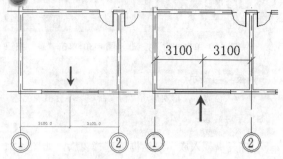

图 4-38 预览效果　　　　图 4-39 放置效果

⑤ 在外墙体上依次指定基点，放置窗图元，最终效果如图4-40所示。

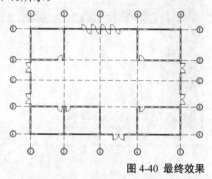

图 4-40 最终效果

4.2.4 课堂案例——创建建筑项目其他楼层的窗

难度：☆☆☆

素材文件：素材/第4章/4.2.3 课堂案例——在建筑项目的一层添加窗.rvt

效果文件：素材/第4章/4.2.4 课堂案例——创建建筑项目其他楼层的窗.rvt

在线视频：第4章/4.2.4 课堂案例——创建建筑项目其他楼层的窗.mp4

因为楼层之间的层高不一致，所以先在"标高2"平面视图中创建窗图元，接着执行"复制""粘贴"命令，创建其他楼层的窗图元。

1. 在"标高2"平面视图中放置窗

① 打开"4.2.3 课堂案例——在建筑项目的一层添加窗.rvt"文件。

② 在项目浏览器中展开"楼层平面"列表，选择"标高2"视图名称，如图 4-41所示。双击，转换至该视图。

③ 单击"构建"面板上的"窗"按钮，激活命

令。在"属性"选项板中单击类型名称，向下弹出列表，选择窗规格，如图 4-42 所示。

図 4-41　选择视图　　　　　　图 4-42　选择窗规格

04　修改"底高度"选项值为450，如图 4-43 所示。

05　在1轴与2轴的外墙体上指定基点，放置窗图元，效果如图 4-44 所示。

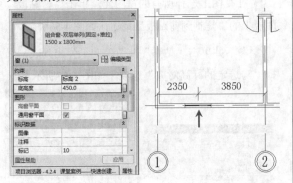

图 4-43　设置参数　　　　　　图 4-44　放置效果

06　选择窗图元，进入"修改|窗"选项卡。单击"修改"面板上的"镜像-拾取轴"按钮。

07　拾取窗右侧轮廓线，如图 4-45 所示，指定轮廓线为镜像轴。

图 4-45　拾取轮廓线

08　向右复制窗副本，效果如图 4-46 所示。

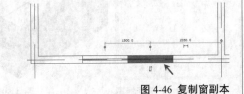

图 4-46　复制窗副本

09　重复上述操作，在2轴与3轴的外墙体之上放置窗图元，效果如图 4-47 所示。

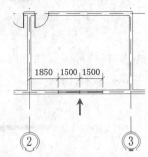

图 4-47　放置效果

10　在"属性"选项板中选择窗，并修改"底高度"为450，如图 4-48 所示。

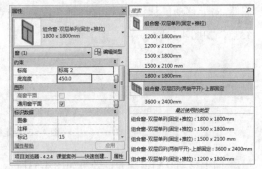

图 4-48　设置参数

11　在外墙体上指定基点，放置窗图元的效果如图 4-49 所示。

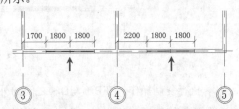

图 4-49　放置效果

12　选择4轴与5轴外墙体上的窗图元，进入"修改|窗"选项卡。单击"修改"面板上的"复制"按钮，取消勾选"约束"复选框，如图 4-50 所示。

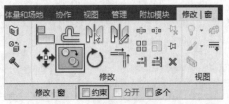

图 4-50　单击"复制"按钮

技巧与提示

默认情况下,"复制"方向被限定在水平方向。取消勾选"约束"复选框,可以在任意方向创建图元副本。

⑬ 移动鼠标指针,指定5轴与A轴的交点为起点,如图4-51所示。

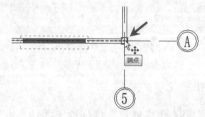

图4-51 指定起点

⑭ 向上移动鼠标指针,指定5轴与E轴的交点为终点,如图4-52所示。

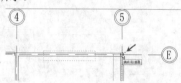

图4-52 指定终点

⑮ 向上移动复制窗图元,效果如图4-53所示。

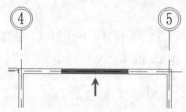

图4-53 复制效果

⑯ 执行复制操作,在B轴与D轴之间的外墙体上放置规格为"1800×1800mm",底高度为450的窗图元,如图4-54所示。

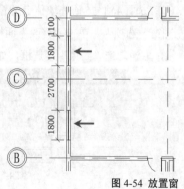

图4-54 放置窗

⑰ 重复上述操作,继续在外墙体上放置窗图元,最终结果如图4-55所示。

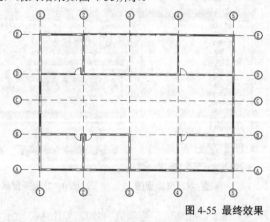

图4-55 最终效果

2. 创建其他楼层的窗

① 在视图上选择所有的窗图元,单击"剪贴板"面板上的"复制到剪贴板"按钮,如图4-56所示。

② 激活并单击"粘贴"按钮,向下弹出列表,选择"与选定的标高对齐"选项,如图4-57所示。

图4-56 单击"粘贴"按钮　图4-57 选择"与选定的标高对齐"选项

③ 打开"选择标高"对话框,选择"标高3""标高4",如图4-58所示。

④ 单击"确定"按钮,将窗图元粘贴至其他楼层。切换至三维视图,查看窗的三维效果,如图4-59所示。

图4-58 选择标高　　　　　图4-59 三维效果

4.3 课后习题

在本节中提供了两道习题，分别是练习修改门参数与设置窗的显示样式。同时提供操作步骤，降低初学者的学习难度。

4.3.1 课后习题——修改门参数

难度：☆☆☆☆

素材文件：素材/第4章/4.3.1 课后习题——修改门参数-素材.rvt

效果文件：素材/第4章/4.3.1 课后习题——修改门参数.rvt

在线视频：第4章/4.3.1 课后习题——修改门参数.mp4

选择立面视图中的双扇门，可以在"属性"选项板及"类型属性"对话框中修改属性参数，更改门的显示效果。

操作步骤提示如下。

(01) 在立面视图中选择门图元，显示为透明的蓝色。

(02) 修改"属性"选项板中"底高度"选项值。

(03) 立面门向上移动，与视图底部边界线相距150。

(04) 选择门，单击"属性"选项板中的"编辑类型"按钮，打开"类型属性"对话框。

(05) 单击"重命名"按钮，打开"重命名"对话框，输入"新名称"。

(06) 单击"确定"按钮，返回"类型属性"对话框。修改"尺寸标注"选项组下的参数。

(07) 单击"确定"按钮，返回视图，查看修改结果。

4.3.2 课后习题——在立面图中设置窗的高度

难度：☆☆☆

素材文件：素材/第4章/4.3.2 课后习题——在立面图中调整窗的高度-素材.rvt

效果文件：素材/第4章/4.3.2 课后习题——在立面图中调整窗的高度.rvt

在线视频：第4章/4.3.2 课后习题——在立面图中调整窗的高度.mp4

在立面视图中，选择窗图元，显示临时尺寸标注。通过重新定义临时尺寸标注，可以调整窗的位置。

操作步骤提示如下。

(01) 在尚未执行修改操作之前，立面窗的高度为2000，距离地面900。

(02) 选择窗，显示临时尺寸标注。

(03) 单击标注数字为900的临时尺寸标注，进入编辑模式。输入距离参数。

(04) 在空白位置单击，结束操作。修改窗与地面的间距。

(05) 选择窗，单击"属性"选项板中的"编辑类型"按钮，打开"类型属性"对话框。

(06) 单击"重命名"按钮，打开"重命名"对话框，在"新名称"选项中输入参数。

(07) 修改"尺寸标注"选项组下的参数，重新定义窗的大小。

(08) 单击"确定"按钮，返回视图，查看修改结果。

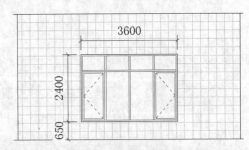

4.4 本章小结

本章介绍了创建门窗图元的方法。先载入门族与窗族，就可以在指定的位置上放置图元。

为了得到不同尺寸的图元，用户可以通过"属性"选项板及"类型属性"对话框来修改参数。

如果项目需要多种不同类型的门窗，就需要用户重复执行"载入族"操作，将不同样式的门族与窗族载入到项目文件中，以供随时调用。

为了直观地查看修改门窗的效果，可以先切换至立面视图或三维视图。在立面视图中能够更准确地定位窗在墙体上的位置。

第5章

创建屋顶、天花板与楼板

内容摘要

为方便用户创建屋顶、天花板与楼板构件，Revit提供了专用的命令。启用命令后，用户通过设置属性参数，可以创建不同样式的构件。例如，在创建迹线屋顶时，属性参数不同，迹线屋顶的显示效果也不同。

本章将介绍创建屋顶、天花板与楼板的方法。

课堂学习目标

- 学习创建各种类型屋顶的方法
- 掌握添加屋顶构件的方法
- 了解创建天花板的方法
- 学习创建楼板的方法

5.1 屋顶

在Revit中可以创建的屋顶类型包括迹线屋顶、拉伸屋顶及面屋顶，同时，还可以为屋顶添加配件，如底板、封檐板及檐槽。

5.1.1 迹线屋顶

选择"建筑"选项卡，单击"构建"面板上的"屋顶"按钮，向下弹出列表。选择"迹线屋顶"选项，如图 5-1所示。

此时弹出"最低标高提示"对话框，保持默认值，单击"是"按钮，如图 5-2所示。

图 5-1 选择"迹线屋顶"选项　图 5-2 单击"是"按钮

进入"修改|创建屋顶迹线"选项卡，绘图区域的显示效果如图 5-3所示。

图 5-3 绘图区域的显示效果

在选项卡中选择"绘制"面板上的"拾取墙"按钮，指定绘制方式。

在选项栏中勾选"定义坡度"复选框，设置"悬挑"值，并勾选"延伸到墙中（至核心层）"复选框，如图 5-4所示。

图 5-4 设置参数

将光标置于外墙体之上，高亮显示墙体，同时在墙体的一侧显示虚线，如图 5-5所示。

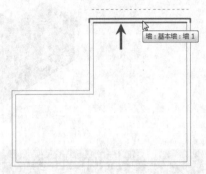

图 5-5 显示虚线

在墙体上单击，创建屋顶轮廓线，如图 5-6所示。在轮廓线的一侧，显示坡度符号，以及坡度值。

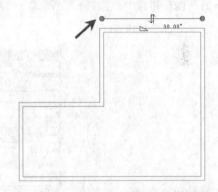

图 5-6 创建轮廓线

移动光标，将其置于另一段外墙之上，预览屋顶轮廓线的创建效果。

在墙体上单击，创建屋顶轮廓线。系统会自动连接两段轮廓线。

重复上述操作，继续拾取墙体，创建闭合的屋顶轮廓线，如图 5-7所示。

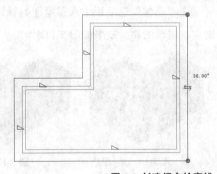

图 5-7 创建闭合轮廓线

单击"模式"面板中的"完成编辑模式"按

钮，结束操作。切换至三维视图，查看屋顶的创建效果，如图5-8所示。

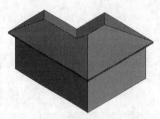

图5-8 迹线屋顶

5.1.2 修改屋顶属性参数

选择屋顶，在"属性"选项板中单击类型名称，向下弹出列表。在列表中显示屋顶类型，如"18°屋顶""屋顶1""屋顶2"及"玻璃斜窗"，如图5-9所示。

图5-9 类型列表

选择"18°屋顶"类型，屋顶向上延伸，增加厚度，效果如图5-10所示。

不同类型的屋顶，厚度也不同。其中，"18°屋顶"的厚度为457.2，"屋顶1"的厚度为152.4，"屋顶2"的厚度为228.6。

在"属性"选项板中选择屋顶类型为"玻璃斜窗"，屋顶的显示效果如图5-11所示。

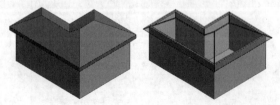

图5-10 18°屋顶　　　图5-11 玻璃斜窗

单击"属性"选项板中的"编辑类型"按钮，打开"类型属性"对话框。

选择"类型"为"屋顶1"，单击"结构"选项后的"编辑"按钮，如图5-12所示，打开"编辑部件"对话框。

选择第2行，单击"材质"单元格中的矩形按钮，如图5-13所示，打开"材质浏览器"对话框。

图5-12 单击"编辑"按钮　　图5-13 单击矩形按钮

在材质列表中选择"默认屋顶"材质，单击左下角的"打开/关闭资源浏览器"按钮，如图5-14所示。

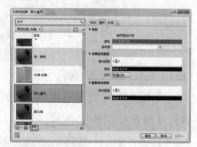

图5-14 单击"打开/关闭资源浏览器"按钮

打开"资源浏览器"对话框，展开"Autodesk物理资源"列表，选择"屋顶"选项。在右侧的界面中选择"屋盖板-层叠"材质，单击右侧的矩形按钮，如图5-15所示。

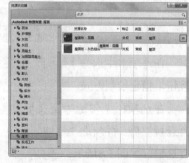

图5-15 选择材质

替换资源的结果如图5-16所示。保持参数设置不变，单击"确定"按钮，返回"编辑部件"对话框。

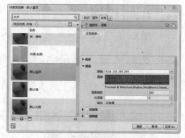

图 5-16　替换资源的效果

在第2行的"材质"单元格中显示材质名称，如图 5-17所示。保持其他参数设置个变，单击"确定"按钮，返回"类型属性"对话框。

单击"确定"按钮，返回视图。单击视图控制栏中的"视觉样式"按钮，向上弹出列表，选择"真实"选项，转换视图的视觉样式。

在视图中显示替换屋顶材质的效果，如图5-18所示。

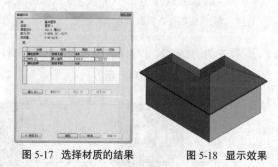

图 5-17　选择材质的结果　　　　图 5-18　显示效果

5.1.3　拉伸屋顶

与迹线屋顶不同，拉伸屋顶一般在立面视图中创建，因为可以准确地绘制或者编辑屋顶轮廓线。

1.　绘制屋顶轮廓线

单击"构建"面板中的"屋顶"按钮，向下弹出列表，选择"拉伸屋顶"选项，如图5-19所示。

随即打开"工作平面"对话框，选择"拾取一个平面"单选按钮，单击"确定"按钮，如图5-20所示。

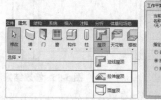　

图 5-19　选择"拉伸屋顶"　　图 5-20　单击"确定"按钮
　　　　　　选项

在立面视图中，将光标置于立面墙体之上，高亮显示墙体轮廓线，如图 5-21所示。

单击拾取立面墙体。打开"屋顶参照标高和偏移"对话框，单击"标高"选项，向下弹出列表，选择标高，如图 5-22所示。

图 5-21　高亮显示墙体轮廓线　　图 5-22　选择标高

单击"确定"按钮，关闭对话框，进入"修改|创建拉伸屋顶轮廓"选项卡。

单击"绘制"面板中的"线"按钮，指定绘制轮廓线的方式。其他参数保持默认值即可。

在立面墙体的左上角，依次指定起点与终点，绘制宽度为1000的水平线段，如图 5-23所示。

选择线段，激活线段左侧的实心夹点，按住鼠标左键不放，向左移动鼠标指针，调整线段的长度为1800，结果如图 5-24所示。

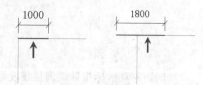

图 5-23　绘制线段　　图 5-24　延伸线段

选择线段，单击"修改"面板上的"移动"按钮，激活命令。在线段上单击，指定起点。向上移动鼠标指针，输入移动距离，如图 5-25所示。

按下回车键，向上移动线段的效果如图 5-26所示。

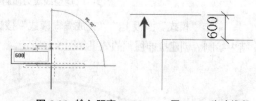

图 5-25　输入距离　　图 5-26　移动线段

在"绘制"面板中单击"起点，终点，半径"按钮，如图 5-27所示，转换绘制方式。

以线段右侧端点为起点，继续指定终点与半径，绘制圆弧的结果如图 5-28所示。

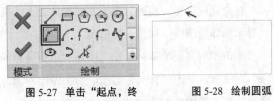

图 5-27 单击"起点，终   图 5-28 绘制圆弧
点，半径"按钮

重复上述操作，继续绘制圆弧轮廓线，结果如图 5-29所示。

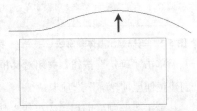

图 5-29 绘制结果

选择左侧的水平线段，两端显示蓝色的实心圆点。将光标置于左侧的实心圆点之上，如图 5-30所示，激活圆点。

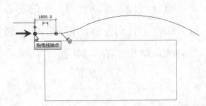

图 5-30 激活端点

向下移动鼠标指针，调整线段为倾斜样式，结果如图 5-31所示。

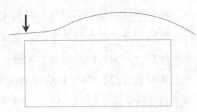

图 5-31 调整线段为倾斜样式

单击"模式"面板上的"完成编辑模式"按钮，结束绘制。创建拉伸屋顶的效果如图 5-32所示。

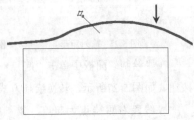

图 5-32 绘制结果

2. 编辑屋顶

切换至"标高2"视图，查看屋顶的平面效果。选择屋顶，显示临时尺寸标注，如图 5-33所示。

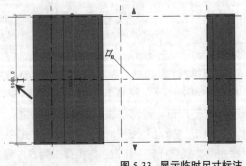

图 5-33 显示临时尺寸标注

技巧与提示

    因为屋顶的"参照标高"为"标高2"，所以需要在"标高2"视图中查看屋顶的平面效果。

在左侧的临时尺寸标注之上单击，进入编辑模式，输入参数，如图 5-34所示。

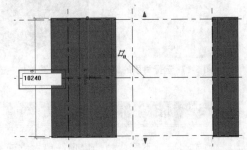

图 5-34 输入尺寸数字

在空白区域单击，退出编辑模式，屋顶向上下两侧延伸指定的距离，结果如图 5-35所示。

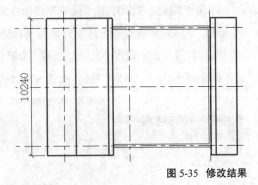

图 5-35 修改结果

切换至三维视图，选择所有的墙体，如图 5-36所示。

图 5-36　选择墙体

进入"修改|墙"选项卡，单击"附着顶部/底部"按钮，如图5-37所示。

选择屋顶，墙体向上延伸，附着于屋顶，效果如图5-38所示。

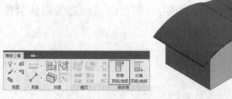

图 5-37　单击"附着顶部/底　图 5-38　墙体附着于屋顶
部"按钮

5.1.4　面屋顶

单击"构建"面板上的"屋顶"按钮，向下弹出列表，选择"面屋顶"选项，激活命令。

进入"修改|放置面屋顶"选项卡，单击"多重选择"面板中的"选择多个"按钮，如图5-39所示。

将光标置于体量面上，高亮显示轮廓线，如图5-40所示。

图 5-39　单击"选择多个"按钮　图 5-40　高亮显示轮廓线

在体量面上单击，选中体量面，接着单击"创

建屋顶"按钮，如图5-41所示。

在选中的体量面上创建屋顶，效果如图5-42所示。

图 5-41　单击"创建屋顶"按钮　图 5-42　创建面屋顶

5.1.5　添加底板

在"构建"面板上单击"屋顶"按钮，向下弹出列表，选择"屋檐：底板"选项激活命令。

稍后弹出"最低标高提示"对话框，不修改任何参数，单击"是"按钮，如图5-43所示。

进入"修改|创建屋檐底板边界"选项卡，在"绘制"面板上单击"拾取墙"按钮，如图5-44所示。

在选项栏中设置"偏移"值为800，表示即将绘制的轮廓线与外墙线相距800。

图 5-43　单击"是"按钮　　图 5-44　单击"拾取墙"按钮

依次拾取墙体，创建闭合的轮廓线，如图5-45所示。

在"绘制"面板中单击"矩形"按钮，如图5-46所示，转换绘制方式。

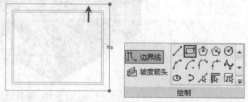

图 5-45　创建闭合轮廓线　图 5-46　单击"矩形"按钮

指定左上角墙角为起点，移动鼠标，指定右下角墙角为终点，如图5-47所示，绘制矩形轮廓线。

单击"完成编辑模式"按钮，退出命令。转换至立面视图，查看创建底板的效果，如图5-48所示。

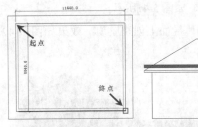

图 5-47 绘制矩形轮廓线　　　图 5-48 选择底板

选择底板，在"属性"选项板中修改"自标高的高度偏移"选项值，如图 5-49所示。

将选项值设置为负值，结果是底板向下移动若干距离。如果选项值为正值，则底板向上移动。

向下移动底板，使其位于屋顶之下，效果如图5-50所示。

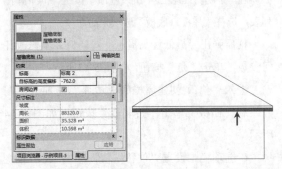

图 5-49 设置参数　　　图 5-50 向下移动底板

技巧与提示

选择底板，按下键盘上的↓方向键，也可以向下移动底板。

转换至三维视图，查看创建底板的效果，如图5-51所示。

图 5-51 查看创建效果

5.1.6 添加封檐板

单击"构建"面板上的"屋顶"按钮，在弹出的列表中选择"屋顶：封檐板"选项，激活命令。

为了方便查看屋顶添加封檐板的效果，可以先转换当前视图的视觉样式。

单击视图控制栏上的"视觉样式"按钮，向上弹出列表，选择"隐藏线"选项，如图 5-52所示。

将光标置于屋顶轮廓线之上，高亮显示轮廓线，如图 5-53所示。

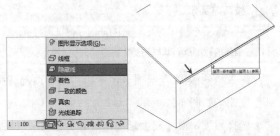

图 5-52 选择"隐藏　　　图 5-53 拾取轮廓线
线"选项

在轮廓线上单击，即可沿着轮廓线创建封檐板，如图 5-54所示。

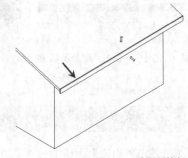

图 5-54 放置封檐板

技巧与提示

选择封檐板后，会显示翻转控制柄。单击控制柄，可以在水平方向或垂直方向上翻转封檐板。

在ViewCube上单击角点，如图 5-55所示，转换视图。这样会形成一个比较好的视角，方便创建封檐板。

拾取屋顶轮廓线，放置封檐板。切换至立面视图，查看在屋顶上放置封檐板的效果，如图 5-56所示。

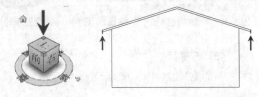

图 5-55 单击角点　　　图 5-56 立面效果

5.1.7 添加檐槽

在"构建"面板上单击"屋顶"按钮,向下弹出列表,选择"屋顶:檐槽"选项,激活命令。

拾取屋顶轮廓线,沿着轮廓线放置檐槽,效果如图5-57所示。默认情况下,檐槽紧邻屋顶轮廓线。

选择檐槽,在"属性"选项板中修改"垂直轮廓偏移"选项值,如图5-58所示。

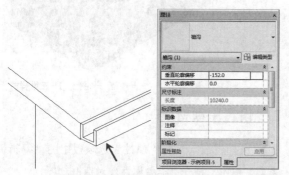

图 5-57 放置檐槽　　　图 5-58 修改参数

结果是檐槽向下移动若干距离,如图5-59所示。因为"水平轮廓偏移"选项值保持默认值,即选项值为0,因此在水平方向上,檐槽仍然紧邻屋顶。

单击"属性"选项板中的"编辑类型"按钮,打开"类型属性"对话框。

单击"轮廓"选项,向下弹出列表,选择轮廓线样式,如图5-60所示。

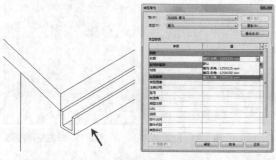

图 5-59 向下移动檐槽　　　图 5-60 选择轮廓

技巧与提示

如果需要应用其他类型的轮廓线,需要先载入轮廓族。

单击"确定"按钮,返回视图,查看修改檐槽样式的效果,如图5-61所示。

转换视图方向,继续拾取屋顶轮廓线放置檐槽。最后切换至立面视图,查看创建檐槽的最终效

果,如图5-62所示。

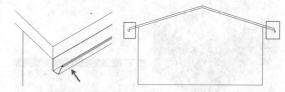

图 5-61 修改样式的效果　　　图 5-62 立面效果

5.1.8 课堂案例——创建建筑项目的屋顶

难度:☆☆☆

素材文件:素材/第5章/5.1.8 课堂案例——创建建筑项目的屋顶-素材.rvt

效果文件:素材/第5章/5.1.8 课堂案例——创建建筑项目的屋顶.rvt

在线视频:第5章/5.1.8 课堂案例——创建建筑项目的屋顶.mp4

如果要为项目创建平屋顶,可以利用"迹线屋顶"命令,但是要注意参数的设置方法。本节将介绍操作步骤。

1. 创建屋顶

① 打开"5.1.8 课堂案例——创建建筑项目的屋顶-素材.rvt"文件。

② 切换至三维视图,选择顶层的外墙体,如图5-63所示。

③ 在"属性"选项板中修改"顶部偏移"选项值,如图5-64所示。

图 5-63 选择墙体　　　图 5-64 修改参数

④ 向上延伸外墙体的效果如图5-65所示。

⑤ 在项目浏览器中展开"楼层平面"列表,选择"标高5"视图名称。双击名称,进入视图。

⑥ 在"构建"面板上单击"屋顶"按钮,如图5-66所示。

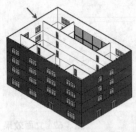

图 5-65　向上延伸墙体　图 5-66　单击"屋顶"按钮

07 打开"最低标高提示"对话框，选择"标高5"选项，如图 5-67所示。单击"确定"按钮，关闭对话框。

08 进入"修改|创建屋顶迹线"选项卡，在"绘制"面板上单击"拾取墙"按钮，如图 5-68所示。其他参数保持默认值即可。

图 5-67　选择标高　图 5-68　单击"拾取墙"按钮

09 拾取墙体，在墙体内部创建闭合的屋顶轮廓线，如图 5-69所示。

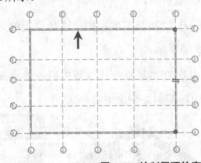

图 5-69　绘制屋顶轮廓

10 单击"完成编辑模式"按钮，结束操作。创建屋顶的效果如图 5-70所示。

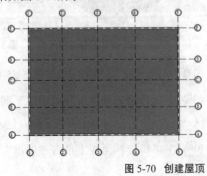

图 5-70　创建屋顶

11 切换至三维视图，查看创建屋顶的效果，如图 5-71所示。

图 5-71　三维样式

2.　设置屋顶材质

01 选择屋顶，单击"属性"选项板中的"编辑类型"按钮，打开"类型属性"对话框。

02 单击"复制"按钮，打开"名称"对话框。输入名称，如图 5-72所示。

03 单击"确定"按钮，返回"类型属性"对话框。单击"结构"选项后的"编辑"按钮。

04 打开"编辑部件"对话框。选择第2行，单击"材质"单元格中的矩形按钮，如图 5-73所示。

图 5-72　设置名称　图 5-73　单击矩形按钮

05 打开"材质浏览器"对话框。在材质列表中选择"默认屋顶"材质，单击鼠标右键，在弹出的快捷菜单中选择"复制"选项。

06 创建材质副本，将副本命名为"项目屋顶"。单击左下角的"打开/关闭资源浏览器"按钮，如图 5-74所示。

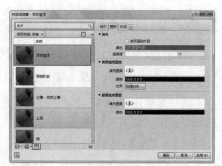

图 5-74　单击"打开/关闭资源浏览器"按钮

07 打开"资源浏览器"对话框。展开"Autodesk 物理资源"列表，选择"混凝土"选项，在列表中选择"现场浇铸"选项。

08 在右侧的界面中选择"平面-扫面灰色"材质，单击右侧的矩形按钮，如图 5-75所示。

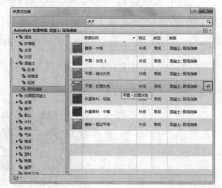

图 5-75　单击矩形按钮

09 单击右上角的"关闭"按钮，返回"材质浏览器"对话框。在右侧的界面中选择"图形"选项卡，修改"着色"选项组下"颜色"类型，如图 5-76所示。

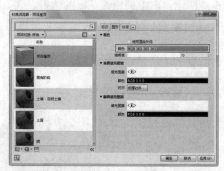

图 5-76　设置颜色

10 执行完毕上述操作后，返回视图，查看更改屋顶材质的效果，如图 5-77所示。

图 5-77　更改材质的效果

5.2 天花板

绘制天花板有两种方式，一种是自动生成天花板，另一种是自定义轮廓生成天花板。本节将介绍这两种创建天花板的方法。

5.2.1 绘制天花板的方法

默认情况下，选择当前绘制天花板的方法为"自动创建天花板"。本节将依次介绍两种绘制方式。

1. 自动绘制天花板

选择"建筑"选项卡，单击"构建"面板上的"天花板"按钮，如图 5-78所示。

图 5-78　单击"天花板"按钮

技巧与提示

"天花板"命令没有默认的快捷键，用户可以启用"快捷键"命令，为该命令指定一个快捷键。

进入"修改|放置 天花板"选项卡，此时"天花板"面板上已选中"自动创建天花板"按钮，如图 5-79所示。

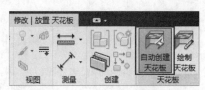

图 5-79　选择绘制方式

103

将光标置于闭合的墙体轮廓内并单击，可以沿内墙线创建红色的天花板轮廓线，如图5-80所示。

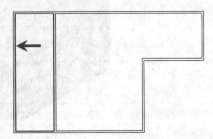

图 5-80　创建轮廓线

此时，在工作界面的右下角弹出"警告"对话框，如图5-81所示。提醒用户所创建的天花板在当前视图中不可见，单击右上角的"关闭"按钮关闭对话框。

图 5-81　"警告"对话框

2.　自定义绘制天花板

在"修改|放置 天花板"选项卡中单击"绘制天花板"按钮，进入"修改|创建天花板边界"选项卡。

在"绘制"面板中单击"线"按钮，选择绘制天花板的方式，如图 5-82所示。勾选"链"复选框，可以连续绘制多段轮廓线。

图 5-82　单击"线"按钮

在墙体内部依次单击起点、下一点及终点，绘制闭合天花板轮廓线，如图5-83所示。

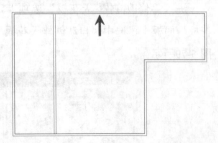

图 5-83　绘制轮廓线

5.2.2　设置天花板参数

在项目浏览器中展开"天花板平面"列表，选择"标高1"视图名称。双击名称，进入视图。

选择视图中的图元，此时墙体与天花板都处于选择模式中，如图5-84所示。

进入"修改|选择多个"选项卡，单击"选择"面板上的"过滤器"按钮，如图5-85所示。

图 5-84　选择图元　　图 5-85　单击"过滤器"按钮

打开"过滤器"对话框，取消选择"墙"选项，仅选择"天花板"选项。

单击"确定"按钮，返回视图。此时可以观察到，墙体已退出选择模式，只有天花板处于选择状态，如图5-86所示。

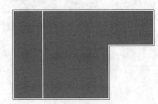

图 5-86　选择天花板

在"属性"选项板中修改"标高"选项值为"标高3"，重定义天花板的位置。

修改"自标高的高度偏移"选项值，如图5-87所示，向上调整天花板的位置。

切换至三维视图，查看修改效果，如图5-88所示。

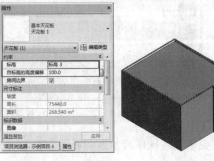

图 5-87　设置参数　　　　图 5-88　修改结果

5.2.3 课堂案例——创建建筑项目的天花板

难度：☆☆☆

素材文件：素材/第5章/5.2.3 课堂案例——创建建筑项目的天花板-素材.rvt

效果文件：素材/第5章/5.2.3 课堂案例——创建建筑项目的天花板.rvt

在线视频：第5章/5.2.3 课堂案例——创建建筑项目的天花板.mp4

因为层高不同，所以需要在各个视图中执行"创建天花板"的操作。本节将介绍创建项目天花板的方法。

1. 创建"标高1"楼层的天花板

01 打开"5.2.3 课堂案例——创建建筑项目的天花板-素材.rvt"文件。

02 在项目浏览器中展开"楼层平面"列表，选择"标高1"视图名称。双击名称，进入视图。

03 进入"修改|放置 天花板"选项卡，单击"绘制天花板"按钮，进入"修改|创建天花板边界"选项卡。

04 在"绘制"面板中单击"矩形"按钮，如图5-89所示，选择绘制方式。

图 5-89　单击"矩形"按钮

05 在左上角内墙角角点单击，指定起点，如图5-90所示。

06 向右下角移动鼠标指针，在内墙角角点单击，指定对角点，如图5-91所示。

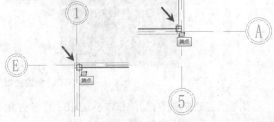

图 5-90　指定起点　　　　图 5-91　指定终点

07 绘制矩形天花板轮廓线的结果如图5-92所示。

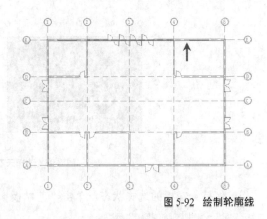

图 5-92　绘制轮廓线

08 在"属性"选项板中设置参数，如图5-93所示。

2. 创建其他楼层的天花板

01 转换至"标高2"平面视图，参考上述介绍的方法，绘制天花板轮廓线。

02 在"属性"选项板中将"标高"设置参数，如图5-94所示。

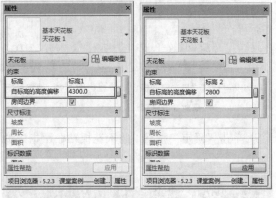

图 5-93　修改参数　　　　图 5-94　设置参数

03 在项目浏览器中展开"天花板平面"列表，选择"标高2"视图。

04 在"标高2"视图中选择全部的图形，单击选项卡中的"过滤器"按钮，打开"过滤器"对话框。

05 单击右上角的"放弃全部"按钮，取消选择所有的选项。单独选择"天花板"选项。

06 单击"确定"按钮，关闭对话框，选择天花板的效果如图5-95所示。

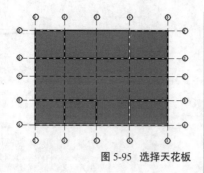

图 5-95　选择天花板

07 保持天花板的选择状态，单击"剪贴板"面板上的"复制到剪贴板"按钮。

08 单击"粘贴"按钮，向下弹出列表，选择"与选定的标高对齐"选项，如图 5-96所示。

09 打开"选择标高"对话框，选择标高，如图5-97所示。

图 5-96　选择"与选定的标高对齐"选项

图 5-97　选择标高

10 单击"确定"按钮，将天花板粘贴至指定的视图中。

5.3 楼板

本节将介绍创建楼板的方法。

楼板的类型有几种，分别是"建筑楼板""结构楼板"与"面楼板"。其中，"面楼板"需要在体量面楼层的基础上创建。

在绘制楼板的过程中，常常用到"楼板边"工具，它能执行放样操作，创建各种类型的图元。

5.3.1 绘制楼板的方法

在"构建"选项卡中单击"楼板"按钮，向下弹出列表，选择"楼板：建筑"选项，如图5-98所示。

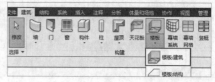

图 5-98　选择"楼板：建筑"选项

进入"修改|创建楼层边界"选项卡。单击"绘制"面板上的"拾取墙"按钮，如图 5-99所示，指定绘制方式。其他参数保持默认值。

图 5-99　单击"拾取墙"按钮

拾取外墙体，沿着外墙线创建闭合轮廓线，如图 5-100所示。

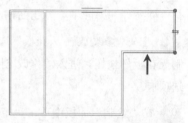

图 5-100　绘制轮廓线

技巧与提示

在轮廓线的右上角，显示由双向箭头组成的"翻转"控制柄。单击控制柄，轮廓线向内移动，与内墙线重合。

单击"完成编辑模式"按钮，退出命令，绘制楼板的效果如图 5-101所示。

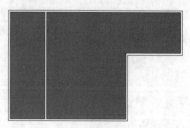

图 5-101　创建楼板

切换至三维视图，单击ViewCube的下方角点，如图 5-102所示，转换视图方向。

转换视图后，可以从下方窥视楼板的创建效果，如图 5-103所示。

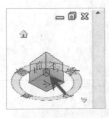
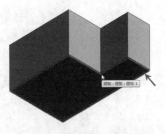

图 5-102 单击角点   图 5-103 查看楼板的创建效果

5.3.2 设置楼板的参数

选择楼板，在"属性"选项板中显示"标高"为"标高1"，表示该楼板位于"标高1"楼层。

将"自标高的高度偏移"选项值设置为0，如图 5-104所示，表示楼板与楼层底面轮廓线重合。

切换至立面视图，查看楼板与墙体的关系，如图 5-105所示。

图 5-104 设置参数   图 5-105 查看楼板

在"属性"选项板中修改"自标高的高度偏移"选项值为300，如图 5-106所示，表示楼板在楼层底部轮廓线的基础上，向上移动的位置为300。

此时，楼板位于墙体之内，已经不能在视图中直接看到。将光标置于楼板的位置，可以高亮显示楼板轮廓线，如图 5-107所示。

图 5-106 修改参数   图 5-107 高亮显示楼板轮廓线

5.3.3 面楼板

在"构建"面板上单击"楼板"按钮，向下弹出列表，选择"面楼板"选项，如图 5-108所示。

进入"修改|放置面楼板"选项卡，单击"多重选择"面板上的"选择多个"按钮，如图 5-109所示。

图 5-108 选择"面楼板"选项

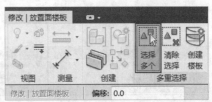

图 5-109 单击"选择多个"按钮

在绘图区域中将光标置于体量楼层之上，高亮显示楼层轮廓线，如图 5-110所示。

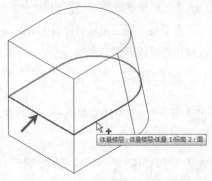

图 5-110 选择体量楼层

单击选择体量楼层。接着单击"创建楼板"按钮，如图 5-111所示。

图 5-111 单击"创建楼板"按钮

操作完毕，按下Esc键退出命令。此时，已将体量楼层转换为建筑楼层，如图 5-112所示。

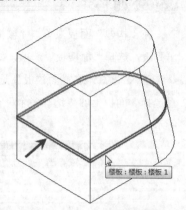

图 5-112 生成建筑楼层

5.3.4 课堂案例——创建建筑项目的楼板

难度：☆ ☆ ☆

素材文件：素材/第5章/5.3.4 课堂案例——创建建筑项目的楼板-素材.rvt

效果文件：素材/第5章/5.3.4 课堂案例——创建建筑项目的楼板.rvt

在线视频：第5章/5.3.4 课堂案例——创建建筑项目的楼板.mp4

本节将介绍创建项目楼板的方法，以及修改楼板材质的操作步骤。

1. 创建楼板

01 打开"5.3.4 课堂案例——创建建筑项目的楼板-素材.rvt"文件。

02 启用"楼板"命令，在"绘制"面板上单击"矩形"按钮，如图 5-113所示，指定创建方式。

图 5-113 单击"矩形"按钮

03 指定左上角外墙角为起点，如图 5-114所示。

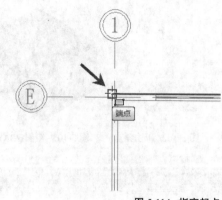

图 5-114 指定起点

04 向右下角移动鼠标指针，指定外墙角点为对角点，如图 5-115所示。

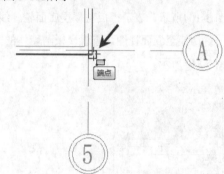

图 5-115 指定对角点

05 沿外墙线绘制闭合轮廓线，结果如图 5-116所示。

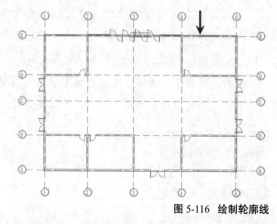

图 5-116 绘制轮廓线

06 在"属性"选项板中设置"标高"为"标高1"，保持"自标高的高度偏移"选项值为0不变，如图 5-117所示。

图 5-117　设置参数

07　单击"完成编辑模式"按钮，退出命令，绘制楼板的效果如图 5-118所示。

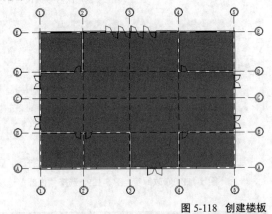

图 5-118　创建楼板

08　在项目浏览器中展开"楼层平面"列表，选择"标高2"视图名称。双击视图名称，进入视图。

09　沿用上述方法，在视图中创建楼板。在"属性"选项板中设置参数，如图 5-119所示。

10　单击"完成编辑模式"按钮，退出命令。此时弹出提示对话框，单击"否"按钮，如图 5-120所示。

图 5-119　设置参数　　图 5-120　单击"否"按钮

11　选择视图中的图元，单击选项卡中的"过滤器"按钮，打开"过滤器"对话框。勾选"楼板"复选框，如图 5-121所示。

12　单击"确定"按钮，返回视图。单击"剪贴板"面板上的"复制到剪贴板"按钮，接着单击"粘贴"按钮，在弹出的列表中选择"与选定的标高对齐"选项。

13　打开"选择标高"对话框，选择标高，如图 5-122所示。

14　单击"确定"按钮，复制楼板至选定的楼层。

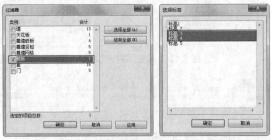

图 5-121　勾选"楼板"　　图 5-122　选择标高

2.　设置楼板的材质

01　选择楼板，单击"属性"选项板中的"编辑类型"按钮，打开"类型属性"对话框。

02　单击"复制"按钮，打开"名称"对话框。输入名称，如图 5-123所示。

03　单击"确定"按钮，返回对话框。单击"结构"选项后的"编辑"按钮。

04　打开"编辑部件"对话框。选择第2行，单击"材质"单元格中的矩形按钮，如图 5-124所示。

图 5-123　设置名称　　图 5-124　单击矩形按钮

05 打开"材质浏览器"对话框。在材质列表中选择"默认"材质，单击鼠标右键，在列表中选择"复制"选项。

06 创建材质副本，将副本命名为"项目楼板"。单击左下角的"打开/关闭资源浏览器"按钮，如图5-125所示。

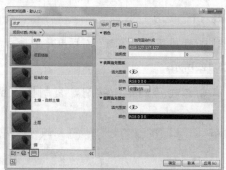

图 5-125 单击"打开/关闭资源浏览器"按钮

07 打开"资源浏览器"对话框。展开"Autodesk物理资源"列表，选择混凝土选项，在列表中选择"现场浇铸"选项。

08 在右侧的界面中选择"平面-灰色1"材质，单击右侧的矩形按钮，如图5-126所示。

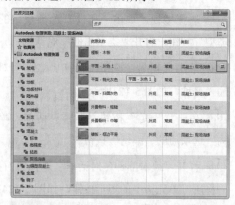

图 5-126 选择材质

09 单击右上角的"关闭"按钮，结束替换资源的操作。保持参数设置不变，如图5-127所示。

10 单击"确定"按钮，返回"编辑部件"对话框。选择第2行，修改"厚度"值为150，如图5-128所示。

11 单击"确定"按钮，返回"类型属性"对话框。单击"功能"选项，在列表中选择"内部"选项，如图5-129所示。

12 单击"确定"按钮，关闭对话框，退出命令。

图 5-127 保持参数设置不变

图 5-128 修改厚度　　图 5-129 选择"内部"选项

5.4 课后习题

在本节中，提供两个习题供读者练习，分别是手动绘制天花板及利用"楼板边"工具创建台阶。

5.4.1 课后习题——手动绘制天花板

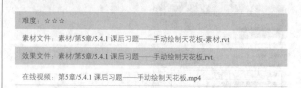

难度：☆☆☆

素材文件：素材/第5章/5.4.1 课后习题——手动绘制天花板-素材.rvt

效果文件：素材/第5章/5.4.1 课后习题——手动绘制天花板.rvt

在线视频：第5章/5.4.1 课后习题——手动绘制天花板.mp4

为了适应不同样式的建筑模型，Revit提供了"手动绘制天花板"的功能。通过利用不同的绘制工具，例如"线""圆弧"等，可以创建指定样式的天花板。

操作步骤提示如下。

01 激活"天花板"命令，在"修改|放置 天花板"选项卡中单击"绘制天花板"按钮，选择绘制方式。

02 进入"修改|创建天花板边界"选项卡。单击"绘制"面板上的"线"按钮，指定绘制方式。

03 依次单击起点、终点，绘制天花板轮廓线。

04 在"绘制"面板上单击"起点，终点，半径"按钮，转换绘制方式。

05 依次指定起点、终点及半径，绘制圆弧。单击"完成编辑模式"按钮，结束绘制。

06 在"属性"选项板中设置"标高"为"标高2"，修改"自标高的高度偏移"选项值为1600。

07 切换至三维视图，查看创建天花板的效果。

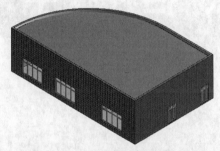

5.4.2 课后习题——利用"楼板边"工具创建台阶

难度：☆☆☆

素材文件：素材/第5章/5.4.2 课后习题——利用"楼板边"工具创建台阶-素材.rvt

效果文件：素材/第5章/5.4.2 课后习题——利用"楼板边"工具创建台阶.rvt

在线视频：第5章/5.4.2 课后习题——利用"楼板边"工具创建台阶.mp4

为了利用"楼板边"工具创建台阶，需要先将台阶轮廓载入项目文件中。接着激活"楼板：楼板边"命令，即可拾取楼板边缘创建台阶。

操作步骤提示如下。

01 在"构建"面板上单击"楼板"按钮，向下

弹出列表，选择"楼板：楼板边"选项。

02 单击"属性"选项板中的"编辑类型"按钮，打开"类型属性"对话框。

03 单击"轮廓"选项，向下弹出列表，选择轮廓样式。

04 单击"确定"按钮返回视图。将光标置于楼板边缘之上，高亮显示边缘。

05 在边缘上单击，系统执行"放样"操作，即可创建台阶。

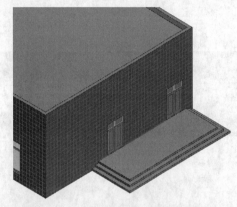

5.5 本章小结

本章介绍了创建屋顶、天花板及楼板的方法。屋顶的类型分为"迹线屋顶""拉伸屋顶"及"面屋顶"，需要在墙体的基础上创建。

绘制完毕的天花板在楼层视图中不可见，需要转换至天花板视图。或者，在三维视图中也可以查看创建天花板的效果。需要查看某一楼层的天花板时，可以利用"定位至视图"工具来实现。

既可以通过"拾取墙"来创建楼板，也可以选用各种绘制方式来绘制楼板的轮廓线。在"属性"选项板中可以设置楼板的标高，并且精确指定楼板在标高上的距离。

第**6**章

楼梯和坡道、栏杆扶手

———————————— 内容摘要 ————————————

　　楼梯与坡道、栏杆扶手是Revit默认的系统族之一，不需要
载入外部族文件即可创建。需要注意的是，扶手会随着梯段一
起被创建，但是却不会同步生成栏杆。如果要添加栏杆，需要
先载入栏杆族。

　　本章将介绍创建楼梯、坡道与栏杆扶手的方法。

课堂学习目标

- 掌握创建与编辑楼梯的方法
- 学习创建不同类型坡道的方法
- 了解添加栏杆扶手的方式

6.1 楼梯

Revit中的楼梯类型包括直梯、螺旋梯段及转角梯段等。本节将介绍创建楼梯的方法。

6.1.1 直梯

切换至"建筑"选项卡，单击"楼梯坡道"面板上的"楼梯"按钮，如图6-1所示。

图6-1　单击"楼梯"按钮

进入"修改|创建楼梯"选项卡，在"构件"面板上单击"直梯"按钮，如图6-2所示。其他参数保持默认值即可。

图6-2　单击"直梯"按钮

在"属性"选项板中，"约束"选项组中的参数会限制梯段的位置，如"底部标高""顶部标高"等，如图6-3所示。

设置梯段的标高之后，"尺寸标注"选项组中的"所需踢面数"选项值将自动更新，根据标高值计算梯段所需的踢面数。用户还可以自定义"实际踏板深度"及"踏板/踢面起始编号"选项值。

在"属性"选项板中单击"编辑类型"按钮，打开"类型属性"对话框。在"类型参数"列表中，包含"计算规则"选项组、"构造"选项组及"支撑"选项组，如图6-4所示。修改选项参数，可以重定义梯段的显示效果。

在绘图区域中单击起点与终点，如图6-5所示，预览直梯的绘制效果。在直梯的左侧，会显示临时尺寸标注，标注直梯的长度。

在直梯的右侧，会显示角度标注，标注直梯与水平方向所成的夹角。

在直梯的下方，会显示灰色的提示文字。提醒用户当前所创建的踢面数，以及剩余的踢面数。

在终点位置单击，结束绘制。单击"工具"面板中的"栏杆扶手"按钮，打开"栏杆扶手"对话框。

在对话框中显示三种扶手类型，分别是"无""栏杆扶手1"及"默认"，还可以设置扶手的位置是位于"踏板"还是位于"梯边梁"。

选择"栏杆扶手1"选项，如图6-6所示，单击"确定"按钮指定直梯的扶手类型。

图6-3　"属性"选项板　　图6-4　"类型属性"对话框

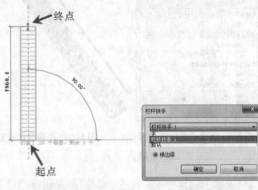

图6-5　绘制直梯　　图6-6　选择选项

> **技巧与提示**
>
> 虽然对话框名称为"栏杆扶手"，但是只是提供扶手的类型供用户选用。

在"模式"面板上单击"完成编辑模式"按钮，退出命令，效果如图6-7所示。系统默认绘制折断线及上楼方向箭头、标注文字。

切换至三维视图，可查看梯段及扶手的创建效果，如图6-8所示。

选择直梯，在"属性"选项板中单击类型名称，向下弹出列表，其中显示三种类型的梯段。

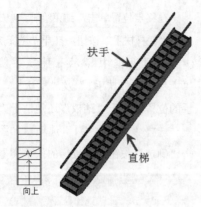

图 6-7 直梯   图 6-8 三维样式

选择"现场浇注楼梯"选项，如图 6-9 所示，调整直梯的显示样式。

视图中直梯转换显示样式，效果如图 6-10 所示。也可以在绘制直梯之前，首先指定其类型。

图 6-9 选择"现场浇注楼   图 6-10 转换显示样式
梯"选项

技巧与提示

"预浇注楼梯"的显示效果与"现场浇注楼梯"的显示效果大致相同，因此不再另外提供参考图片。

6.1.2 全踏步螺旋梯段

启用"楼梯"命令，在选项卡中的"构件"面板上单击"全踏步螺旋"按钮，如图 6-11 所示，指定所绘梯段的样式。其他参数保持默认值。

图 6-11 单击"全踏步螺旋"按钮

在绘图区域中指定圆心，移动鼠标指针，指定半径值的大小。此时可以预览梯段的绘制结果，如图 6-12 所示。

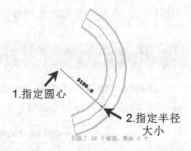

图 6-12 预览绘制效果

在合适的位置单击，创建螺旋梯段，如图 6-13 所示。

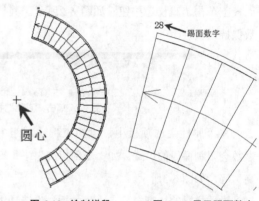

图 6-13 绘制梯段   图 6-14 显示踢面数字

滑动鼠标滚轮，放大视图，扶手的一侧显示踢面数字，如图 6-14 所示。在梯段的另一端，显示的踢面数字为 1。

单击"完成编辑"模式按钮，退出命令，绘制全踏步螺旋梯段的效果如图 6-15 所示。

切换至三维视图，查看梯段的三维效果，如图 6-16 所示。

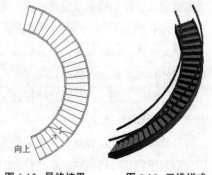

图 6-15 最终结果   图 6-16 三维样式

6.1.3 圆心-端点螺旋梯段

启用"楼梯"命令，在选项卡中单击"构件"面板中的"圆心-端点螺旋梯段"按钮，如图6-17所示，指定梯段的类型。

图6-17 单击"圆心-端点螺旋梯段"按钮

在绘图区域中单击，指定梯段的圆心。向左上角移动鼠标指针，指定梯段的半径大小，如图6-18所示。

向下移动鼠标指针，指定梯段的终点，如图6-19所示。在此过程中，能预览梯段的绘制效果。

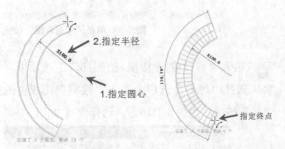

图6-18 指定圆心与半径　　图6-19 指定终点

在合适的位置单击，结束绘制。单击"完成编辑模式"按钮，退出命令。

选择梯段，一侧会显示"向上翻转楼梯方向"控制柄，如图6-20所示。

单击控制柄，可翻转梯段方向，效果如图6-21所示。

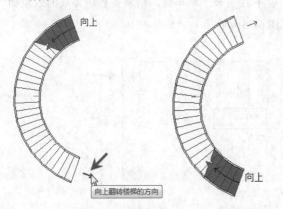

图6-20 显示控制柄　　图6-21 翻转楼梯方向

6.1.4 L形转角梯段

启用"楼梯"命令，在选项卡中单击"构件"面板上的"L形转角"按钮，如图6-22所示，指定楼梯的样式。

图6-22 单击"L形转角"按钮

在绘图区域中指定基点，放置梯段。单击"完成编辑模式"按钮，退出命令，创建效果如图6-23所示。

切换至三维视图，查看L形转角楼梯的三维样式，如图6-24所示。

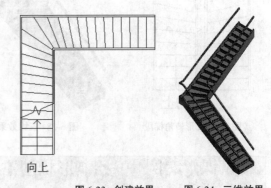

图6-23 创建效果　　图6-24 三维效果

在选项栏中勾选"镜像预览"复选框，可以在相反的方向创建L转角楼梯，如图6-25所示。

图6-25 在相反的方向创建梯段

6.1.5 U形转角梯段

启用"楼梯"命令，在选项卡中的"构件"面板中单击"U形转角"按钮，如图6-26所示，指定梯段的类型。

图 6-26 单击"U形转角"按钮

在绘图区域中指定基点，放置梯段。单击"完成编辑模式"按钮，退出命令，创建U形转角梯段的效果如图 6-27所示。

切换至三维视图，查看梯段的三维效果，如图6-28所示。

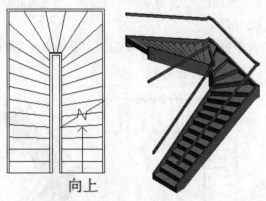

向上

图 6-27 U形转角梯段　　　图 6-28 三维效果

6.1.6 课堂案例——绘制形状创建梯段

难度：☆☆☆

素材文件：素材/第6章/6.1.6 课堂案例——绘制形状创建梯段-素材.rvt

效果文件：素材/第6章/6.1.6 课堂案例——绘制形状创建梯段.rvt

在线视频：第6章/6.1.6 课堂案例——绘制形状创建梯段.mp4

除了创建直梯、螺旋梯段及转角梯段之外，用户也可以绘制形状创建自定义梯段。本节将介绍其操作方法。

1. 绘制边界线

01 打开"6.1.6 课堂案例——绘制形状创建梯段-素材.rvt"文件。

02 在"属性"选项板中设置参数，如图 6-29所示。

图 6-29 设置参数

03 启用"楼梯"命令，在选项卡中的"构件"面板上单击"创建草图"按钮，如图 6-30所示。

图 6-30 单击"创建草图"按钮

04 进入"修改|创建楼梯>绘制梯段"选项卡，默认选择"边界"选项，单击"绘制"面板中的"线"按钮，如图 6-31所示，选择绘制方式。

图 6-31 单击"线"按钮

05 在绘图区域中单击起点，向下移动鼠标指针，输入间距，如图 6-32所示。

06 接着按下回车键，绘制垂直边界线的效果如图 6-33所示。

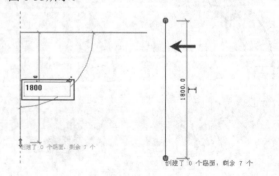

图 6-32 输入间距　　　图 6-33 绘制边界线

07 选择边界线，单击"修改"面板上的"复制"按钮，如图6-34所示，激活命令。

图 6-34 单击"复制"按钮

08 向右移动鼠标指针，指定方向，同时输入间距，如图6-35所示。

09 按下回车键，复制边界线的效果如图 6-36 所示。

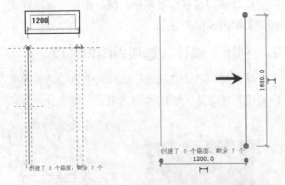

图 6-35 输入间距　　　　图 6-36 复制边界线

2. 绘制踢面

01 在"绘制"面板上先单击"踢面"按钮，接着单击"线"按钮，如图6-37所示。

图 6-37 单击"线"按钮

02 单击左侧边界线的上端点为踢面线的起点，向右移动鼠标指针，单击右侧踢面线的上端点为终点，如图6-38所示。

03 绘制踢面线的效果如图6-39所示。

04 选择踢面线，单击"修改"面板中的"复制"按钮。向下移动鼠标指针，输入间距，如图6-40所示。

05 按下回车键，向下复制踢面线的效果如图6-41所示。

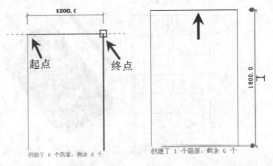

图 6-38 指定起点与终点　　　图 6-39 绘制踢面线

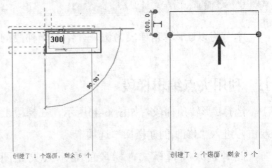

图 6-40 输入间距　　　　图 6-41 复制踢面线

06 重复执行复制操作，设置间距为300，复制踢面线的效果如图6-42所示。

07 单击"完成编辑模式"按钮，返回"修改|创建楼梯"选项卡，梯段的显示样式如图 6-43 所示。

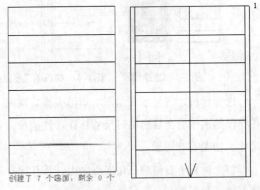

图 6-42 绘制结果　　　　图 6-43 梯段的显示样式

08 单击"完成编辑模式"按钮，退出命令，查看梯段的最终效果，如图6-44所示。

09 转换至三维视图，查看梯段的三维效果，如

图 6-45所示。

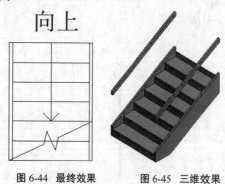

图 6-44　最终效果　　　图 6-45　三维效果

6.1.7　编辑梯段的方法

　　本节将以U形转角梯段为例，介绍编辑梯段的方法。

1.　利用夹点编辑梯段

　　选择U形转角梯段，如图 6-46所示。在梯段上双击，进入"修改|创建楼梯"选项卡。

　　此时进入编辑模式，梯段的显示效果如图 6-47所示。

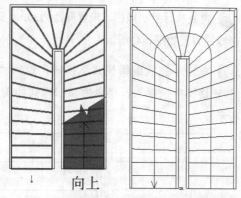

图 6-46　选择梯段　　　图 6-47　梯段的显示效果

　　选择梯段，将显示三角形与矩形夹点。同时，在梯段的周围，会显示临时尺寸标注，注明梯段的尺寸，如图 6-48所示。

　　将光标置于右侧的三角夹点之上，按住鼠标左键不放，激活夹点。

技巧与提示

　　在这里，不能通过直接修改临时尺寸标注来编辑梯段。

　　激活夹点后，按住鼠标左键不放，向右移动鼠标指针。此时梯段的形式发生变化，显示效果如图 6-49所示。

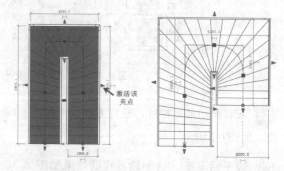

图 6-48　选择梯段　　　图 6-49　预览效果

　　在合适的位置松开鼠标左键，重定义梯段样式的效果如图 6-50所示。

2.　利用"属性"选项板编辑梯段

　　选择梯段，在"属性"选项板中修改"实际梯段宽度"选项值，如图 6-51所示。

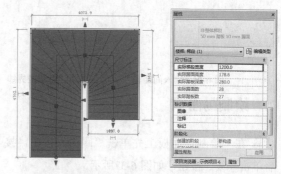

图 6-50　修改梯段的显示样式　　　图 6-51　修改参数

　　此时，视图中的梯段自动更新，修改梯段宽度的效果如图 6-52所示。

　　修改"属性"选项板中的其他选项值，也可以影响梯段的消失效果。

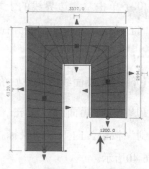

图 6-52　修改梯段宽度

6.1.8 课堂案例——创建建筑项目的梯段

难度：☆☆☆

素材文件：素材/第5章/5.3.4 课堂案例——创建建筑项目的楼板.rvt

效果文件：素材/第6章/6.1.8 课堂案例——创建建筑项目的梯段.rvt

在线视频：第6章/6.1.8 课堂案例——创建建筑项目的梯段.mp4

在为项目绘制楼梯之前，可以先绘制辅助线，帮助定位梯段的起点与终点。在Revit中，常常绘制"参照平面"作为辅助线。

1. 绘制辅助线

01 首先打开"5.3.4 课堂案例——创建建筑项目的楼板.rvt"文件，在此基础上绘制项目的楼梯。

02 滑动鼠标滚轮，放大显示平面图的左上区域，如图 6-53所示。

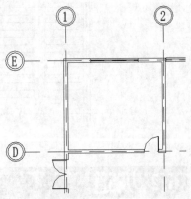

图 6-53　放大视图

03 选择墙体与门，按下键盘上的Delete键，删除图元，结果如图 6-54所示。

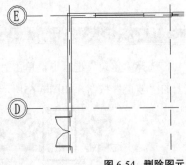

图 6-54　删除图元

04 单击"工作平面"面板中的"参照平面"按钮，如图 6-55所示。

05 在平面图中绘制垂直参照平面及水平参照平面，如图 6-56所示。

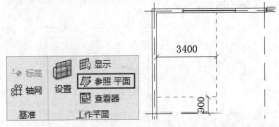

图 6-55　单击"参照平面"　　图 6-56　绘制参照平面
　　　　　按钮

2. 绘制楼梯

01 选择"建筑"选项卡，单击"楼梯坡道"面板上的"楼梯"按钮，进入"修改|创建楼梯"选项卡。

02 单击"构件"面板上的"直梯"按钮，选择梯段的类型。在选项栏中单击"定位线"选项，在列表中选择"梯边梁外侧-左"选项，输入"实际梯段宽度"为1500，如图 6-57所示。

图 6-57　设置参数

03 在"属性"选项板中单击类型名称，在列表中选择"现场浇注楼梯"，设置参数如图 6-58所示。

04 指定参照平面与内墙线的交点为起点，如图 6-59所示。

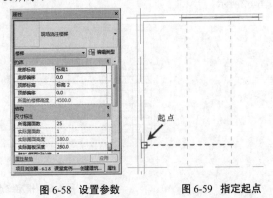

图 6-58　设置参数　　　　图 6-59　指定起点

05 向上移动鼠标指针，预览梯段的绘制效果。在梯段的下方显示灰色的提示文字，当显示"创建了12个梯段，剩余13个"时，单击，指定下一点，如图6-60所示。

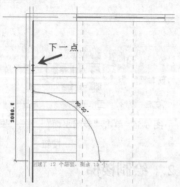

图 6-60 指定下一点

06 向右移动鼠标指针，显示水平虚线。单击虚线与垂直参照平面的交点为另一梯段的起点，如图6-61所示。

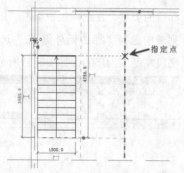

图 6-61 指定点

07 向下移动鼠标指针，在梯段下方显示"创建了13个踢面，剩余0个"时，单击指定终点，如图6-62所示。

图 6-62 指定终点

08 绘制梯段的效果如图6-63所示。

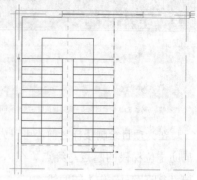

图 6-63 绘制结果

09 单击"模式"面板上的"完成编辑模式"按钮，退出命令，创建梯段的最终效果如图6-64所示。

图 6-64 最终结果

6.2 坡道

坡道的造型有两种，一种是"结构板"，另一种是"实体"，默认选择"结构板"类型。本节将介绍绘制与编辑坡道的方法。

6.2.1 矩形坡道

选择"建筑"选项卡，单击"楼梯坡道"面板上的"坡道"按钮，如图6-65所示。

图 6-65 单击"坡道"按钮

进入"修改|创建坡道草图"选项卡,单击"绘制"面板上的"线"按钮,如图6-66所示,指定绘制方式。

在"属性"选项板中显示默认参数,如图6-67所示。用户可以修改各选项参数,重定义坡道的显示样式。

图6-66 单击"线"按钮　图6-67 显示默认参数

在绘图区域中单击指定起点与终点,预览坡道的绘制效果,如图6-68所示。

图6-68 指定起点与终点

在终点的位置单击,结束绘制,绘制坡道的效果如图6-69所示。

图6-69 绘制结果

单击"完成编辑模式"按钮,退出命令。此时在工作界面的右下角弹出"警告"对话框,如图6-70所示。单击右上角的"关闭"按钮,关闭对话框。

图6-70 "警告"对话框

绘制坡道的最终效果如图6-71所示。

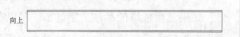

图6-71 最终效果

切换至三维视图,查看坡道的三维效果,如图

6-72所示。默认情况下,系统会自动为坡道添加扶手。

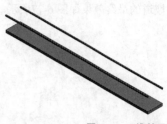

图6-72 三维效果

6.2.2 弧形坡道

启用"坡道"命令,进入"修改|创建坡道草图"选项卡。在"绘制"面板上单击"圆心-端点弧"按钮,如图6-73所示,指定绘制方式。

图6-73 单击"圆心-端点弧"按钮

在绘图区域中单击,指定弧中心。拖动鼠标指针,指定弧半径,如图6-74所示。

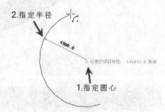

图6-74 指定圆心与半径

在合适的位置单击,确定弧半径的大小。移动鼠标指针,指定弧线的终点,同时预览弧形坡道的创建效果,如图6-75所示。

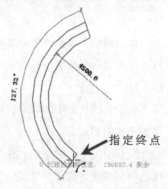

图6-75 指定终点

弧形坡道的绘制效果如图6-76所示。

单击"完成编辑模式"按钮，退出命令，弧形坡道的最终效果如图6-77所示。

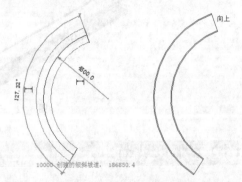

图6-76　绘制结果　　图6-77　最终结果

切换至三维视图，查看扶手与弧形坡道的三维样式，如图6-78所示。

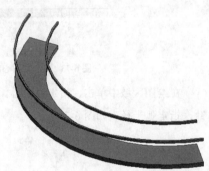

图6-78　三维效果

6.2.3　编辑坡道

在坡道上单击，选中坡道，此时坡道显示为半透明的蓝色，如图6-79所示。

图6-79　选择坡道

在"属性"选项板中显示该坡道的相关参数。将光标定位在"宽度"选项中，输入新的参数，如图6-80所示。

处于选择状态中的坡道自动更新显示样式，结果如图6-81所示。

默认情况下，坡道的"宽度"为1000。用户可以在绘制坡道之前，在"属性"选项板中修改"宽度"参数。

图6-80　设置参数　　　　　图6-81　更改宽度

单击"属性"选项板中的"编辑类型"按钮，打开"类型属性"对话框。

在"造型"选项中，显示坡道的造型为"结构板"。单击选项，向下弹出列表，选择"实体"选项，如图6-82所示，重新指定坡道的造型。

修改"最大斜坡长度"选项值，重定义坡道的长度。默认长度为10000。

单击"应用"按钮，在视图中查看更改效果，坡道的显示样式如图6-83所示。

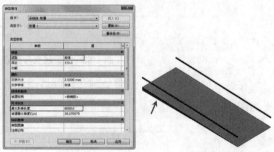

图6-82　修改参数　图6-83　"实体"类型的坡道

修改"坡道最大坡度（1/x）"选项值，如图6-84所示。

降低坡道的坡度值，效果如图6-85所示。

图6-84　修改参数　　　图6-85　修改坡道的斜度

如果觉得坡道的标注文字过小，可以在"文字大小"选项中重新输入参数，如图6-86所示。

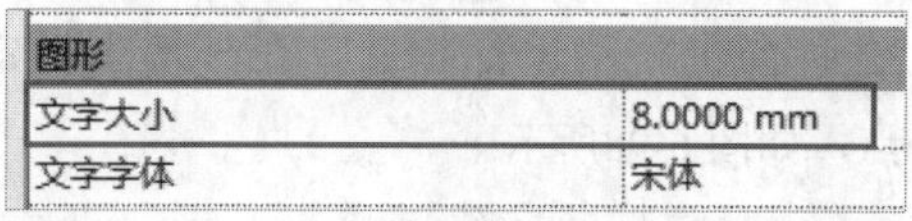

图 6-86 输入参数

单击"确定"按钮，返回视图。增大标注坡道方向文字的字号效果如图 6-87所示。

向上

图 6-87 增大字号

6.2.4 课堂案例——创建建筑项目的坡道

难度：☆☆☆

素材文件：素材/第6章/6.1.8 课堂案例——创建建筑项目的梯段.rvt

效果文件：素材/第6章/6.2.4 课堂案例——创建建筑项目的坡道.rvt

在线视频：第6章/6.2.4 课堂案例——创建建筑项目的坡道.mp4

在为建筑项目创建坡道之前，先调整外墙上门的位置。在三维视图中修改门的标高，可以同步查看修改结果。

1. 绘制坡道

① 打开"6.1.8 课堂案例——创建建筑项目的梯段.rvt"文件。

② 在三维视图中选择要修改标高的双扇门，如图 6-88所示。

③ 在"属性"选项板中修改"底高度"选项值，如图 6-89所示。

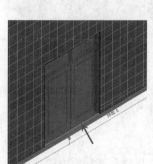

图 6-88 选择门

图 6-89 修改参数

④ 双扇门向上移动，效果如图 6-90所示。

⑤ 启用"坡道"命令，在"属性"选项板中设置"底部偏移"为–150，设置"宽度"为5000，如图 6-91所示。

图 6-90 移动门

图 6-91 设置参数

技巧与提示

将"底部偏移"设置为–150，表示坡道在"标高1"的基础上，向下移动150。

⑥ 在选项卡中单击"绘制"面板上的"线"按钮，如图 6-92所示，指定绘制方式。

图 6-92 单击"线"按钮

⑦ 在绘图区域中单击指定起点，如图 6-93所示。

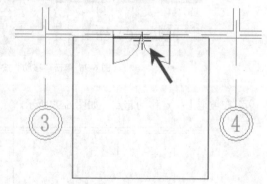

图 6-93 指定起点

⑧ 向下移动鼠标指针，指定终点，如图 6-94所示。

图 6-94 指定终点

09 绘制坡道的效果如图 6-95所示。单击"完成编辑模式"按钮，退出命令。

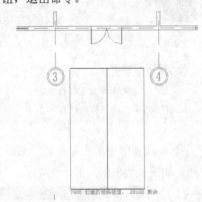

图 6-95 绘制效果

2. 编辑坡道

01 选择坡道，单击"修改"面板上的"移动"按钮，如图 6-96所示。

图 6-96 单击"移动"按钮

02 在坡道上指定移动起点，如图 6-97所示。

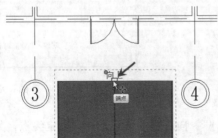

图 6-97 指定起点

03 向上移动鼠标指针，在外墙上指定移动终点，如图 6-98所示。

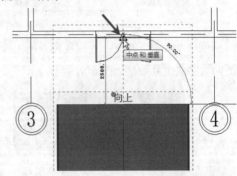

图 6-98 指定终点

04 调整坡道位置的效果如图 6-99所示。

05 选择坡道，单击翻转控制柄，翻转坡道方向，效果如图 6-100所示。

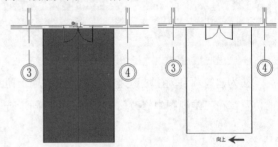

图 6-99 调整坡道位置　　图 6-100 翻转方向

06 切换至三维视图，查看坡道与扶手的三维效果，如图 6-101所示。

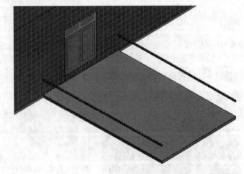

图 6-101 三维效果

07 在ViewCube上单击"左"按钮，如图 6-102所示，调整视图方向。

08 选择坡道，单击"属性"选项板中的"编辑类型"按钮,打开"类型属性"对话框。

⑨ 选择"造型"为"实体",修改"文字大小"为5mm,设置"最大斜坡长度"为6500,定义"坡道最大坡度(1/x)"为17.5,如图6-103所示。

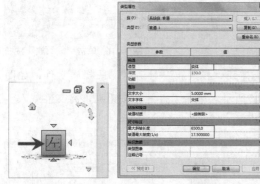

图 6-102 单击"左"按钮 | 图 6-103 修改参数

⑩ 单击"确定"按钮,关闭对话框,查看修改坡道的结果,如图6-104所示。

图 6-104 修改结果

⑪ 转换至主视图,坡道的显示效果如图 6-105所示。

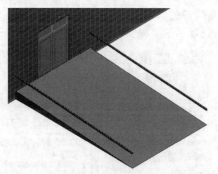

图 6-105 显示效果

6.3 栏杆扶手

绘制栏杆扶手有两种方式,一种是定义路径绘制,另一种是选择实体放置。

本节将介绍绘制栏杆扶手的方法。

6.3.1 定义路径创建扶手的方法

在"楼梯坡道"面板上单击"栏杆扶手"按钮,向下弹出列表,选择"绘制路径"选项,如图6-106所示。

图 6-106 选择"绘制路径"选项

进入"修改|创建栏杆扶手路径"选项卡,单击"绘制"面板上的"线"按钮,如图 6-107所示,指定绘制方式。

选择右侧的"预览"选项,可以在绘制路径的过程中,预览栏杆的创建效果。

图 6-107 单击"线"按钮

在"属性"选项板中修改"从路径偏移"选项值为–100,如图6-108所示,表示栏杆以路径为基准,向内偏移100。

图 6-108 设置参数

在绘图区域中依次指定起点与终点,预览栏杆的绘制效果,如图6-109所示。

图 6-109 指定起点与终点

绘制路径的效果如图6-110所示。在路径的下方,以灰色的轮廓线表示栏杆。

图 6-110 绘制路径

操作到这一步骤，会有很多用户就直接绘制另一侧的路径线，结果如图 6-111 所示。

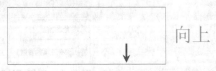

图 6-111 绘制另一段路径

单击"完成编辑模式"按钮，准备退出命令时，在工作界面的右下角，弹出如图 6-112 所示的提示对话框，表示禁止绘制两条不相连的路径。

单击"继续"按钮，返回命令。选择其中一段路径，在键盘上按下 Delete 键，删除路径。

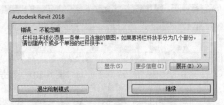

图 6-112 单击"继续"按钮

单击"完成编辑模式"按钮，退出命令。在路径的基础上生成栏杆，效果如图 6-113 所示。

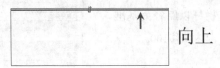

图 6-113 创建结果

重复执行绘制命令，在坡道的另一侧绘制路径，如图 6-114 所示。

图 6-114 绘制路径

退出命令，创建栏杆的效果如图 6-115 所示。

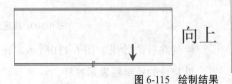

图 6-115 绘制结果

6.3.2 载入栏杆族

切换至"插入"选项卡，在"从库中载入"面板中单击"载入族"按钮，如图 6-116 所示。

图 6-116 单击"载入族"按钮

打开"载入族"对话框，选择族文件，如图 6-117 所示。单击"打开"按钮呢，将文件载入至项目中。

图 6-117 选择文件

6.3.3 设置栏杆扶手的参数

选择扶手，单击"属性"选项板中的"编辑类型"按钮，如图 6-118 所示。

打开"类型属性"对话框。单击"栏杆位置"选项后的"编辑"按钮，如图 6-119 所示。

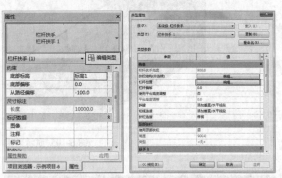

图 6-118 单击"编辑类型"按钮　　图 6-119 单击"编辑"按钮

打开"编辑栏杆位置"对话框。在"主样式"列表中选择第 2 行，在"栏杆族"单元格中单击，向下弹出列表，选择栏杆族。

在"相对前一栏杆的距离"单元格中输入参数，如图6-120所示，指定栏杆的间距。

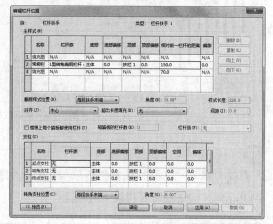

图 6-120　设置参数

单击"确定"按钮，结束操作，返回视图。切换至三维视图，查看为扶手添加栏杆的效果，如图6-121所示。

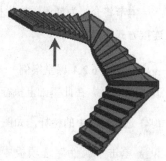

图 6-124　选择梯段

在"属性"选项板中设置"从路径偏移"选项值，如图6-125所示，指定栏杆在梯段上的位置。

图 6-125　设置参数

为转角楼梯添加栏杆的效果如图6-126所示。

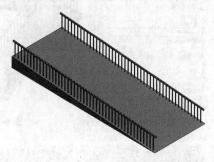

图 6-121　添加栏杆

将光标置于梯段之上，高亮显示梯段，如图6-124所示。单击拾取梯段。

图 6-126　添加栏杆

6.3.4　在楼梯/坡道上创建扶手的方法

在"楼梯坡道"面板上单击，向下弹出列表，选择"放置在楼梯/坡道上"选项，如图6-122所示。

进入"修改|在楼梯/坡道上放置栏杆扶手"选项卡，在"位置"面板上单击"踏板"按钮，如图6-123所示。

图 6-122　选择"放置在楼梯/坡道上"选项

图 6-123　单击"踏板"按钮

6.3.5　课堂案例——为建筑项目的梯段添加栏杆

难度：☆☆☆

素材文件：素材/第6章/6.2.4 课堂案例——创建建筑项目的坡道.rvt

效果文件：素材/第6章/6.3.5 课堂案例——为建筑项目的梯段添加栏杆.rvt

在线视频：第6章/6.3.5 课堂案例——为建筑项目的梯段添加栏杆.mp4

为梯段添加栏杆后，项目中的坡道也会自动添加栏杆，不需要再另外执行添加操作。

本节将介绍为梯段添加栏杆，并设置栏杆扶手连接方式的操作步骤。

① 打开"6.2.4 课堂案例——创建建筑项目的坡道.rvt"文件，在此基础上执行操作。

② 选择梯段中的栏杆，如图 6-127所示。

③ 单击"属性"选项板中的"编辑类型"按钮，打开"类型属性"对话框。

④ 单击"栏杆位置"选项后的"编辑"按钮，打开"编辑栏杆位置"对话框。

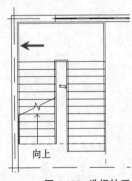

图 6-127　选择扶手

⑤ 在"主样式"列表下选择第2行，在"栏杆族"列表中选择栏杆族。修改"相对前一栏杆的距离"为120，如图 6-128所示。单击"应用"按钮，将参数应用到视图中。

⑥ 单击左下角的"预览"按钮，向左弹出预览窗口，查看添加栏杆的效果，如图 6-129所示。

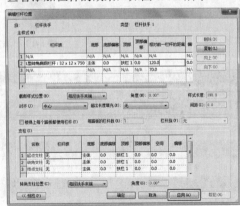

图 6-128　设置参数

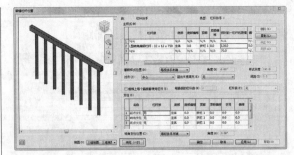

图 6-129　预览效果

⑦ 单击"确定"按钮，返回视图。在"属性"选项板中修改"从路径偏移"选项值为60，如图 6-130所示，设置栏杆在梯段上的位置。

⑧ 为梯段添加栏杆的效果如图 6-131所示。在视图中查看添加效果，发现扶手没有正确连接。

图 6-130　设置参数　　　　图 6-131　添加栏杆

⑨ 选择扶手，单击"属性"选项板中的"编辑类型"按钮，打开"类型属性"对话框。

⑩ 设置"扶手连接"选项值为"修剪"，在"使用顶部扶栏"选项中选择"是"选项，其他选项设置如图 6-132所示。

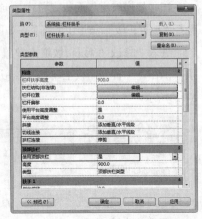

图 6-132　设置参数

⑪ 单击"确定"按钮，返回视图，查看修改结果，此时扶手显示为连接模式，如图6-133所示。

⑫ 执行上述操作后，查看项目中的坡道，可以发现已经自动添加了栏杆，效果如图6-134所示。

图 6-133 连接效果

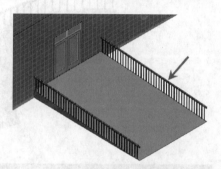

图 6-134 为坡道添加栏杆

6.4 课后习题

为了帮助读者巩固本章学习的知识，本节中提供了几个习题，希望读者在参考提示步骤练习后提高绘图技能。

6.4.1 课后习题——绘制三跑楼梯

难度：☆☆☆

素材文件：素材/第6章/6.4.1 课后习题——绘制三跑楼梯-素材.rvt

效果文件：素材/第6章/6.4.1 课后习题——绘制三跑楼梯.rvt

在线视频：第6章/6.4.1 课后习题——绘制三跑楼梯.mp4

绘制三跑楼梯，需要依次指定各个梯段的基点。在绘制的过程中，注意观察绘图区域中的提示文字，可以帮助操作者确定梯段的宽度以及踏步数目。

操作步骤提示如下。

① 激活"楼梯"命令，进入"修改|创建楼梯"选项卡。单击"构件"面板上的"直梯"按钮，选择梯段的样式。

② 在绘图区域中单击，指定起点，向下移动鼠标指针。在梯段的下方，显示提示文字"创建了10个踢面，剩余18个"时，单击鼠标左键，指定梯段的终点。

③ 向右移动鼠标指针，借助临时尺寸标注的提示，确定另一梯段的起点。

④ 向上移动鼠标指针，在梯段的下方，显示提示文字"创建了9个踢面，剩余9个"时，单击鼠标左键，指定梯段的终点。

⑤ 向右移动鼠标指针，借助临时尺寸标注，确定最后一个梯段的起点。

⑥ 向下移动鼠标指针，在梯段的下方显示"创建了9个梯段，剩余0个"时，单击鼠标左键，指定梯段的终点。

⑦ 单击"完成编辑模式"按钮，退出命令，查看梯段的最终效果。

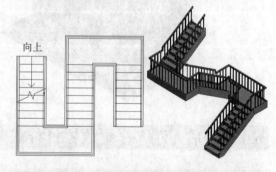

6.4.2 课后习题——创建与台阶相接的坡道

难度：☆☆☆

素材文件：素材/第6章/6.4.2 课后习题——创建与台阶相接的坡道-素材.rvt

效果文件：素材/第6章/6.4.2 课后习题——创建与台阶相接的坡道.rvt

在线视频：第6章/6.4.2 课后习题——创建与台阶相接的坡道.mp4

创建与台阶相接的坡道，需要参考台阶来设置坡道的参数。可以在创建之前设置参数，也可以在创建之后修改参数。在"类型属性"对话框中修改参数,单击"应用"按钮,可将参数应用至坡道,并实时查看修改结果。

操作步骤提示如下。

(01) 激活"坡道"命令,进入"修改|创建坡道草图"选项卡,单击"绘制"面板上的"线"按钮。

(02) 在"属性"选项板中选择"顶部标高"为"无",设置"顶部偏移"选项值为450,重定义"宽度"为450。

(03) 单击"编辑类型"按钮,打开"类型属性"对话框。选择"造型"为"实体",设置"最大斜坡长度"为5200,修改"坡道最大坡度(1/x)"为11.5。

(04) 单击"确定"按钮,返回视图。在绘图区域中单击起点与终点,绘制坡道。

(05) 单击"完成编辑模式"按钮,退出命令。查看绘制坡道的最终效果。

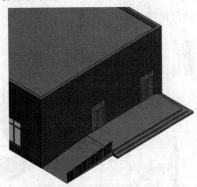

6.4.3 课后习题——更改栏杆样式

难度:☆☆☆

素材文件:素材/第6章/6.4.3 课后习题——更改栏杆样式-素材.rvt

效果文件:素材/第6章/6.4.3 课后习题——更改栏杆样式.rvt

在线视频:第6章/6.4.3 课后习题——更改栏杆样式.mp4

如果想要修改栏杆的样式,必须先将栏杆族载入至项目文件中。在"类型属性"对话框中可以重定义栏杆的样式参数,单击对话框右下角的"应用"按钮,可以在视图中实时观察修改效果。

操作步骤提示如下。

(01) 在视图中选择坡道上的栏杆,单击"属性"选项板上的"编辑类型"按钮。

(02) 打开"类型属性"对话框,单击"栏杆位置"选项后的"编辑"按钮。

(03) 打开"编辑栏杆位置"对话框。在"主样式"列表下选择第2行,在"栏杆族"单元格中单击,向下弹出列表,选择栏杆。

(04) 修改"相对前一栏杆的距离"值,调整栏杆的间距。

(05) 单击"确定"按钮,返回视图,查看更改坡道栏杆的效果。

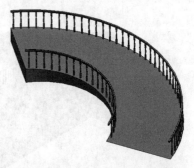

6.5 本章小结

本章分别介绍了创建楼梯、坡道与栏杆扶手的方法。

在创建楼梯时,首先设置梯段的标高、宽度,在绘制的过程中,参考梯段下方的提示文字,有助于用户确定每一跑段的踢面数。

默认的坡道类型为"结构板"。如果想要更改坡道的类型,需要打开"类型属性"对话框。在该对话框中,不仅可以选择坡道的类型,还能设置坡道的长度、坡度等参数。

系统默认为梯段与坡道创建扶手,假如用户需要在扶手的基础上添加栏杆,就需要载入栏杆族。为了使栏杆的显示样式丰富多样,用户可以载入多种类型的栏杆族。

但是也要注意,如果项目文件中包含太多的外部族,会增大文件在计算机中的占用空间。

第7章

房间和面积

内容摘要

在以模型图元和分隔线为界限的区域内创建房间，不仅可以添加标记为房间命名，还可以在房间内绘制分隔线，划定房间的功能分区。在面积平面视图中，可以计算由墙体和边界线定义的面积。

本章将介绍创建房间与计算面积的方法。

课堂学习目标

- 学习放置房间的方法
- 掌握标记房间的技巧
- 了解创建面积的方法
- 学习标记面积的方法
- 练习创建颜色填充方案的方法
- 学会放置颜色填充图例的方法

7.1 房间

在闭合的区域内创建房间后，还可以继续在房间内绘制分隔线，创建分区。为了区别不同的房间，可以添加标记，设置标记名称。

7.1.1 创建房间

切换至"建筑"选项卡，单击"房间和面积"面板上的"房间"按钮，如图7-1所示。

进入"修改|放置 房间"选项卡，保持默认值即可，将光标置于墙体内部，高亮显示房间轮廓线，如图7-2所示。

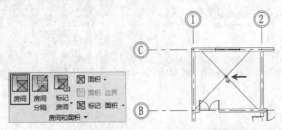

图 7-1 单击"房间"按钮　　　图 7-2 预览房间边界

在房间内部单击，创建房间。此时房间显示淡蓝色的填充图案，如图7-3所示。

退出命令，淡蓝色的填充图案被隐藏。将光标置于房间内部，高亮显示房间轮廓线，如图7-4所示。

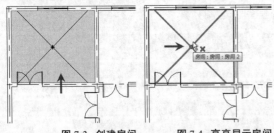

图 7-3 创建房间　　　图 7-4 高亮显示房间

在"修改|放置 房间"选项卡中单击"房间"面板上的"自动放置房间"按钮，如图7-5所示。

图 7-5 单击"自动放置房间"按钮

系统自动搜索当前视图中所有符合条件的闭合区域，并在这些区域内创建房间。

创建完毕后，弹出提示对话框，提醒用户已完成自动创建房间的操作。

在"房间"面板上单击"高亮显示边界"按钮，如图7-6所示。

图 7-6 单击"高亮显示边界"按钮

在工作界面的右下角弹出提示对话框，提醒用户房间边界已高亮显示。

此时，绘图区域中的房间边界高亮显示，并且显示房间内部的填充图案，如图7-7所示。

在提示对话框中单击"关闭"按钮，退出命令。

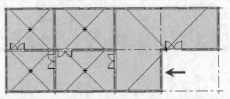

图 7-7 高亮显示边界

7.1.2 绘制房间分隔线

在"房间和面积"面板中单击"房间分隔"按钮，如图7-8所示。

图 7-8 单击"房间分隔"按钮

进入"修改|放置 房间分隔"选项卡，在"绘制"面板上单击"线"按钮，如图7-9所示，指定绘制方式。

图 7-9 单击"线"按钮

在房间内部单击指定线的起点，如图7-10所示。在移动鼠标指针指定起点的位置时，视图中会显示临时尺寸标注。用户可以参考临时尺寸标注，确定起点的位置。

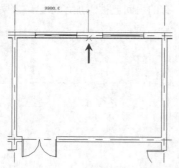

图 7-10 指定起点

单击指定起点。向下移动鼠标指针，指定线的终点，如图 7-11 所示。

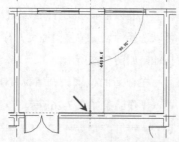

图 7-11 指定终点

绘制垂直分隔线的效果如图 7-12 所示。

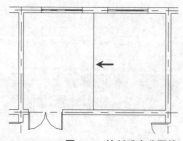

图 7-12 绘制垂直分隔线

执行"高亮显示边界"操作，可以发现房间被划分为两个区域，新创建的区域显示为空白，如图 7-13 所示，表示该区域没有放置房间。

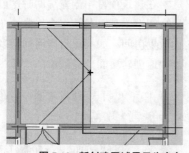

图 7-13 新创建区域显示为空白

执行"放置房间"操作，将光标置于新划分的区域内。

在区域内单击，放置房间的效果如图 7-14 所示。

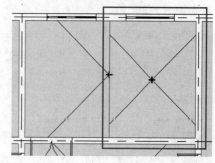

图 7-14 放置房间

7.1.3 标记选定的房间

首先载入标记族，接着单击"房间和面积"面板上的"标记房间"按钮，向下弹出列表，选择"标记房间"选项，如图 7-15 所示。

此时高亮显示房间区域，将光标置于待放置标记的房间内部，预览放置标记的效果，如图 7-16 所示。

图 7-15 选择"标记房间"选项　　图 7-16 预览放置效果

在房间内部单击，放置房间标记，如图 7-17 所示。

选择房间标记，显示"拖曳"符号及引线，如图 7-18 所示。

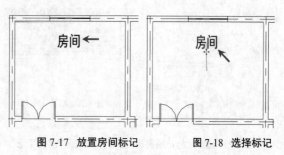

图 7-17 放置房间标记　　图 7-18 选择标记

在高亮显示的房间标记上单击，进入编辑模式。输入房间名称，如"会议室"，如图7-19所示。

在空白区域单击，退出命令，修改房间名称的效果如图7-20所示。

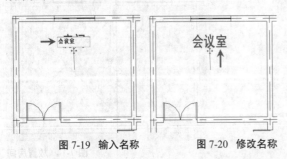

图7-19 输入名称 　　图7-20 修改名称

保持房间标记的选择状态，勾选选项栏中的"引线"复选框，如图7-21所示，可以为标记添加引线。

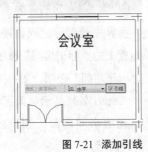

图7-21 添加引线

技巧与提示

在"属性"选项板中选择"引线"选项，同样可以为标记添加引线。

7.1.4 标记所有未标记的对象

单击"房间和面积"面板上的"标记房间"按钮，向下弹出列表，选择"标记所有未标记的对象"选项，如图7-22所示。

打开"标记所有未标记的对象"对话框，在列表中选择"房间标记"选项，如图7-23所示。

图7-22 选择"标记所有未 图7-23 选择"房间标记"
标记的对象"选项 　　　　　选项

在对话框中单击"确定"按钮，返回视图。所有的房间已被添加了标记，效果如图7-24所示。

图7-24 放置标记

技巧与提示

放置的标记显示默认值，即所有的房间标记都统一显示为"房间"。

有的标记显示在分隔线之上，影响查看。此时可以选择标记，按住"拖曳"符号不放，移动鼠标指针，如图7-25所示。

在合适的位置松开鼠标左键，移动标记的位置，操作结果如图7-26所示。

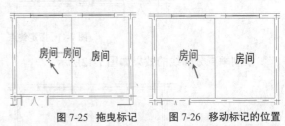

图7-25 拖曳标记 　　图7-26 移动标记的位置

7.1.5 课堂案例——在建筑项目中创建房间对象

难度：☆☆☆

素材文件：素材/第7章/7.1.5 课堂案例——在建筑项目中创建房间对象-素材.rvt

效果文件：素材/第7章/7.1.5 课堂案例——在建筑项目中创建房间对象.rvt

在线视频：第7章/7.1.5 课堂案例——在建筑项目中创建房间对象.mp4

在建筑项目中创建房间时，可以使用"自动放置房间"工具，系统将会一次性在所有闭合的区域内放置房间。如果项目中房间很多，使用该工具便能快速创建房间，提高绘图效率。

01 打开"7.1.5 课堂案例——在建筑项目中创建房间对象-素材.rvt"文件。

02 在"房间和面积"面板上单击"房间"按

钮，如图7-27所示。

03 进入"修改|放置 房间"选项卡，单击"房间"
面板上的"自动放置房间"按钮，如图7-28所示。

图7-27 单击"房间"按钮

图7-28 单击"自动放置房间"按钮

04 系统搜索闭合区域，并自动创建房间。操作完
毕后，弹出提示对话框，提醒用户已完成创建操作。

05 在"房间"面板中单击"高亮显示边界"按钮，
视图中的房间边界高亮显示，效果如图7-29所示。

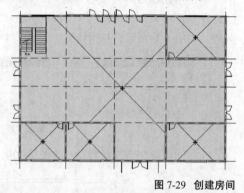

图7-29 创建房间

7.1.6 课堂案例——标记建筑项目
的房间

难度：☆☆☆

素材文件：素材/第7章/7.1.6 课堂案例——标记建筑项目中的房间-素材.rvt

效果文件：素材/第7章/7.1.6 课堂案例——标记建筑项目中的房间.rvt

在线视频：第7章/7.1.6 课堂案例——标记建筑项目中的房间.mp4

启用"标记所有未标记的对象"工具，可以轻
松地标记所有的房间。

同时，启用"标记房间"命令，也可以很迅速
地标记项目中的房间。

01 打开"7.1.6 课堂案例——标记建筑项目中的
房间-素材.rvt"文件。

02 在"房间和面积"面板上单击"标记房间"
按钮，向下弹出列表，选择"标记房间"选项，如
图7-30所示。

图7-30 选择"标记房间"选项

03 在视图中显示房间的填充图案，在房间内部
单击，标记房间。

04 此时尚处在命令中，移动鼠标指针，继续在
其他房间内单击，标记结果如图7-31所示。

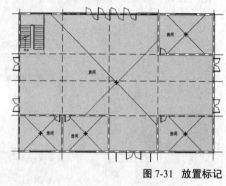

图7-31 放置标记

05 双击房间标记，进入编辑模式，修改房间名
称，效果如图7-32所示。

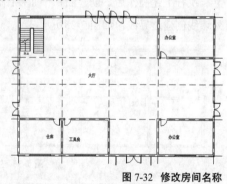

图7-32 修改房间名称

技巧与提示

房间名称必须逐一修改，不能批量修改。

7.2 面积

如果想要了解指定范围内的面积大小，可以执
行"面积计算"功能。本节将介绍使用该功能计算
面积的方法。

7.2.1 创建面积平面视图

单击"房间和面积"面板上的"面积"按钮，向下弹出列表，选择"面积平面"选项，如图7-33所示。

打开"新建面积平面"对话框，在"类型"选项中设置面积平面的类型，如选择"总建筑面积"。

在列表中选择平面视图，如选择"标高1"，如图7-34所示。

单击"确定"按钮，弹出提示对话框。单击"是"按钮，创建面积边界线。

图7-33 选择"面积平　　图7-34 "新建面积平
面"选项　　　　　　面"对话框

执行上述操作后，创建面积平面视图，并且沿外墙线创建边界线，如图7-35所示。

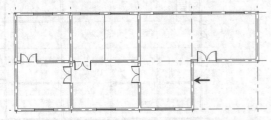

图7-35 生成边界线

在项目浏览器中展开"面积平面（总建筑面积）"列表，查看创建视图的结果，如图7-36所示。

图7-36 查看创建视图

7.2.2 定义面积边界

在普通视图中，"房间和面积"面板中的"面积边界"按钮显示为灰色，如图7-37所示，表示不可调用。

转换至"面积平面"视图，"面积边界"按钮高亮显示，如图7-38所示，表示可以在该视图中执行命令。

图7-37 "面积边界"按钮　图7-38 单击"面积边界"
显示为灰色　　　　　　　　按钮

单击"面积边界"按钮，进入"修改|放置 面积边界"选项卡。在"绘制"面板上单击"矩形"按钮，如图7-39所示，指定绘制方式。

图7-39 单击"矩形"按钮

在房间内部单击指定起点，如图7-40所示。

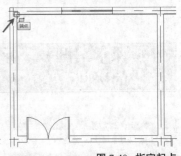

图7-40 指定起点

向右下角移动鼠标指针，指定对角点，如图7-41所示，划定边界线的范围。

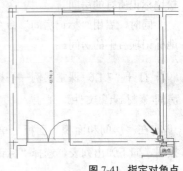

图7-41 指定对角点

在指定区域内定义面积边界的结果如图 7-42 所示。

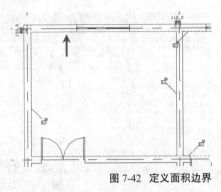

图 7-42 定义面积边界

7.2.3 创建面积

在"房间和面积"面板上单击"面积"按钮，向下弹出列表，选择"面积"选项，如图 7-43 所示。

图 7-43 选择"面积"选项

将光标置于边界线内部，同时显示淡黄色的填充图案，如图 7-44 所示。

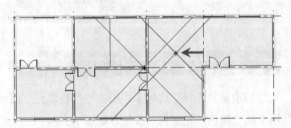

图 7-44 显示填充图案

在区域内单击，创建面积。退出命令，选择面积，显示蓝色的填充图案，如图 7-45 所示。

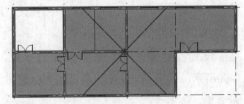

图 7-45 创建面积

因为在左上角的房间内重新指定了面积边界线，所以在上述的操作中，系统自动排除了该区域。

启用"面积"命令，将光标置于左上角的房间内，如图 7-46 所示。

图 7-46 指定光标位置

在该房间内单击，创建房间面积，操作效果如图 7-47 所示。

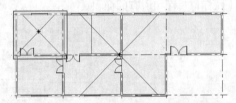

图 7-47 创建房间面积

7.2.4 标记面积

在"房间和面积"面板上单击"标记面积"按钮，如图 7-48 所示。

图 7-48 单击"标记面积"按钮

将光标置于面积区域内，预览标记效果，如图 7-49 所示。在合适的位置单击，放置面积标记。

将光标置于左上角的房间内，预览该房间的面积，如图 7-50 所示。单击，在该房间内放置面积标记。

图 7-49 预览创建效果

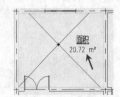

图 7-50 预览房间面积

放置面积标记的结果如图 7-51 所示。

图 7-51 创建面积标记

在"房间和面积"面板上单击"标记面积"右侧的向下实心箭头，向下弹出列表，选择"标记所有未标记的对象"选项，如图 7-52所示。可以一次性标记视图中所有的面积。

图 7-52 选择"标记所有未标记的对象"选项

7.2.5 创建颜色填充方案

在"房间和面积"面板上，单击面板名称。

向下弹出列表，选择"颜色方案"选项，如图 7-53所示。

打开"编辑颜色方案"对话框。单击左上角的"类别"选项，向下弹出列表，选择"面积（总建筑面积）"选项，如图 7-54所示。

图 7-53 选择"颜色方案"选项　　图 7-54 选择"面积
（总建筑面积）"选项

在"方案定义"选项组下，单击"颜色"选项，在列表中选择"面积"选项，如图 7-55所示。

弹出"不保留颜色"对话框，如图 7-56所示，单击"确定"按钮，关闭对话框。

图 7-55 选择"面积"选项　　图 7-56 单击"确定"
按钮

在列表中显示颜色方案参数，如图 7-57所示。按照不同的面积大小，系统自定义了填充面积。

图 7-57 显示颜色填充参数

选择表行，单击"颜色"单元格，打开"颜色"对话框。在对话框中显示多种类型的颜色，选择其中一种，重定义填充图案的颜色。

单击"填充样式"单元格，向下弹出列表，在其中显示各种填充图案，如图 7-58所示。选择选项，重定义填充图案的样式。默认选择"实体填充"样式。

图 7-58 图案样式列表

7.2.6 放置颜色填充图例

切换至"注释"选项卡，单击"颜色填充"面板上的"颜色填充图例"按钮，如图 7-59所示。

单击"属性"选项板上的"编辑类型"按钮，打开"类型属性"对话框。

在"图形"选项组下设置参数，定义填充图案的显示样式。修改"文字"选项组的参数，用来设置颜色填充图例说明文字的样式。

设置"标题文字"选项组中的参数，如图 7-60所示，用来重定义颜色填充图例标题文字的显示效果。

单击"确定"按钮，关闭对话框。在绘图区域中单击，弹出"选择空间类型和颜色方案"对话框。

图 7-59　单击"颜色填
充图例"按钮

图 7-60　设置"标题
文字"参数

在"空间类型"选项中选择"面积（总建筑面积）"选项，如图 7-61所示，单击"确定"按钮，返回视图。

在绘图区域中，显示如图 7-62所示的图示，表示系统正在计算参数，即将在视图中创建颜色填充图例。

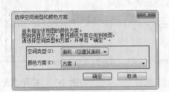

图 7-61　选择"面积（总建筑面积）"选项

图 7-62　显示图示

放置颜色填充图例的最终效果如图7-63所示。

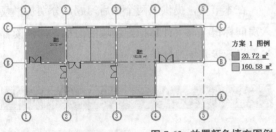

图 7-63　放置颜色填充图例

选择颜色填充图案说明文字，在右上角会显示倒三角的夹点，如图 7-64所示。激活夹点，移动鼠标指针，可以控制文字在水平方向上的显示效果。

激活蓝色的原点，移动鼠标指针，可以控制文字在垂直方向上的显示效果。

将光标置于说明文字上，显示"拖曳"控制柄，如图 7-65所示。按住左键不放，移动鼠标指针，调整文字的位置。

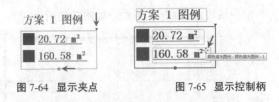

图 7-64　显示夹点

图 7-65　显示控制柄

7.2.7　课堂案例——计算建筑项目的面积

难度：☆☆☆

素材文件：素材/第7章/7.2.7 课堂案例——计算建筑项目的面积-素材.rvt

效果文件：素材/第7章/7.2.7 课堂案例——计算建筑项目的面积.rvt

在线视频：第7章/7.2.7 课堂案例——计算建筑项目的面积.mp4

在计算项目面积之前，首先需要创建项目的面积平面视图，然后创建面积，最后才能执行计算面积的操作。

1.　创建面积平面视图

01　打开"7.2.7 课堂案例——计算建筑项目的面积-素材.rvt"文件。

02　在"房间和面积"面板上单击"面积"按钮，向下弹出列表，选择"面积平面"选项，如图7-66所示。

03　打开"新建面积平面"对话框，在"类型"选项中选择"出租面积"，在列表中选择"标高1"，如图 7-67所示。

图 7-66　选择"面积平面"选项

图 7-67　选择"标高1"选项

04　单击"确定"按钮，打开提示对话框，直接单击"是"按钮即可。

05　执行上述操作后，创建并转换至面积视图，并沿内墙线创建面积边界线，如图7-68所示。

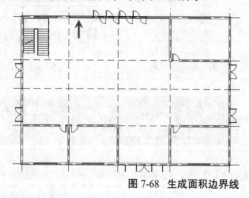

图 7-68 生成面积边界线

2. 创建面积

① 在"房间和面积"面板中单击"面积"按钮，向下弹出列表，选择"面积"选项，如图7-69所示。

图 7-69 选择"面积"选项

② 在面积边界线内指定光标的位置，如图 7-70 所示，创建面积。

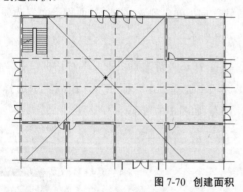

图 7-70 创建面积

3. 标记面积

① 在"房间和面积"面板中单击"标记面积"按钮，如图7-71所示。

图 7-71 单击"标记面积"按钮

② 将光标移至面积区域内，预览标记效果，如

图 7-72所示。

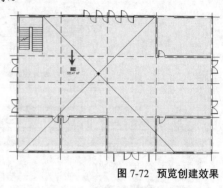

图 7-72 预览创建效果

③ 在面积区域内单击，标记面积的效果如图7-73所示。

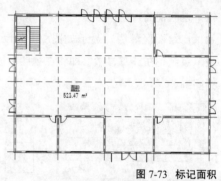

图 7-73 标记面积

7.3 课后习题

在本节中，提供了两个课后习题，分别是"载入房间标记"与"计算指定区域的面积"。请读者参考提示步骤练习操作。

7.3.1 课后习题——载入房间标记

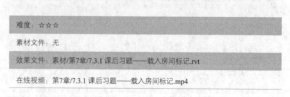

难度：☆☆☆

素材文件：无

效果文件：素材/第7章/7.3.1 课后习题——载入房间标记.rvt

在线视频：第7章/7.3.1 课后习题——载入房间标记.mp4

如果项目文件中尚未载入房间标记族，那么，在放置房间标记时，系统会弹出对话框，提示用户载入族。

操作步骤提示如下。

① 新建项目文件。在"房间和面积"面板上单

击"标记房间"按钮，向下弹出列表，选择"标记房间"选项。

(02) 此时，弹出提示对话框，询问用户是否要现在载入房间标记族。

(03) 单击"是"按钮，打开"载入族"对话框。选择族文件。单击"打开"按钮，将文件载入至项目中。

也可以在执行"标记房间"操作之前，先切换至"插入"选项卡，单击"载入族"按钮，执行"载入族"操作。

7.3.2 课后习题——计算指定区域的面积

难度：☆☆☆

素材文件：素材/第7章/7.3.2 课后习题——计算指定区域的面积-素材.rvt

效果文件：素材/第7章/7.3.2 课后习题——计算指定区域的面积.rvt

在线视频：第7章/7.3.2 课后习题——计算指定区域的面积.mp4

如果要计算指定区域的面积，就需要在这些区域的基础上绘制面积边线。接着执行"面积""标记面积"操作，就可以计算指定区域的面积。

操作步骤提示如下。

(01) 激活"面积边界"命令，进入"修改|放置 面积边界"选项卡，在"绘制"面板上单击"矩形"按钮。

(02) 在需要计算面积的房间内部绘制矩形边界线。

🌼 **学习笔记**

....

....

....

....

....

(03) 在"房间和面积"面板上单击"面积"按钮，向下弹出列表，选择"面积"选项。

(04) 在房间内部单击，创建面积。

(05) 在"房间和面积"面板上单击"标记面积"按钮，在房间区域内单击，创建面积标记。

(06) 双击面积标记，进入编辑模式，修改标记名称，完成计算面积的操作。

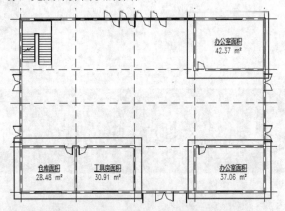

7.4 本章小结

本章介绍了创建房间与计算面积的方法。

在指定的区域内创建房间对象，不仅可以在房间内部绘制分隔线，重新划分功能区，还可以为房间添加标记，命名房间。

在计算面积之前，首选需要创建面积平面视图，划定面积边界，创建面积。为了标记面积，需要先载入面积标记族。

第 **8** 章

洞口

内容摘要

洞口可分为多种类型，如面洞口、竖井洞口、墙洞口及垂直洞口等。Revit为创建各种类型的洞口提供了专用的命令，用户启用这些命令，可以轻松地在指定的图元上创建洞口。

本章将介绍创建与编辑洞口的方法。

课堂学习目标

- 学习创建各种类型洞口的方法
- 掌握编辑洞口的方法

8.1 创建洞口

洞口可以在屋顶、楼板、天花板或墙体上创建，本节将介绍其创建方法。

8.1.1 面洞口

选择"建筑"选项卡，单击"洞口"面板上的"按面"按钮，如图8-1所示。

在视图中将光标置于屋顶面上，如图8-2所示，指定要创建洞口的对象。

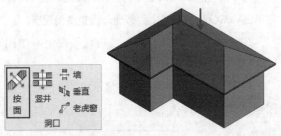

图8-1 单击"按面"按钮　　图8-2 选择屋顶

进入"修改|创建洞口边界"选项卡，在"绘制"面板上单击"矩形"按钮，如图8-3所示，指定绘制方式。

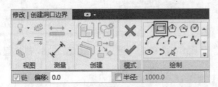

图8-3 单击"矩形"按钮

在屋顶上指定对角点，绘制矩形边界线，如图8-4所示。

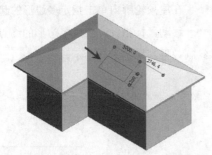

图8-4 绘制矩形

单击"完成编辑模式"按钮，退出命令。在屋顶上创建面洞口的效果如图8-5所示。

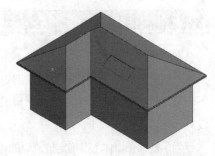

图8-5 创建面洞口

8.1.2 竖井洞口

竖井洞口是一个跨多个标高的垂直洞口。用户可以自定义洞口的位置与轮廓线样式来创建。

在"洞口"面板上单击"竖井"按钮，如图8-6所示。

进入"修改|创建竖井洞口"选项卡。在"绘制"面板上单击"圆形"按钮。指定绘制洞口的方式，同时也限定了洞口轮廓线的样式。

在绘图区域中单击指定圆心与半径，绘制圆形洞口轮廓线，如图8-7所示。

单击"完成编辑模式"按钮，退出命令。

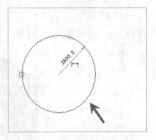

图8-6 单击"竖井"按钮　　图8-7 绘制圆形

切换至三维视图，查看创建竖井洞口的效果，如图8-8所示。用户不仅可以在楼板、天花板上创建竖井洞口，还可以在屋顶上创建竖井洞口。

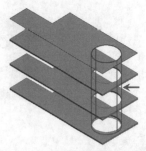

图8-8 竖井洞口的三维效果

8.1.3 墙洞口

在"洞口"面板上单击"墙"按钮，如图8-9所示。与其他命令不同，启用"墙洞口"命令后，不会马上进入选项卡。实际上，"墙洞口"命令并没有与之匹配的选项卡。

为了能够在墙体上准确定位洞口的位置，可以先切换至立面视图。在三维视图中，单击ViewCube上的"前"按钮或"左"按钮，切换至立面图。

切换至"前"视图，开始执行创建"墙洞口"的操作。首先选择需要创建洞口的墙体，将光标置于墙体之上，高亮显示墙轮廓线，如图8-10所示。

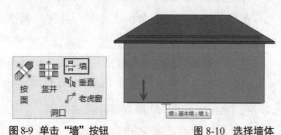

图8-9 单击"墙"按钮　　图8-10 选择墙体

在墙面上确定光标的位置，指定洞口轮廓线的起点。

在起点位置单击，按住鼠标左键不放，向右下角移动，指定洞口的对角点，如图8-11所示。

图8-11 指定对角点

在合适的位置松开鼠标左键，创建矩形洞口的效果如图8-12所示。

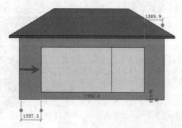

图8-12 创建洞口

转换至主视图，查看墙洞口的三维效果，如图8-13所示。

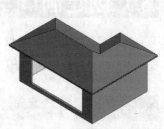

图8-13 墙洞口的三维效果

8.1.4 垂直洞口

为了方便在斜屋顶上绘制垂直洞口轮廓线，可以先单击ViewCube上的"上"按钮，转换至俯视图。

在"洞口"面板上单击"垂直"按钮，如图8-14所示。

将光标置于屋顶上，高亮显示屋顶轮廓线，如图8-15所示。

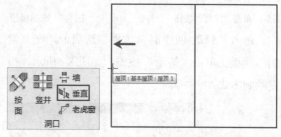

图8-14 单击"垂　　图8-15 高亮显示屋顶轮廓线
　　　　直"按钮

单击，选择屋顶，进入"修改|创建洞口边界"选项卡。在"绘制"面板上单击"内接多边形"按钮，指定洞口的轮廓线样式。

在屋顶轮廓内单击指定多边形的起点。

移动鼠标指针，指定多边形的终点，同时预览绘制效果，如图8-16所示。

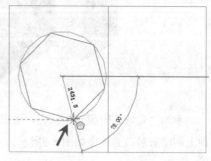

图8-16 指定终点

在合适的位置单击，结束绘制，绘制洞口轮廓线的效果如图8-17所示。

单击"完成编辑模式"按钮，退出命令。转换至主视图，查看创建垂直洞口的效果，如图8-18所示。

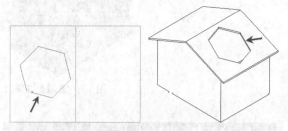

图 8-17 绘制洞口轮廓线　　图 8-18 创建垂直洞口

切换至立面视图，查看洞口的截面效果。在视图中，洞口垂直贯穿屋顶，如图8-19所示。

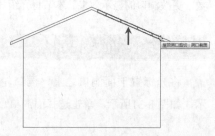

图 8-19 显示洞口截面

8.1.5 课堂案例——创建竖井洞口定义建筑项目楼梯间

难度：☆☆☆

素材文件：素材/第8章/8.1.5 课堂案例——创建竖井洞口定义建筑项目楼梯间-素材.rvt

效果文件：素材/第8章/8.1.5 课堂案例——创建竖井洞口定义建筑项目楼梯间.rvt

在线视频：第8章/8.1.5 课堂案例——创建竖井洞口定义建筑项目楼梯间.mp4

在建筑项目中创建竖井洞口定义楼梯间时，可以利用"过滤器"命令及"复制"命令查看创建效果。

1. 绘制洞口轮廓线

① 打开"8.1.5 课堂案例——创建竖井洞口定义建筑项目楼梯间-素材.rvt"文件。

② 滑动鼠标滚轮，放大视图的左上角部分，如图8-20所示。

③ 在"洞口"面板上单击"竖井"洞口，如图8-21所示。

图 8-20 放大视图　　图 8-21 单击"竖井"按钮

④ 进入"修改|创建竖井洞口草图"选项卡。在"绘制"面板上单击"矩形"按钮，如图8-22所示。

图 8-22 单击"矩形"按钮

⑤ 在绘图区域中单击，指定矩形的起点。

⑥ 按住鼠标左键不放，向右下角移动鼠标指针，指定矩形的对角点。

⑦ 绘制矩形轮廓线的效果如图8-23所示。

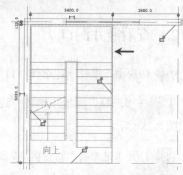

图 8-23 绘制轮廓线

⑧ 在"绘制"面板上单击"符号线"按钮，其他设置保持默认值即可，如图8-24所示。

图 8-24 单击"符号线"按钮

⑨ 在洞口轮廓线内指定起点、下一点、终点，绘制符号线，效果如图8-25所示。

⑩ 在"属性"选项板中设置"底部约束""顶部约束"选项值，如图8-26所示。

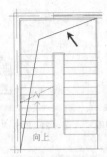

图 8-25 绘制符号线

图 8-26 设置参数

⑪ 单击"完成编辑模式"按钮,退出命令,绘制洞口的效果如图 8-27所示。

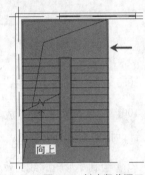

图 8-27 创建竖井洞口

2. 查看竖井洞口

① 切换至三维视图,选择项目模型。

② 在"选择"面板中单击"过滤器"按钮,如图 8-28所示。

③ 打开"过滤器"对话框,勾选"天花板""楼板""竖井洞口"复选框,如图 8-29所示。

图 8-28 单击"过滤器"按钮　　图 8-29 勾选"天花板"
　　　　　　　　　　　　　　　　　"楼板""竖井洞口"

④ 单击"确定"按钮,关闭对话框,选中"天花板""楼板""竖井洞口"图元。

⑤ 单击"修改"面板上的"复制"按钮,激活命令。

⑥ 指定复制起点与终点,将选中的图元移动复制至一旁。查看创建竖井洞口的效果,如图 8-30所示。

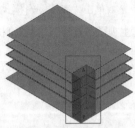

图 8-30 查看竖井洞口

8.2 编辑洞口

选择洞口,进入编辑模式,可以重新定义洞口参数,更改洞口的显示效果。本节将介绍其操作方法。

8.2.1 编辑面洞口

将光标置于面洞口之上,洞口轮廓线高亮显示,如图 8-31所示。单击选择面洞口。

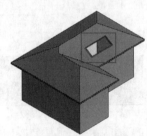

图 8-31 选择面洞口

进入"修改|屋顶洞口剪切"选项卡,单击"编辑草图"按钮,如图 8-32所示。

进入编辑模式。选择洞口右侧的垂直线段,如图 8-33所示。按下键盘上的Delete键,删除轮廓线。

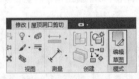

图 8-32 单击"编辑草图"按钮　　图 8-33 删除轮廓线

在"绘制"面板上单击"起点,终点,圆弧"按钮,指定绘制方式。

单击指定洞口的右上角点，指定圆弧的起点。

向下移动鼠标指针，指定洞口的右下角点，指定圆弧的终点。

向右移动鼠标指针，指定圆弧的半径，如图8-34所示。

在合适的位置单击，绘制圆弧，结果如图8-35所示。

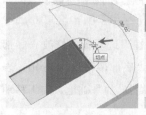 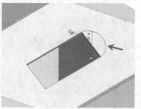

图 8-34　指定半径　　　　图 8-35　绘制圆弧

单击"完成编辑模式"按钮，退出命令。可以看到在原有洞口轮廓线的基础上，执行编辑操作，最终更改了洞口的显示样式，如图8-36所示。

图 8-36　修改洞口的显示样式

8.2.2　编辑墙洞口

切换至立面视图，将光标置于墙洞口之上，单击选择墙洞口。

处于选择模式中的墙洞口，在轮廓线上显示蓝色的三角形夹点，并显示临时尺寸标注，标注洞口的尺寸与位置，如图8-37所示。

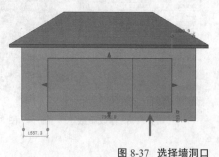

图 8-37　选择墙洞口

单击下方轮廓线上的临时尺寸标注，进入编辑模式，输入新的距离参数，如图8-38所示。

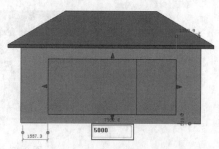

图 8-38　输入尺寸参数

在空白区域单击，退出编辑模式。修改洞口水平方向上的尺寸，效果如图8-39所示。

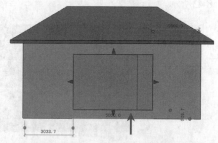

图 8-39　调整洞口的宽度

选择洞口右下角的临时尺寸标注，如图8-40所示。该尺寸标注用来注明洞口与墙体底边的距离。

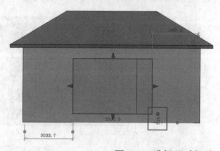

图 8-40　选择尺寸标注

单击临时尺寸标注，进入编辑模式，输入新的参数，如图8-41所示。

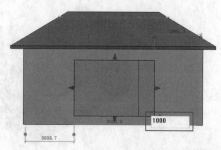

图 8-41　输入参数

在空白区域单击，退出编辑模式。洞口向上移动，效果如图8-42所示。

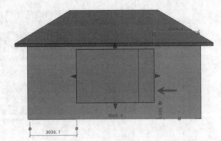

图8-42 向上移动洞口

将光标置于洞口轮廓线上方轮廓线，激活三角形夹点，按住鼠标左键不放，向下移动鼠标指针，如图8-43所示。

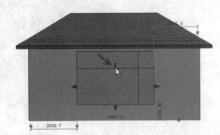

图8-43 向下移动夹点

在合适的位置松开鼠标左键，调整洞口在垂直方向上的高度，效果如图8-44所示。

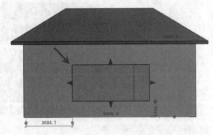

图8-44 调整洞口的高度

切换至三维视图，查看修改墙洞口的效果，如图8-45所示。

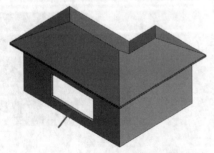

图8-45 修改结果

8.2.3 编辑竖井洞口

选择竖井洞口，在轮廓线上显示蓝色的三角形夹点，如图8-46所示。

选择上方的三角形夹点，按住鼠标左键不放，激活夹点，向下移动鼠标指针。

在合适的位置松开鼠标左键，向下移动夹点若干距离。最终将更改竖井洞口的顶部标高，效果如图8-47所示。

选择竖井，在"属性"选项板中修改"底部约束"为"标高2"，"底部偏移"为−500。表示竖井的底面，在"标高2"的基础上，向下移动500。

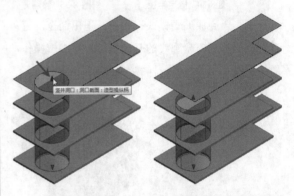

图8-46 激活夹点　　图8-47 更改竖井洞口的顶部标高

设置"顶部约束"为"标高3"，"顶部偏移"为−3399.5，如图8-48所示，表示竖井的顶面，在"标高3"的基础上，向下移动3399.5。

在视图中查看修改结果，此时竖井仅显示在"标高2"楼层的楼板上，如图8-49所示。

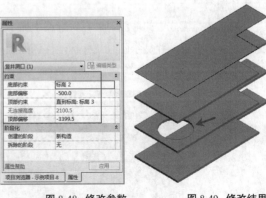

图8-48 修改参数　　　　图8-49 修改结果

8.3 课后习题

本节提供了两个习题，分别是"在天花板上创建面洞口""在弧墙上创建洞口"。请读者根据所提供的操作步骤提示练习操作。

8.3.1 课后习题——在天花板上创建面洞口

难度：☆☆☆

素材文件：素材/第8章/8.3.1 课后习题——在天花板上创建面洞口-素材.rvt

效果文件：素材/第8章/8.3.1 课后习题——在天花板上创建面洞口.rvt

在线视频：第8章/8.3.1 课后习题——在天花板上创建面洞口.mp4

在天花板上创建面洞口，可以自定义洞口的轮廓线样式。在"绘制方式"面板上选择绘制方式，将会影响洞口的显示效果。

操作步骤提示如下。

① 在"洞口"面板上单击"按面"按钮，将光标置于天花板之上，高亮显示天花板轮廓线。

② 单击鼠标左键，选择天花板。进入"修改|创建洞口边界"选项卡，单击"绘制"面板上的"椭圆"按钮，指定绘制方式。

③ 在天花板上单击，指定椭圆中心，向右移动鼠标指针，输入距离参数，指定椭圆长轴端点。

④ 向上移动鼠标指针，输入距离参数，指定椭圆短轴端点，绘制椭圆洞口轮廓线。

⑤ 单击"完成编辑模式"按钮，退出命令。查看在天花板上创建椭圆形洞口的效果。

8.3.2 课后习题——在弧墙上创建洞口

难度：☆☆☆

素材文件：素材/第8章/8.3.2 课后习题——在弧墙上创建洞口-素材.rvt

效果文件：素材/第8章/8.3.2 课后习题——在弧墙上创建洞口.rvt

在线视频：第8章/8.3.2 课后习题——在弧墙上创建洞口.mp4

在弧墙上创建洞口，要首先选择墙体，再在墙体上指定洞口的起点与对角点，即可创建洞口。选择洞口，显示临时尺寸标注，修改标注数字，可以修改洞口的参数。

① 在"洞口"面板上单击"墙"按钮，将光标置于弧墙之上，高亮显示墙边界线。

② 选择弧墙，在墙上移动鼠标指针，指定洞口的起点，按住鼠标左键不放，向右下角移动鼠标指针，指定洞口的对角点。

③ 松开鼠标左键，在弧墙上创建洞口。

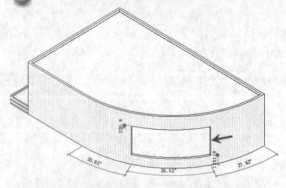

8.4 本章小结

本章介绍了创建洞口与编辑洞口的方法。

在天花板、楼板、屋顶上创建洞口，要首先选择对象，才可以进入创建模式。

选择不同的绘制方式，所绘制的洞口轮廓线也不同，相应地也会影响洞口的显示样式。

选择洞口，可以进入编辑模式，修改参数，重定义洞口的显示效果。

第**9**章

工作平面与临时尺寸标注

内容摘要

　　Revit中的工作平面与临时尺寸标注常常作为辅助图元来利用。如在确定图元位置时，参照平面就可以起到辅助线的作用。临时尺寸标注只是暂时显示在视图中，注明图元的尺寸信息。取消选择图元后，临时尺寸标注随即被隐藏。

　　本章将介绍利用工作平面与临时尺寸标注的方法。

课堂学习目标

- 学会利用工作平面编辑图元的方法
- 掌握利用临时尺寸标注确定图元位置的方法

9.1　利用工作平面

出于需要，用户可以在任何方向上绘制工作平面，如水平方向、垂直方向等。本节将介绍利用工作平面的方法。

9.1.1　设置工作平面

设置工作平面有两种方式，一种是直接指定工作平面，另一种是拾取线指定工作平面。

1.　指定工作平面

切换至"建筑"选项卡，单击"工作平面"面板上的"设置"按钮，如图9-1所示。

打开"工作平面"对话框，选中"拾取一个平面"单选按钮，如图9-2所示。

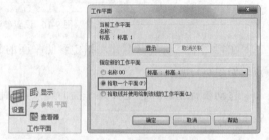

图 9-1　单击"设　　图 9-2　选中"拾取一个平面"
置"按钮

单击"确定"按钮，返回视图。将光标置于外墙上，高亮显示墙体轮廓线，如图9-3所示。

在墙体上单击，指定墙体所在的面为当前的工作平面。

2.　拾取线指定工作平面

在"工作平面"对话框中，选中"拾取线并使用绘制该线的工作平面"单选按钮，如图9-4所示。

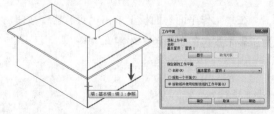

图 9-3　拾取面　图 9-4　选中"拾取线并使
用绘制该线的工作平面"

单击"确定"按钮，返回视图。将光标置于线

上，高亮显示线，如图9-5所示。

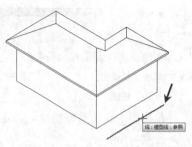

图 9-5　拾取线

在线上单击，拾取线。绘制该线的工作平面，即为当前正在使用的工作平面。

9.1.2　显示/隐藏工作平面

在"工作平面"面板上单击"显示"按钮，按钮显示蓝色的背景色，如图9-6所示。

在视图中显示工作平面，如图 9-7所示。默认情况下，工作平面的轮廓线与填充图案的颜色均显示为透明的蓝色。

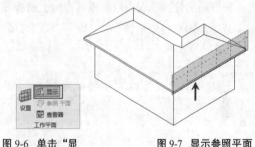

图 9-6　单击"显　　图 9-7　显示参照平面
示"按钮

9.1.3　创建参照平面的方法

激活"参照平面"命令，选择绘制方式，依次指定起点与终点，即可在指定方向上创建参照平面。

1.　绘制参照平面

在"工作平面"面板上单击"参照平面"按钮，如图9-8所示。

 技巧与提示

在命令行中输入RP，也可以调用"参照平面"命令。

启用命令后，进入"修改|放置参照平面"选项卡，在"绘制"面板上单击"线"按钮，如图

9-9所示。

图 9-8 单击"参照　　　图 9-9 单击"线"按钮
平面"按钮

在视图中移动鼠标指针，指定参照平面的起点，如图9-10所示。

向下移动鼠标指针，指定参照平面的终点，同时预览绘制结果，如图9-11所示。

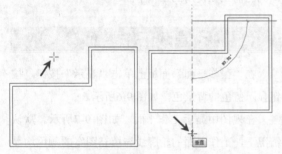

图 9-10 指定起点　　　图 9-11 指定终点

在合适的位置单击，绘制垂直方向上的参照平面，效果如图9-12所示。

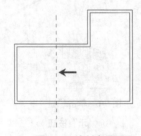

图 9-12 绘制参照平面

2.　拾取线生成参照平面

在"绘制"面板中单击"拾取线"按钮，如图9-13所示。

图 9-13 单击"拾取线"按钮

在视图中拾取已绘制的模型线，如图9-14所示。

执行上述操作后，可以将选中的线转换为参照平面。选择模型线，按下Delete键，删除线。方便查看参照平面，效果如图9-15所示。

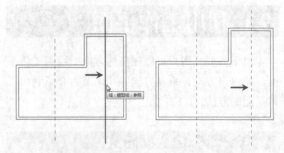

图 9-14 拾取线　　　图 9-15 生成参照平面

3.　指定距离绘制参照平面

在"修改|放置 参照平面"选项卡中，在"绘制"面板中单击"线"按钮。在选项栏中设置"偏移"值，如图9-16所示。

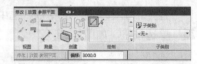

图 9-16 设置参数

在视图中移动鼠标指针，指定参照平面的起点，如图9-17所示。

移动鼠标指针，指定参照平面的终点，如图9-18所示。

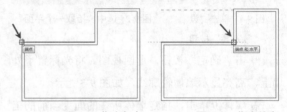

图 9-17 指定起点　　　图 9-18 指定终点

执行上述操作后，在距起点一定的距离创建参照平面，如图9-19所示。

9.1.4 启用工作平面查看器的方法

在"工作平面"面板上单击"查看器"按钮，按钮显示蓝色的背景色，如图9-20所示。

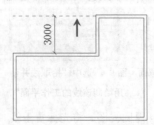

图 9-19 绘制参照平面 图 9-20 单击"查看器"按钮

此时视图中将弹出一个窗口，在其中显示参照平面与位于参照平面上的图元，如图9-21所示。

再次单击"查看器"按钮，关闭查看器窗口。或者单击窗口右上角的"关闭"按钮，也可以退出显示查看器。

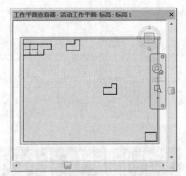

图 9-21 查看器窗口

9.1.5 课堂案例——利用参照平面辅助创建项目图元

难度：☆☆☆

素材文件：素材/第9章/9.1.5 课堂案例——利用参照平面辅助创建项目图元-素材.rvt

效果文件：素材/第9章/9.1.5 课堂案例——利用参照平面辅助创建项目图元.rvt

在线视频：第9章/9.1.5 课堂案例——利用参照平面辅助创建项目图元.mp4

在绘制项目图元的过程中，利用参照平面，可以准确地定位图元的位置。

① 打开"9.1.5 课堂案例——利用参照平面辅助创建项目图元-素材.rvt"文件。

② 在视图中滚动鼠标滚轮，放大显示平面图的右上角，结果如图9-22所示。

③ 在"工作平面"面板上单击"参照平面"按钮，如图9-23所示，启用命令。

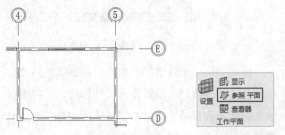

图 9-22 放大视图　图 9-23 单击"参照平面"按钮

④ 进入"修改|放置 参照平面"选项卡，在"绘制"面板中单击"线"按钮，设置"偏移"距离为2500，如图9-24所示。

图 9-24 设置参数

⑤ 将光标置于右上角的内墙角，如图9-25所示，指定参照平面的起点。

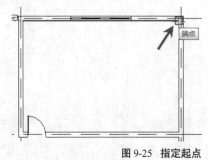

图 9-25 指定起点

⑥ 移动鼠标指针，单击左上角内墙角，如图9-26所示，指定参照平面的终点。

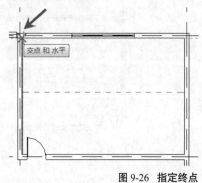

图 9-26 指定终点

⑦ 指定偏移距离，绘制水平方向上的参照平面，效果如图9-27所示。

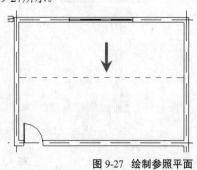

图 9-27 绘制参照平面

08 此时尚处在命令中。修改"偏移"距离为3500，如图9-28所示。

图9-28 设置参数

09 单击右下角内墙角点，指定参照平面的起点，如图9-29所示。

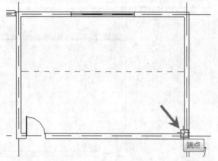

图9-29 指定起点

10 向上移动鼠标指针，单击右上角内墙角，指定参照平面的终点，如图9-30所示。

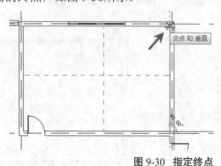

图9-30 指定终点

11 指定偏移距离，绘制垂直参照平面的效果如图9-31所示。

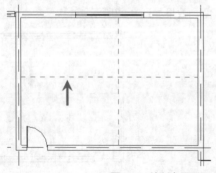

图9-31 绘制参照平面

12 以参照平面为基础，确定内墙体的位置，绘制墙体的效果如图9-32所示。

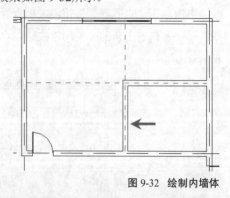

图9-32 绘制内墙体

9.2 临时尺寸标注

选择图元时，可利用临时尺寸标注，注明图元与周围对象的尺寸关系。或者在创建图元的时候，利用临时尺寸标注确定位置。

本节将介绍利用与编辑临时标注的方法。

9.2.1 显示临时尺寸标注

选择视图中的图元，显示临时尺寸标注，如图9-33所示。通过临时尺寸标注，可以了解平面窗与左右墙体的尺寸关系。

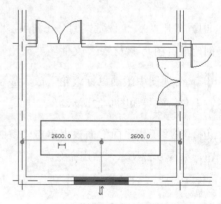

图9-33 显示临时尺寸标注

在立面视图中，选择立面窗，显示临时尺寸标注，如图9-34所示。通过临时尺寸标注，了解窗在墙立面上的位置关系，包括窗与墙体底边、墙边的距离。

切换至三维视图，选择窗，显示临时尺寸标注，如图9-35所示。借助临时尺寸标注，可以了解窗在透视方向的位置。

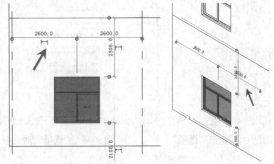

图 9-34 立面视图中的临时尺寸标注　图 9-35 三维视图中的临时尺寸标注

9.2.2 修改临时尺寸标注

选择图元，如窗，显示临时尺寸标注。将光标置于标注之上，矩形框选出标注数字，如图 9-36 所示。

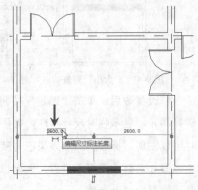

图 9-36 激活标注数字

在标注数字上单击，进入编辑模式，输入参数，如图9-37所示。

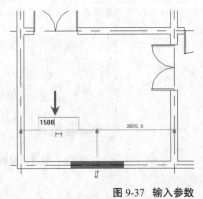

图 9-37 输入参数

在空白区域单击，退出编辑模式，修改临时尺寸标注。同时，窗的位置也被改变，效果如图9-38所示。

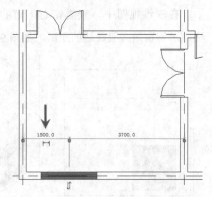

图 9-38 更改窗位置

切换至立面视图，选择垂直方向上的临时尺寸标注，如图9-39所示。

图 9-39 激活标注数字

单击尺寸标注数字，进入在位编辑模式，输入参数，如图9-40所示。

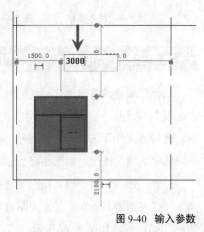

图 9-40 输入参数

155

在空白区域单击，退出编辑模式，修改临时尺寸标注。同时窗在立面墙上的位置也发生改变，效果如图9-41所示。

在三维视图中，查看窗右下角的临时尺寸标注，了解窗距离墙底边的距离，如图9-42所示。

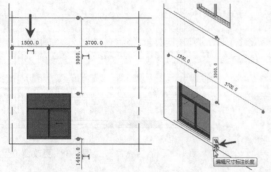

图9-41 调整窗在立面墙上的位置　图9-42 激活标注数字

单击临时尺寸标注，进入编辑模式，输入参数，如图9-43所示。

在空白区域单击，退出编辑模式，修改临时尺寸标注。同时，窗向上移动指定的距离，最终效果如图9-44所示。

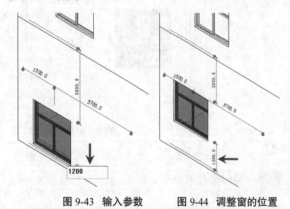

图9-43 输入参数　　　图9-44 调整窗的位置

9.2.3 设置临时尺寸标注的外观

如果想要修改临时尺寸标注的外观，需要打开"选项"对话框。

选择"文件"选项卡，向下弹出列表，单击右下角的"选项"按钮，如图9-45所示。

打开"选项"对话框。在左侧选择"图形"选项卡，在界面的右下角，显示"临时尺寸标注文字外观"选项组，如图9-46所示。修改选项组的参数，就可以更改临时尺寸标注的外观。

图9-45 单击"选项"　　　图9-46 "选项"对话框
　　　　按钮

单击"大小"选项组，向下弹出列表，显示数字编号，如图9-47所示。选择编号，定义临时尺寸标注数字的大小。默认选择编号8。

单击"背景"选项组，向下弹出列表，显示"透明""不透明"两种背景，如图9-48所示。默认选择"透明"背景。

图9-47 "大小"列表　　　图9-48 "背景"列表

修改参数后，单击"确定"按钮，返回视图。选择图元，显示临时尺寸标注，如图9-49所示。此时可以发现，标注的显示效果已与默认样式不同。

假如对修改效果不满意，还可以返回"选项"对话框再次修改参数。

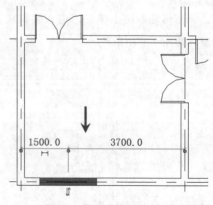

图9-49 修改后临时尺寸标注的外观

9.2.4 课堂案例——利用临时尺寸标注确定图元的位置

难度：☆☆☆

素材文件：素材/第9章/9.2.4 课堂案例——利用临时尺寸标注确定图元的位置-素材.rvt

效果文件：素材/第9章/9.2.4 课堂案例——利用临时尺寸标注确定图元的位置.rvt

在线视频：第9章/9.2.4 课堂案例——利用临时尺寸标注确定图元的位置.mp4

在创建图元的时候，为了确定图元的位置，常常需要借助临时尺寸标注。如果需要调整图元的位置，也可以通过修改临时尺寸标注实现。

01 打开"9.2.4 课堂案例——利用临时尺寸标注确定图元的位置-素材.rvt"文件。

02 切换至"建筑"选项卡，在"构建"面板上单击"门"按钮，如图9-50所示。

03 在"属性"选项板中选择"双扇平开镶玻璃门3-带亮窗"类型，如图9-51所示。

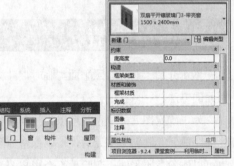

图 9-50 单击"门"按钮   图 9-51 选择门类型

04 将光标置于墙体之上，在预览放置门的效果的同时，也可以在门的左侧显示临时尺寸标注，如图9-52所示。

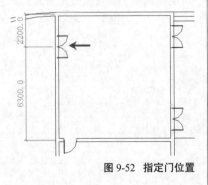

图 9-52 指定门位置

05 移动鼠标指针，在改变门位置的同时，临时尺寸标注也实时更新。

06 在合适的位置单击，放置门。保持门的选择状态，在门的右侧显示临时尺寸标注，如图9-53所示，注明门与上下墙体的距离。

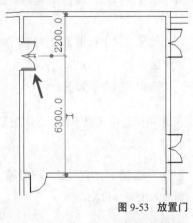

图 9-53 放置门

07 如果要修改门的位置，可以单击临时尺寸标注数字，进入编辑模式，输入距离参数，如图9-54所示。

08 按下回车键，退出编辑模式。根据重定义的距离值，门向上移动，效果如图9-55所示。

如果要修改门与下方墙体的间距，可以修改标注数字为6700的临时尺寸标注。

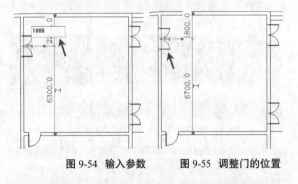

图 9-54 输入参数   图 9-55 调整门的位置

9.3 课后习题

在本节中，提供了两道课后习题，分别是"命名参照平面的方法""将临时尺寸标注转换为永久性尺寸标注"。请读者参考操作步骤来练习，以便掌握操作方法。

9.3.1 课后习题——命名参照平面的方法

难度：☆☆☆

素材文件：素材/第9章/9.3.1 课后习题——命名参照平面的方法-素材.rvt

效果文件：素材/第9章/9.3.1 课后习题——命名参照平面的方法.rvt

在线视频：第9章/9.3.1 课后习题——命名参照平面的方法.mp4

如果项目中有很多的参照平面，用户可以为参照平面命名，目的是方便管理。

操作步骤提示如下。

01 单击选中参照平面，在两侧显示"<单击以命名>"提示文字。

02 单击提示文字，进入编辑模式，输入名称，如输入大写字母A。

03 在空白区域单击，退出编辑模式，结束修改名称的操作。修改其中一侧的名称，另一侧的名称也会自动更新。

或者选择参照平面，在"属性"选项板中的"名称"选项输入参数，命名参照平面。

9.3.2 课后习题——将临时尺寸标注转换为永久性尺寸标注

难度：☆☆☆

素材文件：素材/第9章/9.3.2 课后习题——将临时尺寸标注转换为永久性尺寸标注-素材.rvt

效果文件：素材/第9章/9.3.2 课后习题——将临时尺寸标注转换为永久性尺寸标注.rvt

在线视频：第9章/9.3.2 课后习题——将临时尺寸标注转换为永久性尺寸标注.mp4

 学习笔记

利用"尺寸标注"命令，可以为图元添加尺寸标注。另外，通过转换"临时尺寸标注"，也可将其设置为永久性尺寸标注。

操作步骤提示如下。

01 在平面视图中选择窗，在图元的下方显示临时尺寸标注。将光标定位在"使此临时尺寸标注成为永久性尺寸标注"按钮上。

02 单击鼠标左键，转换临时尺寸标注的样式，使之成为永久性尺寸标注。

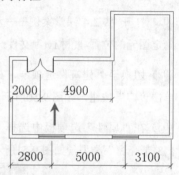

9.4 本章小结

本章介绍了利用参照平面与临时尺寸标注创建图元的方法。

为了确定图元的位置，可以先绘制参照平面作为辅助线。绘制完毕图元后，可以保留参照平面，也可以删除参照平面。删除后不会影响图元的显示效果。

临时尺寸标注可以帮助用户确定、修改图元的位置。并且在取消选择图元后，临时尺寸标注也会自动隐藏，不会占据视图空间。

第10章

协同外部文件辅助设计

内容摘要

为了方便用户参照外部文件辅助建模，Revit允许用户载入多种格式的图形文件，如DWG、DWF等格式。也可以将Revit模型载入到当前视图，为正在制作的项目提供参考。此外，还可以载入光栅图像作为制图的参考。

本章将介绍载入外部文件的方法。

课堂学习目标

- 掌握链接外部文件辅助绘图的方法
- 学习导入外部文件的方法

10.1 链接外部文件

能被链接的外部文件的类型包括Revit模型、CAD文件及光栅图像。本节将介绍链接文件的操作方法。

10.1.1 链接Revit模型

切换至"插入"选项卡，在"链接"面板上单击"链接Revit"按钮，如图10-1所示。

图10-1 单击"链接Revit"按钮

打开"导入/链接RVT"对话框，选择文件，如图10-2所示。

图10-2 选择文件

在对话框的下方单击"定位"选项，向下弹出列表，显示多种定位方式。例如，选择"手动-基点"选项，如图10-3所示，用户可以自定义基点放置模型。

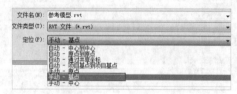

图10-3 选择定位方式

操作完毕后，将在光标处显示链接模型。移动鼠标指针，指定放置基点。

在合适的位置单击，放置模型，如图10-4所示。选择模型，模型将显示为一个整体，不能执行编辑操作，仅为制图提供参考。

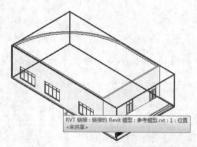

图10-4 放置模型

10.1.2 链接CAD文件

在"链接"面板上单击"链接CAD"按钮，如图10-5所示。

图10-5 单击"链接CAD"按钮

打开"链接CAD格式"对话框。选择CAD文件，在对话框的下方单击"颜色"按钮，在列表中选择"黑白"，指定CAD文件中图形的显示效果。

单击"定位"选项，在列表中选择"手动-原点"选项，如图10-6所示。

图10-6 设置参数

单击"打开"按钮，在视图中单击，指定基点，链接CAD文件的效果如图10-7所示。

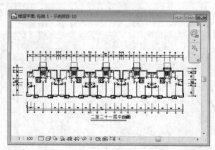

图10-7 链接CAD文件

10.1.3　创建贴花类型

在"链接"面板上单击"贴花"按钮，向下弹出列表，选择"贴花类型"选项，如图10-8所示。

打开"贴花类型"对话框，单击左下角的"新建贴花"按钮。

打开"新贴花"对话框，在"名称"选项中输入参数，如图10-9所示。

图 10-8　选择"贴花类型"选项　　图 10-9　输入名称

单击"确定"按钮，返回"贴花类型"对话框。单击左上角"源"选项右侧的矩形按钮。

打开"选择文件"对话框，选择文件，如图10-10所示。单击"打开"按钮，载入图片。

图 10-10　选择图片

在"源"选项组中预览载入的图片，在图片的下方，显示默认参数，如图10-11所示。

保持参数设置不变，单击"确定"按钮，关闭对话框。

图 10-11　载入图片

10.1.4　放置贴花

在"链接"面板上单击"贴花"按钮，向下弹出列表，选择"放置贴花"选项。

进入"修改|贴花"选项卡，在选项栏中设置"宽度""高度"选项值，如图10-12所示。保持"固定宽高比"复选框的勾选状态不变。

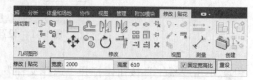

图 10-12　设置参数

> **技巧与提示**
>
> 取消勾选"固定宽高比"复选框，可以单独调整贴花的"宽度"或"高度"。

在模型上单击，放置贴花的效果如图10-13所示。

图 10-13　放置贴花

10.1.5　课堂案例——在建筑模型的表面放置图像

难度：☆☆☆

素材文件：素材/第10章/10.1.5 课堂案例——在建筑模型的表面放置图像-素材.rvt

效果文件：素材/第10章/10.1.5 课堂案例——在建筑模型的表面放置图像.rvt

在线视频：第10章/10.1.5 课堂案例——在建筑模型的表面放置图像.mp4

在弧墙上放置图像，与在垂直墙面上放置图像的操作步骤大体一致。如需调整图像尺寸，可以在选项栏中修改参数，也可以在"属性"选项板中修改，还可以手动调整参数。

1.　创建贴花类型

01 打开"10.1.5 课堂案例——在建筑模型的表面放置图像-素材.rvt"文件。

02 在"链接"面板上单击"贴花"按钮,向下弹出列表,选择"贴花类型"选项激活命令。

03 打开"贴花类型"对话框,单击左下角的"新建贴花"按钮,打开"新贴花"对话框,设置名称,如图10-14所示。

图 10-14 设置名称

04 单击"确定"按钮,打开"选择文件"对话框。选择图片,如图10-15所示。

图 10-15 选择图片

05 单击"打开"按钮,载入图片。在"贴花类型"对话框中显示图片与图片信息,如图10-16所示。

06 单击"确定"按钮,关闭对话框,结束操作。

图 10-16 载入图片

2. 放置贴花

01 在"链接"面板上单击"贴花"按钮,向下弹出列表,选择"放置贴花"选项激活命令。

02 在弧墙上单击,指定基点,放置贴花,如图10-17所示。

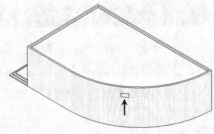

图 10-17 放置贴花

03 选择贴花,显示夹点。激活右下角的夹点,如图10-18所示。

04 激活夹点后,按住鼠标左键不放,向右下角拖动鼠标指针。

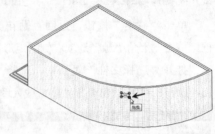

图 10-18 激活夹点

05 在合适的位置松开鼠标左键,调整贴花的大小,如图10-19所示。

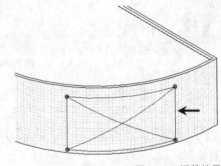

图 10-19 调整结果

06 在"属性"选项板中,修改"宽度""高度"选项值,勾选"固定宽高比",如图10-20所示,可以调整贴花的尺寸。

07 在视图控制栏上单击"视觉样式"按钮,向上弹出列表,选择"真实"选项。

08 在视图中显示贴花的内容,效果如图10-21所示。

图 10-20 "属性"选项板

图 10-21 显示内容

 技巧与提示

只有在"真实"视觉样式下，才可以在视图中显示贴花的内容。

09 选择弧墙上的贴花，按键盘上的方向键，调整贴花在墙上的位置，效果如图 10-22 所示。

图 10-22 调整位置

10.2 导入外部文件

能够导入至项目中的文件包括CAD格式、gbXML、光栅图像及线宽。本节将介绍导入外部文件的方法。

10.2.1 导入光栅图像

在"导入"面板上单击"图像"按钮，如图 10-23 所示，打开"导入图像"对话框。

图 10-23 单击"图像"按钮

在对话框中选择图像，如图 10-24 所示。单击"打开"按钮，将图像导入至项目中。

图 10-24 选择图像

在绘图区域中移动鼠标指针，指定基点。

在合适的位置单击，放置光栅图像，结果如图 10-25 所示。

图 10-25 放置光栅图像

10.2.2 管理光栅图像

管理光栅图像的操作包括添加图像、删除图像以及调整图像的位置与大小。本节将介绍管理光栅图像的操作方法。

1. 在对话框中管理图像

在"导入"面板上单击"管理图像"按钮激活命令，打开"管理图像"对话框。

在列表中选择图像，激活列表下方的按钮。激活按钮，管理光栅图像。

选择图像后，单击"删除"按钮，如图 10-26 所示。

图 10-26 单击"删除"按钮

此时在工作界面弹出提示对话框，提醒用户将要删除的图像正在被引用。单击"确定"按钮，如

图 10-27所示，删除图像。

图 10-27　单击"确定"按钮

技巧与提示

假如所删除的图像没有被引用，则不会弹出提示对话框，系统直接删除文件。

2. 调整图像的位置

选择光栅图像，在图像的周围显示蓝色的轮廓线，在图像内部显示对角线，角点显示蓝色的实心圆点，如图 10-28所示。

图 10-28　选择图像

进入"修改|光栅图像"选项卡。单击"放到最前"按钮，向下弹出列表，选择"前移"选项，如图 10-29所示。

图 10-29　选择"前移"选项

被选中的光栅图像向前移动一个图层，效果如图 10-30所示。此时，前移的图像覆盖了"建筑外观"图像，但是也被"装饰画"图像覆盖。

图 10-30　前移图像

保持图像的选择状态不变，在列表中选择"放

到最前"选项，如图 10-31所示。

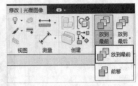

图 10-31　选择"放到最前"选项

此时，图像继续向前移动，覆盖在"装饰画"图像及"建筑外观"图像的前面，效果如图 10-32所示。

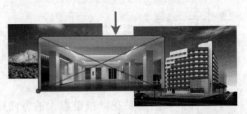

图 10-32　将图像放到最前

选择图像，单击"放到最后"按钮，向下弹出列表，如图 10-33所示。选择选项，可以向后调整图像的位置。

图 10-33　弹出列表

3. 利用"属性"选项板管理图像

在"属性"选项板中，会显示图像的"宽度"参数与"高度"参数，通过修改选项参数，可以调整图像的大小。

勾选"固定宽高比"选项，如图 10-34所示。在修改图像的大小时，保证图像等比缩放，避免图像变形。

4. 手动调整图像大小

选择图像，激活右下角的夹点，如图 10-35所示。

图 10-34　"属性"选项板

图 10-35　激活夹点

按住夹点不放，向右下角拖动鼠标指针，预览图像的尺寸，如图10-36所示。

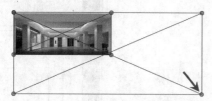

图10-36 拖动鼠标指针

在合适的位置松开鼠标左键，调整图像尺寸的效果如图10-37所示。因为已经在选项栏或"属性"选项板中勾选"固定宽高比"选项，所以在调整后，图像并未变形。

图10-37 调整结果

10.2.3 课堂案例——导入CAD文件辅助建模

难度：☆☆☆

素材文件：素材/第10章/10.2.3 课堂案例——导入CAD文件辅助建模-素材.rvt

效果文件：素材/第10章/10.2.3 课堂案例——导入CAD文件辅助建模.rvt

在线视频：第10章/10.2.3 课堂案例——导入CAD文件辅助建模.mp4

导入CAD文件至项目中，可以在CAD文件的基础上开展制图工作。本节将介绍导入CAD文件的操作方法。

1. 导入CAD文件

⑴ 打开"10.2.3 课堂案例——导入CAD文件辅助建模-素材.rvt"文件。

⑵ 在"导入"面板上单击"导入CAD"按钮。

⑶ 打开"导入CAD格式"对话框，选择文件，在对话框的下部设置导入参数，如图10-38所示。

⑷ 单击"确定"按钮，将选中的CAD文件导入至项目中。

⑸ 在绘图区域中单击，指定基点，放置CAD文件。

图10-38 选择文件

⑹ 选择文件，进入"修改|建筑平面图.dwg"选项卡。单击"分解"按钮，向下弹出列表，选择"完全分解"选项，如图10-39所示。

图10-39 选择"完全分解"选项

⑺ 操作完毕后，在工作界面的右下角弹出"警告"对话框，提醒用户线稍微脱离了轴，如图10-40所示。单击右上角的"关闭"按钮，关闭对话框。

图10-40 "警告"对话框

2. 拾取线创建墙

⑴ 选择"建筑"选项卡，单击"构建"面板上的"墙"按钮激活命令。

技巧与提示

用户可以在已分解的CAD文件上指定基点，绘制墙体。也可以拾取已有的线，在线的基础上创建墙体。

⑵ 进入"修改|放置 墙"选项卡，单击"绘制"面板上的"拾取线"按钮，如图10-41所示。

图 10-41 单击"拾取线"按钮

03 在选项看中设置"定位线"类型为"墙中心线"，设置"偏移"距离为150，如图10-42所示。

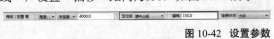

图 10-42 设置参数

技巧与提示

CAD文件上的墙体宽度为300，为了绘制与之宽度相符的Revit墙体，需要设置绘制参数。

将"定位线"设置为"墙中心线"，表示以墙中心为基础，创建一定高度与宽度的墙体。

将"偏移"选项值设置为150，表示在拾取线的基础上，墙体向右移动150，使得所创建的墙体，与CAD文件上已有的墙轮廓线重合。

04 在绘图区域中拾取CAD文件上的外墙线，如图 10-43所示。在外墙线的右侧，显示虚线，此为墙中心线。

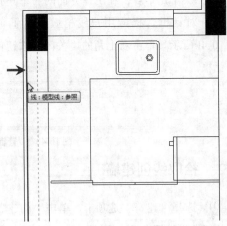

图 10-43 拾取线

05 以拾取的外墙线为基准，创建Revit墙体，效果如图10-44所示。

本例所使用的参数，均是以本例所参考的CAD文件为基站。用户在利用CAD文件创建Revit图元时，需要根据实际的情况，设置绘制参数。

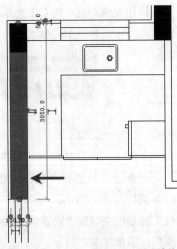

图 10-44 创建墙体

10.3 课后习题

在本节中，提供了两道习题，分别是"导入CAD图纸至项目为文件""参考CAD图纸创建轴网"。请读者参考操作步骤提示练习操作，以便掌握已学的知识。

10.3.1 课后习题——导入CAD图纸至项目文件

难度：☆☆☆

素材文件：无

效果文件：素材/第10章/10.3.1课后习题——导入CAD图纸至项目文件.rvt

在线视频：第10章/10.3.1课后习题——导入CAD图纸至项目文件.mp4

为了参考CAD图纸辅助建模，可以将CAD图纸导入至项目文件。在导入的时候，用户可以在"导入CAD格式"对话框中设置参数，包括颜色、标高等。

操作步骤提示如下。

01 新建项目文件。选择"插入"选项卡，单击"导入"面板上的"导入CAD"按钮。

02 打开"导入CAD格式"对话框。选择"轴网"文件，设置导入参数。

03 单击"打开"按钮，将选中的文件导入至项目中。

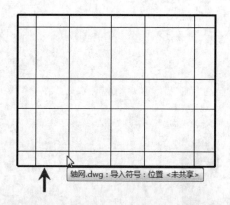

轴网.dwg：导入符号：位置 <未共享>

10.3.2 课后习题——参考CAD图纸创建轴网

难度：☆☆☆

素材文件：素材/第10章/10.3.1 课后习题——导入CAD图纸至项目文件.rvt

效果文件：素材/第10章/10.3.2课后习题——参考CAD图纸 创建轴网.rvt

在线视频：第10章/10.3.2课后习题——参考CAD图纸创建轴网.mp4

利用已经导入进来的CAD图纸，可以轻松地创建轴网。创建完毕后，CAD图纸与Revit轴网重合显示。需要激活"移动"命令，移动CAD图纸至一旁，方便查看Revit轴网。

操作步骤提示如下。

(01) 选择"建筑"选项卡，单击"基准"面板上的"轴网"按钮，进入"修改|放置轴网"选项卡，在"绘制"面板上单击"拾取线"按钮。

(02) 将光标置于CAD图纸之上，拾取轴线，在此基础上创建轴线。重复操作，继续创建轴线。

(03) 选择全部的图元，单击"选择"面板上的"过滤器"按钮。

(04) 打开"过滤器"对话框，选择"轴网.dwg"选项。

(05) 单击"确定"按钮，返回视图。将光标置于CAD图纸之上，按住鼠标左键不放，向一旁移动

鼠标指针，在合适的位置松开鼠标左键。

(06) 移动CAD图纸至一旁后，可以清楚地查看Revit轴网。

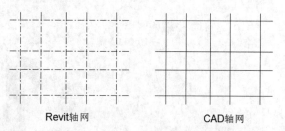

Revit轴网　　　　　　　　　　CAD轴网

(07) 最后为轴网添加轴号，结束创建轴网的操作。

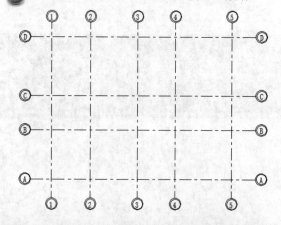

10.4 本章小结

本章介绍了协同外部文件辅助建模设计的方法。用户可以链接Revit模型或CAD图纸至项目文件中，为建模提供参考。

在放置贴花之前，需要先创建贴花类型。若删除项目文件中的贴花类型，已经放置的贴花也会被删除。

如果用户编辑修改CAD文件，那么已经链接到项目中的CAD文件也会同步更新。但是CAD文件在计算机中的存储路径不能改变。

导入CAD文件至项目，即使CAD文件被修改，也不会影响已经导入的CAD文件。

第**11**章

注释

内容摘要

Revit中的注释包括尺寸标注、详图、文字及标记等类型。用户可以沿用默认的注释样式，也可以自定义注释样式。例如，尺寸标注就可以通过修改类型参数，重定义标注的显示样式。

本章将介绍创建各类注释的方法。

课堂学习目标

- 掌握创建各种类型尺寸标注的方法
- 学习创建以及编辑文字注释的方法
- 了解标记图元的方法
- 学会放置与编辑符号的方法

11.1 尺寸标注

尺寸标注包括对齐标注、线性标注及角度标注等类型。本节将介绍创建这些标注的方法。

11.1.1 修改尺寸类型参数的方法

切换至"注释"选项卡，单击"尺寸标注"面板名称。

向下弹出列表，显示标注类型命令，包括"线性尺寸标注类型""角度尺寸标注类型"等，如图11-1所示。

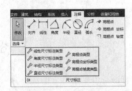

图11-1　向下弹出列表

选择其中一项，例如，选择"线性尺寸标注类型"选项，打开"类型属性"对话框。

在"图形"选项组下，修改各选项值，如图11-2所示，可以定义尺寸标注的引线、尺寸界线等在视图中的显示效果。

在"文字"选项组中，修改选项值，可以定义文字的大小、与尺寸线的距离、字体样式等，如图11-3所示。

在修改参数的过程中，单击右下角的"应用"按钮，可以实时在视图中查看修改结果。

假如图元的显示效果不满意，可以继续修改对话框中的参数，直至满意为止。

图11-2　"图形"选项组

图11-3　"文字"选项组

11.1.2 对齐标注

在为图形创建长度、宽度尺寸时，常常利用"对齐标注"命令进行。"对齐标注"的创建效果与"线性标注"的创建效果相同。但是"对齐标注"命令在操作上更具灵活性，因而使用频率较大。

1. 创建标注

选择"注释"选项卡，单击"尺寸标注"面板上的"对齐"按钮，如图11-4所示。

图11-4　单击"对齐"按钮

技巧与提示

在命令行中输入DI，也可调用"对齐"命令。

进入"修改|放置尺寸标注"选项卡，在选项卡上选择定位方式为"参照墙中心线"，如图11-5所示，这也是默认的定位方式。

图11-5　选择定位方式为"参照墙中心线"

将光标置于墙体之上，高亮显示墙中心线，如图11-6所示。

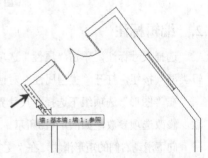

图11-6　拾取墙中心线

移动鼠标指针，拾取门口线为另一尺寸界线，如图11-7所示。

向上移动鼠标指针，指定尺寸线的位置，同时预览标注结果。

图 11-7 拾取门口线

在合适的位置单击，指定尺寸线的位置，创建尺寸标注的效果如图 11-8 所示。

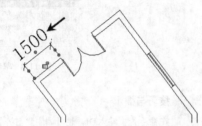

图 11-8 创建标注

此时尚处在命令之中，继续指定尺寸界线的位置，创建尺寸标注的最终效果如图 11-9 所示。

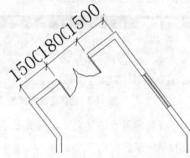

图 11-9 标注图元

2. 编辑标注

选择尺寸标注，单击"属性"选项板中的"编辑类型"按钮，打开"类型属性"对话框。

在"图形"选项组下选择"尺寸界线延伸"选项，修改选项参数，如图 11-10 所示。

向下滑动右侧的矩形滑块，在"文字"选项组下修改"文字大小"选项值，重定义尺寸数字的大小。

修改"文字偏移"选项值，指定尺寸数字与尺寸线的间距，如图 11-11 所示。

图 11-10 设置参数   **图 11-11 修改参数**

单击"确定"按钮，返回视图，修改尺寸界线与文字的显示效果如图 11-12 所示。

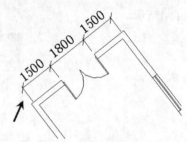

图 11-12 修改标注的显示样式

切换至"管理"选项卡，单击"设置"面板上的"其他设置"按钮，如图 11-13 所示。

向下弹出列表，选择"箭头"选项，如图 11-14 所示，打开"类型属性"对话框。

图 11-13 单击"其他设置"按钮   **图 11-14 选择**
"箭头"选项

在对话框中单击"类型"选项，向下弹出列表，选择"对角线"选项。

将光标定位在"记号尺寸"选项中，重新输入参数，如图 11-15 所示。单击"确定"按钮，返回视图。

查看视图中的尺寸标注，发现尺寸界线已调整至合适的大小，如图 11-16 所示。

在该项目文件中再次创建"对齐标注"，都将以目前的样式显示。假如要修改尺寸标注的显示效果，请参考本节的内容。

图 11-15　设置参数

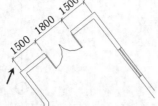

图11-16　修改尺寸界线的大小

11.1.3 线性标注

与"对齐标注"相比，在创建"线性标注"时，常常会出现找不到参照点的情况。此时，需要用户将鼠标指针移动至图元的合适点。新用户会稍感困难，不过只要熟练命令之后，创建"线性标注"也会变得很轻松。

1. 创建标注

在"尺寸标注"面板中单击"线性"按钮激活命令。

进入"修改|放置尺寸标注"选项卡，在"尺寸标注"面板中，"线性"按钮被激活，如图 11-17所示。

图 11-17　进入"修改|放置尺寸标注"选项卡

移动光标，将其置于左下内墙角处，单击选择参照。

向右移动鼠标指针，指定内墙角点，如图 11-18所示，选择另一参照。

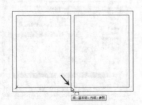

图 11-18　选择另一参照

向上移动鼠标指针，指定尺寸线的位置。

在合适的位置单击，创建线性标注，效果如图 11-19所示。

移动鼠标指针，继续指定参照，创建线性标注的最终效果如图 11-20所示。

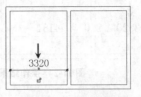

图 11-19　创建线性标注

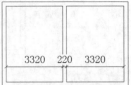

图 11-20　标注结果

技巧与提示

如果标注数字与图元重叠，默认情况下，图元会断开以清晰显示标注数字。

2. 锁定标注

选择尺寸标注，在尺寸线的下方显示"解锁"符号，如图 11-21所示。

单击符号，符号转换显示样式，显示为"锁定"状态，如图 11-22所示。

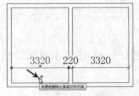

图 11-21　选择符号

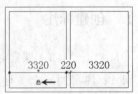

图 11-22　锁定标注

选择左侧的外墙，按住鼠标左键不放，向左拖动鼠标指针，试图调整外墙体的位置，如图 11-23所示。

在移动鼠标指针的过程中，可以预览调整效果。

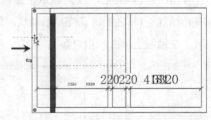

图 11-23　移动墙体

在合适的位置松开鼠标左键，退出操作，查看操作结果，如图 11-24所示。此时可以发现，已经为"锁定"状态的尺寸标注没有发生改变，同时，与标注相对应的墙体间距也没有发生变化。

执行拉伸操作后，被修改的是没有锁定的标注及与之对应的图元。墙宽标注不会因为拉伸操作而受到影响，因为墙宽参数需要在"编辑部件"对话框中设置。

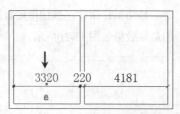

图 11-24　操作结果

11.1.4 课堂案例——为建筑平面图绘制尺寸标注

难度：☆☆☆

素材文件：素材/第11章/11.1.4 课堂案例——为建筑平面图绘制尺寸标注-素材.rvt

效果文件：素材/第11章/11.1.4 课堂案例——为建筑平面图绘制尺寸标注.rvt

在线视频：第11章/11.1.4 课堂案例——为建筑平面图绘制尺寸标注.mp4

　　为建筑平面图创建尺寸标注，可以启用"对齐标注"命令，也可以启用"线性标注"命令。在本节中，将介绍利用"对齐标注"命令标注平面图的方法。

1.　创建标注

01　打开"11.1.4 课堂案例——为建筑平面图绘制尺寸标注-素材.rvt"文件。

02　在"尺寸标注"面板中单击"对齐"按钮激活命令。进入"修改|放置尺寸标注"选项卡，保持默认参数设置即可。

03　滑动鼠标滚轮，放大显示平面图的左下角。将光标置于1轴之上，高亮显示轴线，如图 11-25所示。在轴线上单击，指定参照。

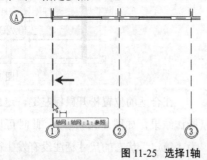

图 11-25　选择1轴

04　向右移动鼠标指针，选择2轴，如图 11-26所示，指定为另一参照。

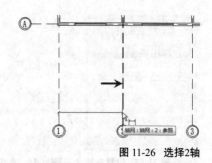

图 11-26　选择2轴

05　向上移动鼠标指针，指定尺寸线的位置，创建尺寸标注的效果如图 11-27所示。

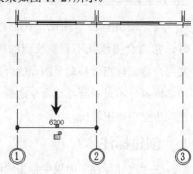

图 11-27　创建标注

2.　修改标注样式

01　选择尺寸标注，单击"属性"选项板中的"编辑类型"按钮，打开"类型属性"对话框。

02　在"文字"选项组中选择"文字大小"选项，修改参数为10，如图 11-28所示。

03　单击"确定"按钮，返回视图，重定义标注数字大小的结果如图 11-29所示。

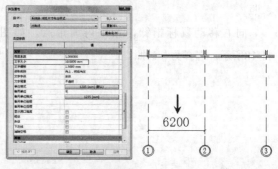

图 11-28　修改参数　　　　图 11-29　修改结果

04　选择"管理"选项卡，在"设置"面板上单击"其他设置"按钮，打开"类型属性"对话框。

05 在"类型"选项中选择"对角线",修改"记号尺寸"选项值为6,如图11-30所示。

06 单击"确定"按钮,返回视图,重定义尺寸界线大小的效果如图11-31所示。

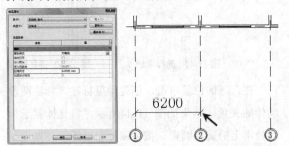

图11-30 修改参数   图11-31 修改尺寸界线的大小

07 重复执行"对齐标注"命令,创建尺寸标注的效果如图11-32所示。

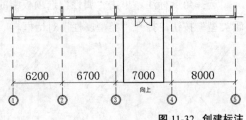

图11-32 创建标注

08 选择轴线,将光标置于轴号上方的蓝色圆圈,如图11-33所示。

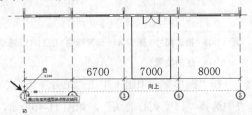

图11-33 定位光标

09 在蓝色圆圈上单击,按住鼠标左键不放,向下拖动鼠标指针,同时预览拖动结果,如图11-34所示。

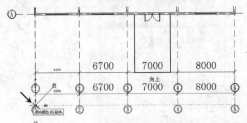

图11-34 向下拖曳鼠标指针

10 在合适的位置松开鼠标左键,调整轴号的位置,使得尺寸标注数字不与坡道重叠,效果如图11-35所示。

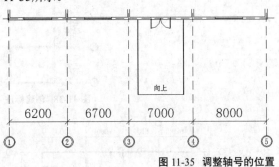

图11-35 调整轴号的位置

3. 连续指定参照创建标注

01 启用"对齐标注"命令,执行A轴为参照,向上移动鼠标指针,指定B轴为另一参照。创建标注,注明A轴与B轴的间距。

02 此时,继续向上移动鼠标指针,指定C轴为另一参照,如图11-36所示。

03 向上移动鼠标指针,指定D轴为参照。

04 向上移动鼠标指针,将光标置于E轴之上,如图11-37所示,选择参照。

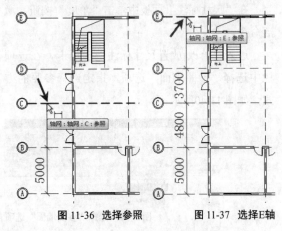

图11-36 选择参照   图11-37 选择E轴

05 在E轴上单击,接着向左移动鼠标指针,指定尺寸线的位置,创建垂直方向上的尺寸标注的效果如图11-38所示。

06 重复上述操作,继续创建尺寸标注,标注平面图的最终效果如图11-39所示。

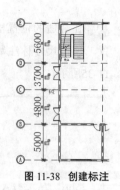

图 11-38　创建标注

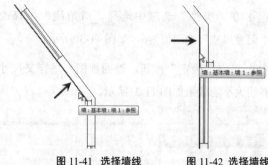

图 11-41　选择墙线　　　图 11-42　选择墙线

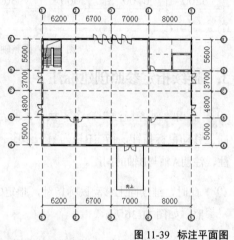

图 11-39　标注平面图

在合适的位置单击，创建角度标注，标注两段墙体的夹角，结果如图 11-44所示。将光标置于标注数字上的蓝色圆点，按住鼠标左键不放，拖曳鼠标指针，调整文字的位置。

在合适的位置松开鼠标左键，移动标注数字的效果如图 11-45所示。

选择角度标注，单击"属性"选项板中的"编辑类型"按钮，打开"类型属性"对话框。

11.1.5　角度标注

在"尺寸标注"面板中单击"角度"按钮，激活命令。

进入"修改|放置尺寸标注"选项卡，在选项栏中选择"参照墙面"选项，指定选择参照的方式，如图 11-40所示。

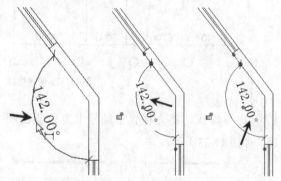

图 11-43　指定尺寸　图 11-44　角度标注　图 11-45　移动数字
　　　　　　　　　　　　　　　　　　　　线的位置

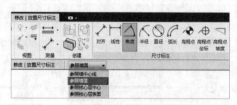

图 11-40　选择"参照墙面"选项

在绘图区域中选择内墙线，如图 11-41所示，指定参照。

移动鼠标指针，执行垂直内墙线，如图 11-42所示，指定另一参照。

向左移动鼠标指针，指定尺寸线的位置，如图 11-43所示。

在"图形"选项组下单击"记号"选项，在列表中选择"15度实心箭头"，如图 11-46所示。

单击"确定"按钮，返回视图，更改尺寸界线样式的效果如图 11-47所示。

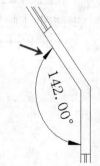

图 11-46　设置参数　图 11-47　更改尺寸界线样式

11.1.6 半径标注

在"尺寸标注"面板上单击"半径"按钮,激活命令。

进入"修改|放置尺寸标注"选项卡,在选项栏中选择"参照墙中心线",如图11-48所示,指定选择参照的方式。

图11-51 设置参数

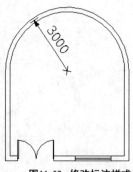

图11-52 修改标注样式

图11-48 选择"参照墙中心线"选项

将光标置于弧墙之上,高亮显示墙中心线,如图11-49所示。

指定弧墙为参照后,可以预览半径标注的效果。

在合适的位置单击,执行尺寸线的位置,绘制半径标注的效果如图11-50所示。

11.1.7 直径标注

在"尺寸标注"面板中单击"直径"按钮,激活命令。进入"修改|放置尺寸标注"选项卡,保持参数设置的默认值即可。

在视图中依次指定需要标注直径的弧墙,操作效果如图11-53所示。

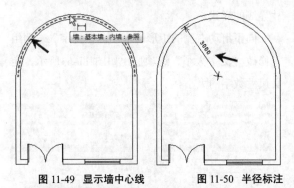

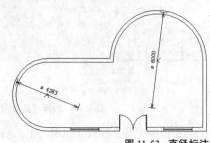

图11-53 直径标注

图11-49 显示墙中心线 **图11-50 半径标注**

选择半径标注,单击"属性"选项板中的"编辑类型"按钮,打开"类型属性"对话框。

在"记号"选项中选择"30度实心箭头",指定尺寸界线的样式。

修改"文字大小"选项值为5,如图11-51所示,指定标注数字的大小。

单击"确定"按钮,返回视图,查看修改结果,如图11-52所示。

选择直径标注,单击"属性"选项板中的"编辑类型"按钮,打开"类型属性"对话框。

选择"记号"为"30度实心箭头",设置"文字大小"为6,如图11-54所示。

图11-54 设置参数

单击"确定"按钮,返回视图,查看修改样式参数的效果,如图11-55所示。默认情况下,系统为直径标注添加前缀符号。

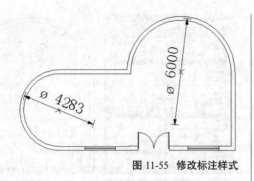

图 11-55　修改标注样式

11.1.8　弧长标注

在"尺寸标注"面板上单击"弧长"按钮，激活命令。

进入"修改|放置尺寸标注"选项卡，在选项栏中选择"参照墙中心线"选项，如图 11-56所示，指定选择参照的方式。

图 11-56　选择"参照墙中心线"选项

在视图中将光标置于弧墙之上，高亮显示墙中心线，如图 11-57所示。

单击选择弧墙，移动鼠标指针，选择左侧的墙体，如图 11-58所示，指定为与弧墙相交的参照。

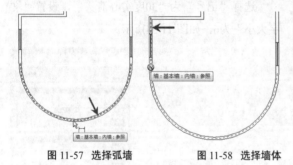

图 11-57　选择弧墙　　　　图 11-58　选择墙体

向右移动鼠标指针，单击右侧的墙体，如图 11-59所示，指定为与弧墙相交的另一参照。

向下移动鼠标指针指定尺寸线的位置，同时预览弧长标注的效果，如图 11-60所示。

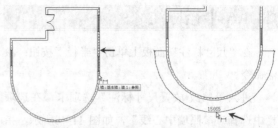

图 11-59　选择墙体　　　　图11-60　指定标注位置

在合适的位置单击，指定标注的位置，创建弧长标注的效果如图 11-61所示。

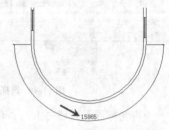

图 11-61　弧长标注

选择弧长标注，单击"属性"选项板上的"编辑类型"按钮，打开"类型属性"对话框。

在"记号"选项中单击，向下弹出列表，选择"30度实心箭头"选项，如图 11-62所示，指定尺寸界线的样式。

向下滑动右侧的矩形滑块，在"文字"选项组下修改"文字大小"选项值，如图 11-63所示，定义尺寸数字的大小。

图 11-62　选择"30度实心　　　图 11-63　设置参数
箭头"选项

单击"确定"按钮，返回视图，查看重定义标注样式的结果，如图 11-64所示。

选择"管理"选项卡，在"设置"面板中单击"其他设置"按钮，向下弹出列表，选择"箭头"选项。

打开"类型属性"对话框，在"类型"选项中选择"30度实心箭头"。在"记号尺寸"选项中修改参数，如图11-65所示，重定义箭头的大小。

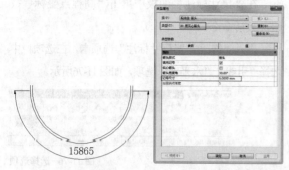

图 11-64 更改标注样式　　图 11-65 设置参数

单击"确定"按钮，返回视图，查看修改尺寸界线大小的结果，如图11-66所示。

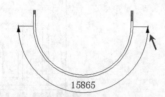

图 11-66 修改箭头大小的效果

11.1.9 高程点标注

在"尺寸标注"面板上单击"高程点"按钮，如图11-67所示。

进入"修改|放置尺寸标注"选项卡，在选项栏中选择"引线""水平段"选项，激活命令。

在立面视图中指定起点，如图11-68所示。此时，可以预览标注数字。

向右上角移动光标，指定引线的方向。

图 11-67 单击"高程点"按钮　　图 11-68 指定起点

单击指定引线的终点，向右移动鼠标指针，绘制水平段，如图11-69所示。

创建高程点标注，注明指定点的高度，效果如图11-70所示。

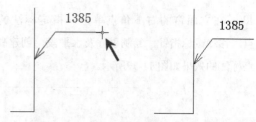

图 11-69 绘制水平段　　图 11-70 创建高程点标注

11.1.10 课堂案例——为建筑立面图创建高程点标注

难度：☆☆☆

素材文件：素材/第11章/11.1.10 课堂案例——为建筑立面图创建高程点标注-素材.rvt

效果文件：素材/第11章/11.1.10 课堂案例——为建筑立面图创建高程点标注.rvt

在线视频：第11章/11.1.10 课堂案例——为建筑立面图创建高程点标注.mp4

在平面视图中，无法标注图元在垂直方向上的位置。所以在创建高程点标注之前，需要先切换至立面视图。

1. 创建标注

① 打开"11.1.10 课堂案例——为建筑立面图创建高程点标注-素材.rvt"文件。

② 在项目浏览器中，单击展开"立面（立面1）"列表，选择"立面A"视图。

③ 双击视图名称，切换至立面视图，如图 11-71所示。

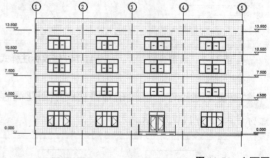

图 11-71 立面图

④ 滑动鼠标滚轮，放大显示视图的右下角。单击"尺寸标注"面板上的"高程点"按钮，启用命令。

05 在立面窗的右下角点单击，指定标注的起点。移动鼠标指针，绘制引线及水平段，创建高程点标注的效果如图11-72所示。

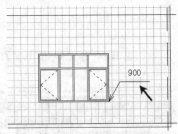

图 11-72 创建高程点标注

2. 编辑标注

01 选择高程点标注，单击"属性"选项板中的"编辑类型"按钮，打开"类型属性"对话框。

02 在"图形"选项组下单击"引线箭头"选项，在列表中选择"30度实心箭头"；在"文字"选项组中，设置"文字大小"为3，修改"文字距引线的偏移量"为0.3，如图11-73所示。

03 单击"确定"按钮，返回视图，查看修改结果，如图11-74所示。

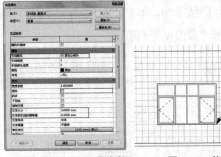

图 11-73 设置参数　　**图 11-74 修改标注样式**

04 重复上述操作，继续在立面视图中创建高程点标注，如图11-75所示。

图 11-75 标注立面图

11.1.11 高程点坐标标注

在"尺寸标注"面板中单击"高程点坐标"按钮，激活命令。

进入"修改|放置尺寸标注"选项卡，在选项栏中选择"引线""水平段"选项，如图11-76所示。

图 11-76 选择选项

单击立面墙的左下角点，指定标注起点，如图11-77所示。此时，可以预览坐标标注的效果。

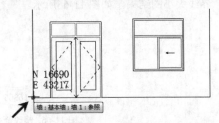

图 11-77 指定起点

向左下角移动鼠标，指定引线的方向。

在合适的位置单击，指定引线的终点，绘制引线。接着向左移动鼠标，绘制水平段，如图 11-78所示。

在合适的位置单击，指定水平段的终点，创建坐标标注的效果如图11-79所示。

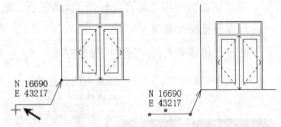

图 11-78 绘制水平段　　**图 11-79 创建坐标标注**

选择坐标标注，单击"属性"选项板中的"编辑类型"按钮，打开"类型属性"对话框。

在"引线箭头"选项中选择"15度实心箭头"，指定箭头样式。

在"文字"选项组下修改"文字大小""文字距引线的偏移量"选项值，如图11-80所示。

单击"确定"按钮，返回视图，查看修改坐标标注样式的效果,如图11-81所示。

图11-80　设置参数

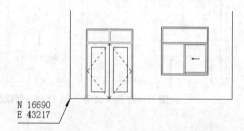

N 16690
E 43217

图11-81　修改标注样式

11.1.12 高程点坡度标注

在"尺寸标注"面板中单击"高程点坡度"按钮,激活命令。

进入"修改|放置尺寸标注"选项卡,系统定义的默认参数如图11-82所示。保持默认值即可。

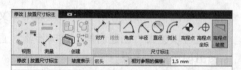

图11-82　显示默认参数设置

在三维视图中,将光标置于坡道之上,高亮显示坡道轮廓线,同时预览坡度标注的效果,如图11-83所示。

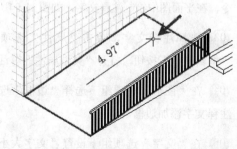

图11-83　拾取坡道

在合适的位置单击,创建高程点坡度标注,效果如图11-84所示。

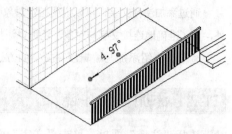

图11 84　创建坡道标注

选择"管理"选项卡,单击"设置"面板上的"其他设置"按钮,向下弹出列表,选择"箭头"选项。

打开"类型属性"对话框。在"类型"选项中选择"15度实心箭头",修改"记号尺寸"选项值,如图11-85所示。

选择坡度标注,单击"属性"选项板中的"编辑类型"按钮,打开"类型属性"对话框。

在"图形"选项组下,设置"坡度方向"与"引线长度"选项值。

在"文字"选项组中,修改"文字大小"与"文字距引线的偏移量"选项值,如图11-86所示。

图11-85　设置箭头的参数　图11-86　设置坡度标注的参数

单击"确定"按钮,返回视图,查看修改标注样式的效果,如图11-87所示。

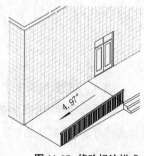

图11-87　修改标注样式

11.2 文字

通过添加注释文字，可以说明指定对象含义。此外，为了准确地连接文字与对象，还可以添加引线。

本节将介绍添加与编辑注释文字的方法。

11.2.1 添加文字注释

选择"注释"面板，单击"文字"面板上的"文字"按钮，如图11-88所示。

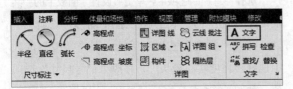

图11-88 单击"文字"按钮

 技巧与提示

在命令行中输入TX，也可调用"文字"命令。

进入"修改|放置文字"选项卡，默认的参数设置如图11-89所示。可以先保持参数设置不变，接着在视图中创建注释文字。

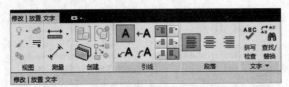

图11-89 进入选项卡

在视图中移动鼠标指针，指定注释文字的位置。单击进入在位编辑模式。在指定的位置显示矩形框，同时在框内闪烁光标，如图11-90所示。

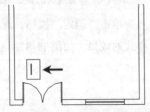

图11-90 进入在位编辑模式

进入"放置 编辑文字"选项卡，如图11-91所示。激活选项卡中的命令按钮，可以设置文字的显示样式。可以先在默认的参数设置下创建注释文字。

图11-91 进入"放置 编辑文字"选项卡

切换至中文输入法，在矩形框内输入注释文字，如图11-92所示。

在空白区域单击，退出命令，创建注释文字的效果如图11-93所示。

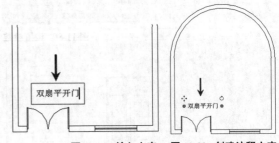

图11-92 输入文字　图11-93 创建注释文字

11.2.2 课堂案例——为平面图添加注释文字

难度：☆☆☆

素材文件：素材/第11章/11.2.2 课堂案例——为平面图添加注释文字-素材.rvt

效果文件：素材/第11章/11.2.2 课堂案例——为平面图添加注释文字.rvt

在线视频：第11章/11.2.2 课堂案例——为平面图添加注释文字.mp4

通过执行"创建房间""标记房间"操作，可以在平面图中添加注释文字。但是调用"文字"命令，就可以免去"创建房间"这一步骤，直接在平面图中创建注释文字。

01 打开"11.3.2 课堂案例——为平面图添加注释文字-素材.rvt"文件。

02 单击"文字"面板上的"文字"按钮，启用命令，在平面图中绘制注释文字，如图11-94所示。

03 选择注释文字，单击"属性"选项板中的"编辑类型"按钮，打开"类型属性"对话框。

04 在"图形"选项组下选择"边框"选项，为注释文字添加边框。

05 在"文字"选项组下设置"文字大小"选项

值，同时选择"粗体"选项，如图 11-95 所示。

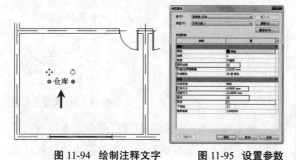

图 11-94 绘制注释文字　　图 11-95 设置参数

06 单击"确定"按钮，关闭对话框。编辑文字样式的效果如图 11-96 所示。

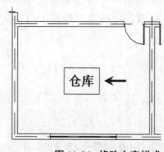

图 11-96 修改文字样式

07 重复执行"文字"命令，继续在平面图中创建注释文字，效果如图 11-97 所示。

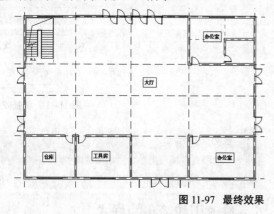

图 11-97 最终效果

11.2.3 编辑文字注释

执行编辑操作，可重定义文字注释的显示样式，包括文字的位置、角度以及排列方式等。

1. 调整文字的位置

选择注释文字，显示控制符号，如图 11-98 所示。激活左上角的"移动"符号，调整文字的位置。激活右上角的"旋转"符号，调整文字的方向。激活"拖曳"夹点，调整文字的排列方式。

将光标置于左上角的"移动"符号之上，按住鼠标左键不放，拖动鼠标指针，预览移动文字的效果，如图 11-99 所示。

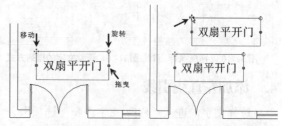

图 11-98 显示符号　　图 11-99 拖动鼠标指针

在合适的位置松开鼠标左键，调整注释文字的位置的效果如图 11-100 所示。

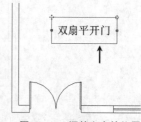

图 11-100 调整文字的位置

2. 旋转文字

将光标置于右上角的"旋转"符号之上，按住鼠标左键不放，拖动鼠标指针，旋转文字。同时预览旋转效果，如图 11-101 所示。

在合适的位置松开鼠标左键，旋转文字的效果如图 11-102 所示。

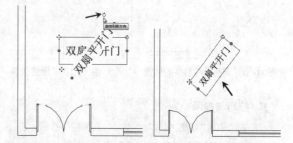

图 11-101 预览旋转效果　　图 11-102 旋转注释文字

3. 调整文字的排列方式

将光标置于注释文字右侧的蓝色圆点之上，按住鼠标左键不放，拖动鼠标指针，预览调整文字排列方式的效果，如图 11-103 所示。

在合适的位置松开鼠标左键，更改文字的排列效果，如图11-104所示。

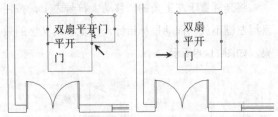

图11-103 拖曳鼠标指针　　图11-104 调整文字的排列方式

4. 添加左直线引线

选择文字，进入"修改|文字注释"选项卡。在"引线"面板上单击"添加左直引线"按钮，在注释文字的左侧添加引线，效果如图11-105所示。

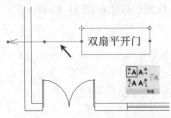

图11-105 添加引线

将光标置于引线箭头处的蓝色圆点之上，按住鼠标左键不放，拖动鼠标指针，调整箭头的位置，如图11-106所示。

在空白区域单击，退出编辑模式，结果如图11-107所示。

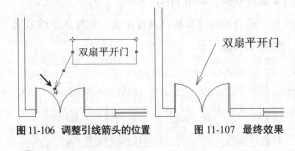

图11-106 调整引线箭头的位置　　图11-107 最终效果

技巧与提示

在"引线"面板中单击"添加右直引线"按钮，可以在文字的右侧添加引线。

5. 添加左弧线引线

选择注释文字，在"引线"面板中单击"添加左弧引线"按钮，在注释文字的左侧添加弧引线，效果如图11-108所示。

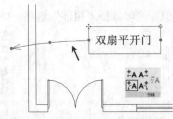

图11-108 添加弧引线

将光标置于引线箭头的蓝色圆点之上，按住鼠标左键不放，拖曳鼠标指针，调整箭头的位置，效果如图11-109所示。

将光标置于弧线中点上的蓝色圆点之上，按住鼠标左键不放，拖曳鼠标指针，调整弧线的弧度，预览调整效果，如图11-110所示。

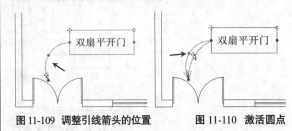

图11-109 调整引线箭头的位置　　图11-110 激活圆点

在合适的位置松开鼠标左键，调整效果如图11-111所示。

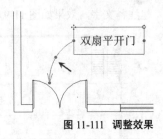

图11-111 调整效果

技巧与提示

在"引线"面板上单击"添加右弧引线"按钮，可在注释文字的右侧添加引线。

6. 修改引线箭头的样式

选择注释文字，单击"属性"选项板中的"编辑类型"按钮，打开"类型属性"对话框。

在"图形"选项中单击"引线箭头"选项，向下弹出列表，选择选项，更改引线箭头的样式。例如，选择"实心圆点"选项，如图11-112所示。

单击"确定"按钮，返回视图，查看修改引线箭头样式的效果，如图11-113所示。

图11-112 选择引线箭头

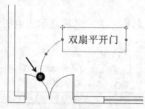

图11-113 修改箭头样式

因为实心圆点过大，影响注释效果，所以要修改圆点的尺寸。选择"管理"选项卡，单击"设置"面板上的"其他设置"按钮，向下弹出列表。

在列表中选择"箭头"选项，如图11-114所示，打开"类型属性"对话框。

在"类型"选项中选择"实心圆点"选项，修改"记号尺寸"选项值，如图11-115所示。

图11-114 选择"箭头"选项

图11-115 修改参数

单击"确定"按钮，返回视图，查看修改结果，如图11-116所示。

7. 利用面板工具更改文字样式

在注释文字上单击，进入编辑模式。选择所有的注释文字，显示蓝色的背景，如图11-117所示。

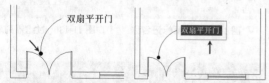

图11-116 修改箭头大小   图11-117 选择文字

在选项卡中的"字体"面板上单击"粗体""斜体""下划线"按钮，如图11-118所示。

图11-118 单击"粗体""斜体""下划线"按钮

在编辑模式中预览修改结果，如图11-119所示。

在空白区域单击，退出编辑模式，修改文字样式的效果如图11-120所示。

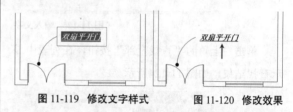

图11-119 修改文字样式   图11-120 修改效果

11.2.4 拼写/检查文字注释

选择注释文字，进入"修改|文字注释"选项卡，单击"文字"面板上的"拼写检查"按钮，如图11-121所示。

系统执行"拼写检查"操作，接着弹出提示对话框。单击"关闭"按钮，关闭对话框，结束操作。

图11-121 单击"拼写检查"按钮

11.2.5 查找/替换文字注释

选择注释文字，进入"修改|文字注释"选项卡，单击"文字"面板上的"查找/替换"按钮，如图11-122所示。

图11-122 单击"查找/替换"按钮

打开"查找/替换"对话框，在"查找"选项与"替换为"选项中输入文字，如图11-123所示。

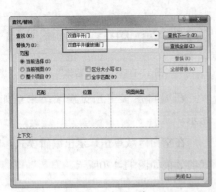

图 11-123　输入文字

单击右上角的"查找全部"按钮，在列表中显示查找结果，如图 11-124 所示。

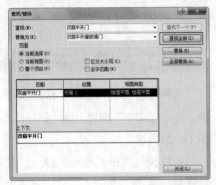

图 11-124　查找结果

单击"全部替换"按钮，操作完毕后，弹出"全部替换"对话框，提醒用户已完成替换操作。

单击"关闭"按钮，在视图中查看替换效果，如图 11-125 所示。

激活注释文字右侧的蓝色圆点，按住鼠标左键不放，拖动鼠标指针，调整文字的排列方式，效果如图 11-126 所示。

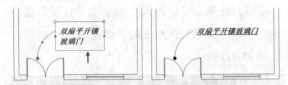

图 11-125　替换结果　图 11-126　调整文字的排列方式

11.3 标记

为图元添加标记，可以注明图元的名称、编号乃至材质类型。本节将介绍创建与编辑标记的方法。

11.3.1 查看载入标记或符号

选择"注释"选项卡，将光标置于"标记"面板名称之上，名称显示蓝色的背景，如图 11-127 所示。

图 11-127　放置光标于名称上

单击面板名称，向下弹出列表，单击"载入的标记和符号"按钮，如图 11-128 所示。

图 11-128　单击"载入的标记和符号"按钮

打开"载入的标记和符号"对话框，在列表中显示已载入项目的各类标记。

例如，在"房间"表行中，在"载入的标记"单元格内显示标记名称，如图 11-129 所示，表示项目中包含该标记。

单击"过滤器列表"选项，向下弹出列表。选择选项，例如，勾选"建筑"复选框，如图 11-130 所示，就可以仅在列表中选择"建筑"类型的标记。其他类型的标记，如"结构""电气"等标记将被隐藏。

图 11-129　显示标记名称　　图 11-130　过滤器列表

11.3.2 按类别标记

在"标记"面板上单击"按类别标记"按钮，如图 11-131 所示。

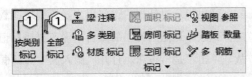

图 11-131　单击"按类别标记"按钮

进入"修改|标记"选项卡，在选项栏中选择"引线"选项，设置引线类型为"附着端点"，保持引线长度不变，如图 11-132所示。

图 11-132　设置参数

将光标置于待标注的图元之上，预览创建标记的效果。

单击创建标记，注明双扇门的编号，如图 11-133所示。

此时尚处在命令中，移动光标，置于另一图元之上，如窗图元，可预览创建编辑的效果。

单击创建标记，注明窗编号，效果如图 11-134所示。

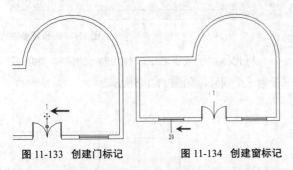

图 11-133　创建门标记　　　　图 11-134　创建窗标记

11.3.3　全部标记

在"标记"面板上单击"全部标记"按钮，如图 11-135所示。

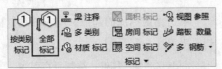

图 11-135　单击"全部标记"按钮

打开"标记所有未标记的对象"对话框。在"类别"列表中选择选项，指定将要创建的标记，如图 11-136所示。

图 11-136　指定要创建的标记

单击"确定"按钮，返回视图，创建标记的效果如图 11-137所示。

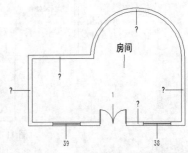

图 11-137　创建标记

查看标注结果，发现墙体标记的内容显示为一个间号。这是因为墙体的"类型标记"参数尚未设置的缘故。

单击选择外墙体，如图 11-138所示。

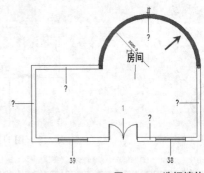

图 11-138　选择墙体

在"属性"选项板中单击"编辑类型"按钮，打开"类型属性"对话框。

在对话框中，将光标定位至"类型标记"选项，输入参数，如图 11-139所示。

单击"确定"按钮，返回视图，墙标记内容更新显示，效果如图 11-140所示。

图 11-139 输入文字

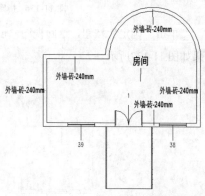

图 11-140 更新标记内容

因为外墙体的材质是统一的，所以没有必要为每一段墙体都创建标记。

选择多余的墙标记，按下键盘上的Delete键，删除标记，结果如图11-141所示。

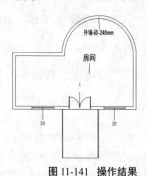

图 11-141 操作结果

11.3.4 标记图元材质

在"标记"面板上单击"材质标记"按钮，如图11-142所示。

图 11-142 单击"材质标记"按钮

弹出提示对话框，询问用户是否要现在载入材质标记族。这是因为当前项目中没有材质标记的缘故，单击"是"按钮，打开"载入族"对话框。

在对话框中选择标记，如图11-143所示，单击"打开"按钮，载入标记。

图 11-143 选择文件

1. 标记材质

进入"修改|标记材质"选项卡，在选项栏上设置参数，如图11-144所示。

图 11-144 设置参数

将光标置于坡道之上，预览标记内容，此时显示为一个问号，如图11-145所示。

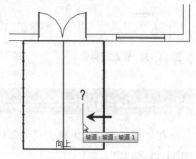

图 11-145 指定起点

单击指定标注的起点。向右移动鼠标指针，绘制水平引线。

向上移动鼠标指针，绘制垂直引线。

在合适的位置单击，绘制材质标记，效果如图11-146所示。

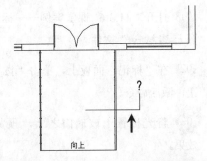

图 11-146 绘制材质标记

2. 设置材质参数

为坡道创建的材质标记，内容显示为问号。这是因为坡道材质的参数设置中缺少材质说明文字，需要用户进行添加。

选择坡道，如图 11-147 所示。

单击"属性"选项板中的"编辑类型"按钮，打开"类型属性"对话框。

在对话框中将光标定位在"坡道材质"选项中，单击右侧的矩形按钮，如图 11-148 所示。

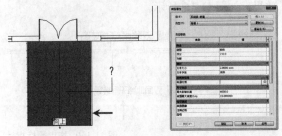

图 11-147 选择坡道　图 11-148 单击矩形按钮

打开"材质浏览器"对话框。在材质列表中选择"混凝土"材质，在右侧的界面中选择"标识"选项卡。将光标定位在"说明"选项中，输入材质说明文字，如图 11-149 所示。

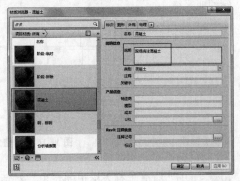

图 11-149 输入文字

执行完毕上述操作，返回视图。此时材质标记的内容已更新显示，如图 11-150 所示。

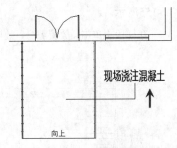

图 11-150 更新标记内容

11.3.5 标记楼梯踏板/踢面数量

在"标记"面板上单击"踏板数量"按钮，如图 11-151 所示。

图 11-151 单击"踏板数量"按钮

进入"修改|楼梯踏板/踢面数"选项卡，在选项栏中设置"起始编号"，如图 11-152 所示。

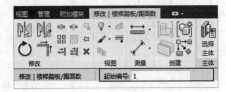

图 11-152 设置参数

将光标置于梯段之上，高亮显示轮廓线，如图 11-153 所示。

在轮廓线上单击，标注踢面数量，结果如图 11-154 所示。

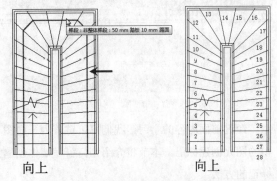

图 11-153 高亮显示轮廓线　图 11-154 放置编号

切换至立面视图，启用"踏板数量"命令，将光标置于立面梯段之上，高亮显示轮廓线，如图11-155所示。

在梯段上单击，放置编号，效果如图11-156所示。

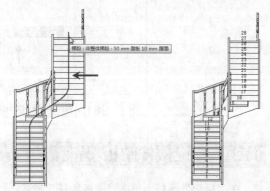

图 11-155 高亮显示轮廓线 图 11-156 放置编号

选择编号，在"属性"选项板中显示默认值。将光标定位至选项，输入新参数，如图11-157所示。

在立面视图中查看修改参数的效果，如图11-158所示。用户可以重复地在"属性"选项板中修改参数，直至编号的显示效果令人满意为止。

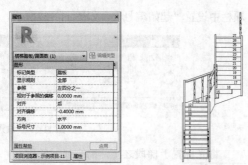

图 11-157 设置参数 图 11-158 更新显示编号

11.3.6 课堂案例——标记平面图上的图元

难度：☆☆☆

素材文件：素材/第11章/11.3.6 课堂案例——标记平面图上的图元-素材.rvt

效果文件：素材/第11章/11.3.6 课堂案例——标记平面图上的图元.rvt

在线视频：第11章/11.3.6 课堂案例——标记平面图上的图元.mp4

经过前面内容的学习，我们可以试着为平面图中的图元创建标记。本节将介绍为门窗、墙体创建标记的方法。

① 打开"11.3.6 课堂案例——标记平面图上的图元-素材.rvt"文件。

② 在"标记"面板上，单击"按类别标记"按钮，激活命令。

③ 将光标置于玻璃门之上，预览创建标记的效果。

④ 在合适的位置单击，创建标记的效果如图11-159所示。

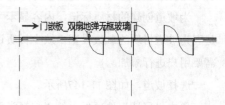

图 11-159 创建标记

⑤ 选择标记，激活"拖曳"符号，按住鼠标左键不放，向下拖曳鼠标指针，预览调整标记位置的效果，如图11-160所示。

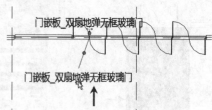

图 11-160 拖曳鼠标指针

⑥ 在合适的位置松开鼠标左键，调整标记位置的最终效果如图11-161所示。

⑦ 在"标记"面板上单击"全部标记"按钮，激活命令。

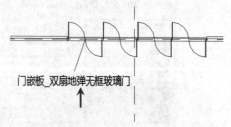

图 11-161 调整文字位置

⑧ 打开"标记所有未标记的对象"对话框，选

择将要创建的标记。同时勾选列表左下角的"引线"选项，默认"引线长度"值不变，如图 11-162 所示，为标记添加引线。

图 11-162 设置参数

⑨ 单击"确定"按钮，关闭对话框，为图元添加标记的效果如图 11-163所示。

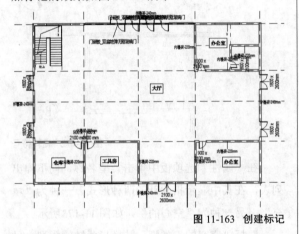

图 11-163 创建标记

⑩ 删除多余的标记，调整标记的位置，最终效果如图 11-164所示。

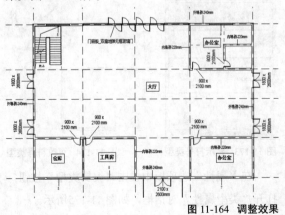

图 11-164 调整效果

11.4 符号

调入符号族，可以在视图中放置二维注释符号，如指北针、排水符号、标高符号等。本节将介绍载入族及放置符号的方法。

11.4.1 载入符号族

选择"注释"选项卡，单击"符号"面板上的"符号"按钮，如图 11-165所示。

随即弹出提示对话框，提醒用户是否要现在载入注释族。单击"是"按钮，打开"载入族"对话框。

如果已经事先载入了常规注释族，在启用"符号"命令的时候，就不会弹出提示对话框。

图 11-165 单击"符号"按钮

在对话框中选择文件，如图 11-166所示。单击"打开"按钮，将文件载入至项目中。

切换至"插入"选项卡，单击"从库中载入"面板中的"载入族"按钮，也可以将指定的族文件载入至项目中。

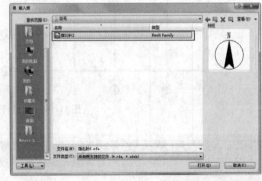

图 11-166 选择文件

11.4.2 放置符号

载入符号至项目中之后，进入"修改|放置符号"选项卡，保持选项栏默认参数不变，如图 11-167所示。

因为即将放置的是指北针符号，所以不需要添加引线，也不需要旋转符号。

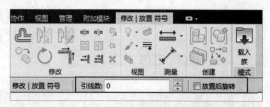

图 11-167　保持参数默认值

此时，移动光标，指定放置符号的位置，同时预览放置效果，如图 11-168所示。

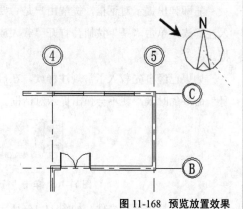

图 11-168　预览放置效果

在合适的位置单击，即可放置指北针符号，效果如图 11-169所示。

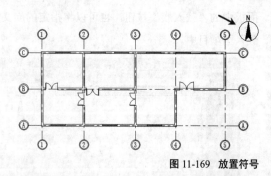

图 11-169　放置符号

11.4.3　编辑符号

选择符号，进入"修改|常规注释"选项卡，单击"引线"面板上的"添加引线"按钮，可以为符号添加引线，如图 11-170所示。

接入符号上已有引线，则"删除"按钮被激活。单击按钮，删除符号上的引线。

在"属性"选项板中，修改"角度"选项值，

如图 11-171所示，重定义符号的角度。

图 11-170　单击"添加引线"按钮　　图11-171　设置参数

同时在视图中查看修改结果，此时指北针按照设定的角度旋转，如图 11-172所示。

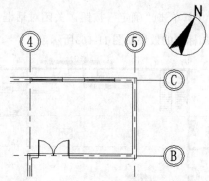

图 11-172　旋转符号

在"属性"选项板中单击类型名称，向下弹出列表，在其中显示指北针的两种形式，一种为"填充"，另一种为"空心的"，如图 11-173所示。

选择"空心的"类型，转换指北针的类型，显示效果如图 11-174所示。

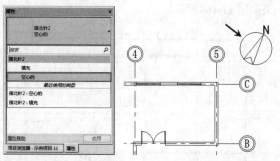

图 11-173　显示符号类型　　图 11-174　更改符号类型

在"属性"选项板中单击"编辑类型"按钮，打开"类型属性"对话框，如图 11-175所示。

单击"引线箭头"选项，向下弹出列表，选择选项，可以为符号添加某种类型的箭头。

修改"文字"选项值,可以重定义符号中的文字。

取消勾选"填充区域"选项,可以隐藏符号内部的填充图案,使得符号显示为"空心的"样式。

单击"类型"选项,向下弹出列表,显示符号的类型,如图 11-176所示。选择选项,单击"确定"按钮,返回视图查看设置效果。

图 11-175 "类型属性"
对话框

图 11-176 类型列表

11.5 课后习题

在本节中,提供了四道习题,包括"标注门窗尺寸""替换已有的注释文字"等。请读者参考操作步骤练习。

11.5.1 课后习题——标注门窗尺寸

难度:☆☆☆

素材文件:素材/第11章/11.5.1 课后习题——标注门窗尺寸-素材.rvt

效果文件:素材/第11章/11.5.1 课后习题——标注门窗尺寸.rvt

在线视频:第11章/11.5.1 课后习题——标注门窗尺寸.mp4

为了标示平面图上的门窗信息,可以为其添加尺寸标注。激活"对齐标注"命令,依次指定参照点,即可创建门窗尺寸。

操作步骤提示如下。

01 选择"注释"选项卡,单击"尺寸标注"面板上的"对齐"按钮。

02 在视图中指定参照点,标注窗尺寸。

03 移动鼠标指针,继续指定参照点,结束标注操作。

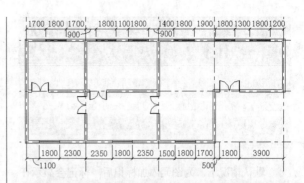

11.5.2 课后习题 替换已有的注释文字

难度:☆☆☆

素材文件:素材/第11章/11.5.2 课后习题——替换已有的注释文字-素材.rvt

效果文件:素材/第11章/11.5.2 课后习题——替换已有的注释文字.rvt

在线视频:第11章/11.5.2 课后习题——替换已有的注释文字.mp4

激活"查找/替换"命令,可以批量查找、替换视图中的注释文字。用户可以定义查找范围,包括在"当前视图""整个项目"等。

操作步骤提示如下。

01 首先切换至立面视图,在视图中执行替换注释文字的操作。

02 选择"注释"选项卡,单击"文字"面板上的"查找/替换"按钮。

03 打开"查找/替换"对话框。在"查找"与"替换为"选项中输入参数。

04 单击右上角的"查找全部"按钮,在列表中显示查找结果。

05 单击"全部替换"按钮,打开"全部替换"对话框。关闭对话框,查看替换效果。

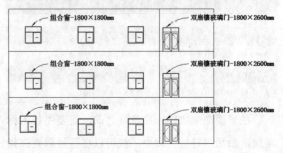

11.5.3 课后习题——为标记添加引线

难度：☆☆☆

素材文件：素材/第11章/11.5.3 课后习题——为标记添加引线-素材.rvt

效果文件：素材/第11章/11.5.3 课后习题——为标记添加引线.rvt

在线视频：第11章/11.5.3 课后习题——为标记添加引线.mp4

默认情况下，为图元添加标记后，标记会显示在图元的一侧。当视图中图元的种类很多时，为标记添加引线，明确地与被标记图元连接就显得很有必要。这可以防止因为画面上图元众多而发生认知混乱。

操作步骤提示如下。

01 在视图中选择要添加引线的标记，在"属性"选项板中选择"引线"选项。

02 为选中的标记添加水平引线。

03 选择标记，单击"属性"选项板中的"编辑类型"按钮，打开"类型属性"对话框。

04 单击"引线箭头"对话框，在列表中选择"15度实心箭头"选项。单击"确定"按钮，为引线添加箭头。

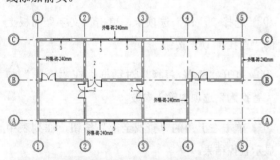

11.5.4 课后习题——放置多重标高符号

难度：☆☆☆

素材文件：素材/第11章/11.5.4 课后习题——放置多重标高符号-素材.rvt

效果文件：素材/第11章/11.5.4 课后习题——放置多重标高符号.rvt

在线视频：第11章/11.5.4 课后习题——放置多重标高符号.mp4

在平面图中放置标高符号之前，需要先载入标高族。激活"符号"命令，就可以将符号放置在指定的位置。

操作步骤提示如下。

01 选择"插入"选项卡，单击"从库中载入"面板中的"载入族"按钮。

02 打开"符号"对话框，选择族文件。单击"打开"按钮，将文件载入项目中。

03 选择"注释"选项卡，单击"符号"面板上的"符号"按钮。

04 在"属性"选项板中单击类型名称，向下弹出列表，选择"标高_多重标高"选项。

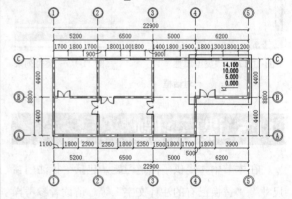

05 移动光标，在平面图中指定插入基点。在合适的位置单击，放置标高符号。

06 选择符号，在"属性"选项板中输入标高值。

07 返回视图，查看设置标高值的效果。

11.6 本章小结

本章介绍了绘制各类注释的方法，包括尺寸标注、文字、标记、符号。

绘制尺寸标注与注释文字，不要用户载入外部族。利用系统命令，就可以创建并编辑图元。

在添加标记与符号之前，必须载入外部族。如果想要在视图中放置多种类型的标记与符号，那么，就需要载入各种族文件。

载入至项目中的族文件，有时候效果不尽人意。这时，可以进入族编辑器编辑族文件。与族相关的知识，将会在后续章节中介绍。

第12章

体量和场地

内容摘要

创建体量模型，可以表达建筑设计的初步设想效果，建筑师也可以借此逐步完善设计构思。此外，还可以在体量模型上创建幕墙系统、楼板及墙面，将构想模型进一步深化，最终得到常规的建筑模型。为了丰富模型的表达效果，还可以添加各种类型的构件，如场地构件、停车场构件等。

本章将介绍创建体量与场地的方法。

课堂学习目标

- 掌握创建与编辑体量的方法
- 学习利用体量面创建墙体的方法
- 学习创建体量楼层的方法
- 了解场地建模的方法
- 学习修改场地的方法

12.1 体量

用户可以在视图中创建各种样式的体量模型，也可以选择已有的体量模型，执行编辑操作后得到新样式的模型。本节将介绍创建与编辑体量模型的方法。

12.1.1 创建体量

选择"体量和场地"选项卡，单击"概念体量"面板上的"内建体量"按钮，如图12-1所示。

弹出"体量-显示体量已启用"对话框，单击"关闭"按钮，关闭对话框。

随即弹出"名称"对话框，显示系统默认创建的名称，如图12-2所示。用户也可以自定义名称。

图12-1 单击"内建体量"按钮 图12-2 "名称"对话框

单击"确定"按钮，进入"创建"选项卡。在"绘制"面板上单击"矩形"按钮，如图12-3所示。

图12-3 单击"矩形"按钮

进入"修改|放置线"选项卡，保持默认参数即可。在绘图区域中依次单击指定起点与对角点，绘制矩形轮廓线，如图12-4所示。

执行完毕后，按下回车键，退出绘制操作，但仍然留在命令中。

将光标置于轮廓线之上，高亮显示轮廓线，如图12-5所示。

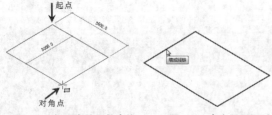

图12-4 指定点绘制轮廓线 图12-5 高亮显示矩形

在轮廓线上单击，进入"修改|线"选项卡，如图12-6所示。

图12-6 进入选项卡

处于选择状态中的轮廓线，在矩形的角点显示蓝色的圆圈，如图12-7所示。

在"形状"面板中单击"创建形状"按钮，向下弹出列表，选择"实心形状"选项，如图12-8所示。

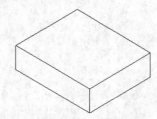

图12-7 选择矩形 图12-8 选择"实心形状"选项

执行上述操作后，矩形轮廓线向上拉伸一定的距离，创建实心形状，效果如图12-9所示。

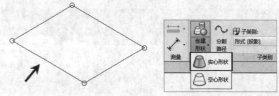

图12-9 创建体量模型

12.1.2 编辑体量

编辑体量有两种方式，一种是"输入参数定义体量大小"，另外一种是"利用造型操纵柄调整模型大小"。

1. 输入参数定义体量大小

选择视图中的体量模型，模型中显示蓝色的三角形夹点，如图12-10所示。

进入"修改|体量"选项卡，单击"模型"面板上的"在位编辑"按钮，如图12-11所示。

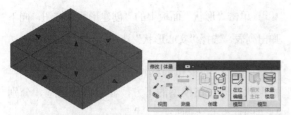

图 12-10 显示夹点 图 12-11 单击"在位编辑"按钮

进入"修改"选项卡。选择体量模型,在模型的一侧,会显示临时尺寸标注,如图 12-12 所示,注明模型的高度。

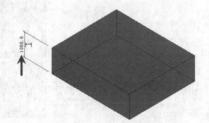

图 12-12 显示临时尺寸标注

将光标置于尺寸标注之上,单击进入在位编辑模式,输入高度参数,如图 12-13 所示。

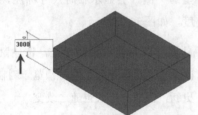

图 12-13 输入参数

在空白的位置单击,退出命令。此时模型按照所设定的高度参数,向上拉伸,效果如图 12-14 所示。

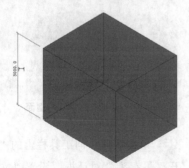

图 12-14 拉伸模型

2. 利用造型操纵柄调整模型大小

将光标置于模型中的三角形夹点之上,如图 12-15 所示,激活夹点。

在夹点上按住鼠标左键不放,向上拖动鼠标指针,预览拉伸模型的效果。

在合适的位置松开鼠标左键,结束拉伸操作。调整模型高度的效果如图 12-16 所示。

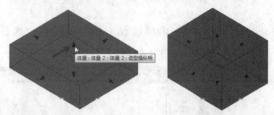

图 12-15 激活夹点 图 12-16 拉伸模型

执行上述操作,只能拉伸模型的水平位置,最后是更改模型的高度。

激活模型侧面的三角形夹点,按住鼠标左键不放,拖动鼠标指针,如图 12-17 所示,向指定侧面拉伸模型。

在合适的位置松开鼠标左键,即可将模型侧面拉伸至指定的位置。

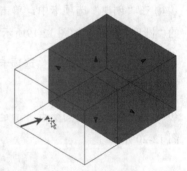

图 12-17 向侧面拉伸模型

12.1.3 课堂案例——创建体量族

难度:☆☆☆

素材文件:无

效果文件:素材/第12章/12.1.3课堂案例——创建体量族.rfa

在线视频:第12章/12.1.3课堂案例——创建体量族.mp4

在族样板中创建体量模型,存储为 RFA(族)格式,可以调入不同的项目中使用。本节将介绍创建体量族的方法。

01 启动 Revit 应用程序。单击"文件"选项卡,向下弹出列表,选择"新建"|"族"选项。

技巧与提示

选择"新建"|"概念体量"选项,打开"新概念体量-选择族样板"对话框。在其中选择样板,创建体量模型。

02 打开"新族-选择样板文件"对话框,选择"公制体量.rft"文件,如图12-18所示。

图12-18 选择样板文件

03 单击"打开"按钮,进入族编辑器。

04 在"创建"选项卡中,单击"绘制"面板上的"圆形"按钮,如图12-19所示。

05 进入"修改|放置线"选项卡,保持默认参数设置不变。

06 单击参照平面的交点,指定圆心的位置,如图12-20所示。

图12-19 单击"图形"按钮　　图12-20 指定圆心

07 移动鼠标指针,输入半径值,如图12-21所示。

08 按下回车键,绘制圆形轮廓线,如图 12-22所示。

 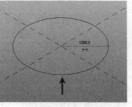

图12-21 指定半径值　　图12-22 绘制圆形

09 单击"形状"面板上的"创建形状"按钮,向下弹出列表,选择"实心形状"选项,如图12-23所示。

10 此时,圆形轮廓线向上拉伸,显示为一个三维形状。同时在模型的下方,显示形状类型,分别是"圆柱"与"圆形"。

11 单击选择"圆柱"类型,如图 12-24所示,指定模型的样式。

图12-23 选择"实心形状"选项　图12-24 选择模型的类型

12 结束绘制后,模型表面处于选中状态。在模型的一侧,会显示临时尺寸标注,注明模型的高度,如图12-25所示。

13 将光标置于模型面上,按住鼠标左键不放,向上拖动鼠标指针。同时预览一侧临时尺寸标注的更新,模型的样式也随之改变。

14 在合适的位置松开鼠标左键,向上拉伸模型,效果如图12-26所示。

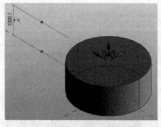 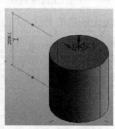

图12-25 选择模型面　　图12-26 拉伸效果

15 单击快速访问工具栏上的"保存"按钮,打开"另存为"对话框。设置"文件名"与保存路径,单击"保存"按钮,存储文件。

12.1.4 放置体量

选择"体量和场地"选项卡,单击"概念体

量"面板上的"放置体量"按钮,如图12-27所示。

图12-27 单击"放置体量"按钮

弹出提示对话框,询问用户是否要现在载入体量族。

单击"是"按钮,打开"载入族"对话框。选择体量族,如图12-28所示。单击"打开"按钮,将体量族载入至项目中。

图12-28 选择体量族

成功载入体量族后,进入选项卡,在"放置"面板上单击"放置在面上"按钮,如图12-29所示。

图12-29 单击"放置在面上"按钮

将光标置于模型面上,高亮显示面轮廓线,如图12-30所示,表示该模型面已被选中。

在模型面上单击,放置概念体量的效果如图12-31所示。

单击视图控制栏上的"视觉样式"按钮,向上弹出列表,选择"着色"选项。更改视觉样式的类型,同时体量模型的显示效果也随之更新。

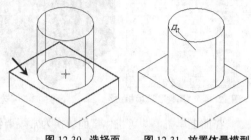

图12-30 选择面   图12-31 放置体量模型

12.2 面模型

激活命令,可以将指定的体量模型面转换为幕墙系统、屋顶,或者墙体、楼板。

因为将体量面转换为幕墙系统及屋顶、楼板的方法在前面的章节已经介绍过,所以在本节中,将介绍利用体量面创建墙体,以及创建体量楼层的方法。

12.2.1 利用体量面创建墙

选择"体量和场地"选项卡,单击"面模型"面板上的"墙"按钮,如图12-32所示。

图12-32 单击"墙"按钮

进入"修改|放置 墙"选项卡,在"绘制"面板中,单击"拾取面"按钮,其他参数保持默认值,如图12-33所示。

图12-33 单击"拾取面"按钮

此时在"属性"选项板中,显示系统定义的墙体参数,如图12-34所示。用户可以在选项板中选择墙体的类型,设置标高等参数。

在视图中将光标置于体量面之上,高亮显示面轮廓线。同时在光标的右下角,显示面的名称,如图12-35所示。

图 12-34 "属性"选项板

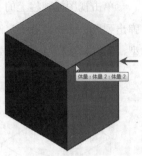

图 12-35 选择面

在面上单击，即可将体量面转换为常规墙体，如图 12-36所示。墙体的显示效果，由当前的墙体参数决定。

选择墙体，可以在"属性"选项板或"类型属性"对话框中修改参数。

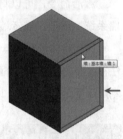

图 12-36 创建常规墙体

12.2.2 创建体量楼层

在将体量楼层转换为常规模型的楼层前，需要先创建体量楼层。在视图中选择体量模型。

在"属性"选项板中单击"体量楼层"选项中的"编辑"按钮。

打开"体量楼层"对话框，在其中选择标高，如图 12-37所示。单击"确定"按钮，返回视图。

图 12-37 选择标高

将光标置于体量模型水平面上的三角形夹点，按住鼠标左键不放，向上拖动鼠标指针，如图

12-38所示。

在合适的位置松开鼠标左键，向上拉伸模型。此时体量楼层显示在模型中，如图 12-39所示。

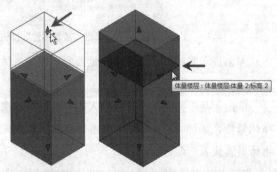

图 12-38 拉伸模型　　　图 12-39 创建体量楼层

在"面模型"面板上单击"楼板"按钮，如图 12-40所示。选择体量楼层，可以将其转换为常规楼层。

图 12-40 单击"楼板"按钮

? 技巧与提示

将体量楼层转换为常规楼层的操作方法，请参阅 5.3节。

12.3 场地建模

场地建模的内容包括创建地形表面、放置场地构件，以及绘制建筑地坪、拆分/合并地形表面等。本节将介绍其绘制与编辑方法。

12.3.1 "放置点"创建地形表面

选择"体量和场地"选项卡，在"场地建模"面板上单击"地形表面"按钮，如图 12-41所示。

图 12-41 单击"地形表面"按钮

进入"修改|编辑表面"选项卡。在"工具"

面板上单击"放置点"按钮，如图 12-42所示，指定创建方式。在选项栏中，默认"高程"值为0，类型为"绝对高程"。保持默认设置不变。

图 12-42 单击"放置点"按钮

在平面视图中单击，指定第1点，移动鼠标指针，指定第2点。查看创建效果，此时两个点尚未显示连接线段。

移动鼠标指针，指定第3点。此时，显示线段将连接3个点。

移动鼠标指针，在合适的位置单击，放置边界点，系统会自动创建线段连接各个点，效果如图12-43所示。

在"表面"面板上单击"完成表面"按钮，退出命令。此时边界点被隐藏，仅显示地形表面轮廓线。轮廓线为闭合样式，将光标置于轮廓线之上，高亮显示轮廓线，效果如图 12-44所示。

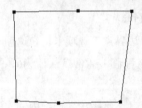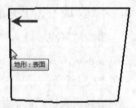

图 12-43 绘制结果　图 12-44 高亮显示轮廓线

如果想要查看地形表面的三维效果，需要先切换至三维视图。将视图的"视觉样式"设置为"着色"，查看创建地形表面的效果，如图12-45所示。

图 12-45 三维效果

12.3.2 "选择导入实例"创建地形表面

除了自定义边界点，绘制轮廓线，创建地形表面之外，还可以在已有CAD文件的基础上创建地形表面。

需要注意的是，用户需要先在AutoCAD程序中绘制等高线，再导入CAD文件至Revit项目文件中，才可以在此基础上创建地形表面。

1. 导入实例

切换至"导入"选项卡，单击"导入"面板上的"导入CAD"按钮，激活命令。

打开"导入CAD格式"对话框，选择CAD文件。在对话框的下方设置导入参数，例如，将"颜色"设置为"黑白"，设置"定位"方式为"手动-原点"等，如图 12-46所示。

图 12-46 设置参数

单击"打开"按钮，将CAD文件导入项目文件。在视图中单击，指定基点，放置CAD文件，效果如图 12-47所示。

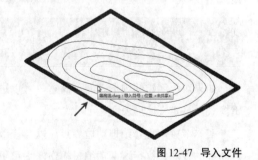

图 12-47 导入文件

2. 创建地形表面

在"场地建模"面板上单击"地形表面"按钮，进入"修改|编辑表面"选项卡。

在"工具"面板上单击"通过导入创建"按钮，向下弹出列表。选择"选择导入实例"选项，如图 12-48所示。

图 12-48 选择"选择导入实例"选项

单击放置在绘图区域中的CAD文件，随即打开"从所选图层添加点"对话框。

默认选择3个图层，在0图层上单击，取消选择该图层。保留"主等高线"图层与"次等高线"图层的选择状态不变。

单击"确定"按钮，以CAD文件为基础，创建地形表面，系统沿等高线分布边界点，如图12-49所示。

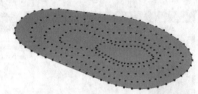

图 12-49 创建地形表面

在"表面"面板上单击"完成表面"按钮，退出命令。选择CAD文件创建地形表面的效果如图12-50所示。

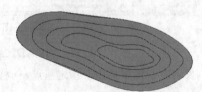

图 12-50 最终效果

12.3.3 编辑由"放置点"创建的地形表面

如果对已创建的地形表面不满意，可以进入编辑模式，重定义地形表面。

在本节中，将介绍拖动边界点，以及修改边界点高程的方法。执行这两项编辑操作，均可更新地形表面的显示样式。

1. 拖动边界点调整地形轮廓

选择地形表面，进入"修改|地形"选项卡。单击"编辑表面"按钮，如图 12-51所示，进入"修改|编辑表面"选项卡。

将光标置于待编辑的边界点之上，高亮显示边界点。

在边界点上单击，激活边界点。按住鼠标左键不放，相同拖动鼠标指针，如图 12-52所示。同时可以预览将边界点拖动到新位置的效果。

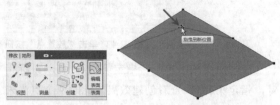

图 12-51 单击"编辑   图 12-52 拖动鼠标指针
表面"按钮

在合适的位置松开鼠标左键，移动边界点的效果如图 12-53所示。也可以继续激活其他的边界点，通过调整边界点的位置，影响地形表面的显示效果。

图 12-53 重定义边界点位置

2. 修改边界点的高程

激活边界点，进入"边界点"选项卡。在选项栏中显示边界点的默认高程值，通常默认值为0，如图 12-54所示。

根据所要修改的高度，在"高程"选项中输入参数，如图 12-55所示。输入数值为3000，表示选中的高程点向上移动3000。

图 12-54 显示默认值   图 12-55 设置参数

此时选中的高程点显示效果如图12-56所示。因为重定义了"高程"值，在高程点的周围显示等高线。

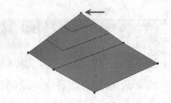

图 12-56 显示效果

移动光标至绘图区域的右上角，单击View Cube中的"前"按钮。转换视图，从另一个方向观察地形表面。

"高程"值为3000的边界点，位于其他边界点之上，高度对比的效果如图12-57所示。

图 12-57 高度对比的效果

选择位于顶部的边界点，在"属性"选项板中的"立面"选项中显示参数，如图 12-58所示。该参数代表边界点的"高程"值。

激活边界点，按住鼠标左键不放，拖动鼠标指针，也可以调整边界点的高程值，如图12-59所示。

如果想要精准地指定边界点的高程值，就需要在选项栏或"属性"选项板中输入参数。

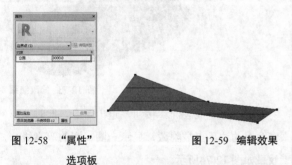

图 12-58 "属性" 选项板　　图 12-59 编辑效果

12.3.4 编辑"由选择实例创建"的地形表面

在CAD文件的基础上创建的地形表面，本身包含众多的边界点。通过指定这些边界点的"高程"值，可以在地形表面上创建起伏的效果。

选择CAD文件创建地形表面后，CAD文件与地形表面重合显示。为了编辑地形表面，需要将CAD文件移动至一旁。

将光标置于CAD文件之上，高亮显示轮廓线。

按住鼠标左键不放，拖动鼠标指针，将CAD文件移动至一旁，如图12-60所示。

在合适的位置松开鼠标左键，调整CAD文件的效果如图12-61所示。

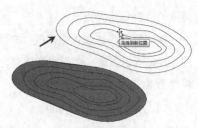

图 12-60 移动CAD文件

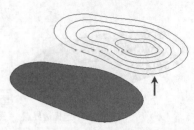

图 12-61 移动文件

选择地形表面，进入"修改|地形"选项卡。单击"编辑表面"按钮，进入"修改|编辑表面"选项卡。

在地形表面上选择边界点，如图 12-62所示。为了选择指定范围内的边界点，可以按住Ctrl键，此举能够同时选中多个边界点。

在"属性"选项板中的"立面"选项中显示选中的边界点的高程。删去已有的参数，重定义新的参数，如图12-63所示。

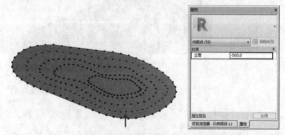

图 12-62 选择边界点　　图 12-63 输入参数

返回视图查看修改结果，如图 12-64所示。随着高程的改变，边界点的周围显示等高线。

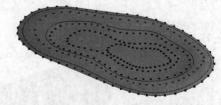

图 12-64 修改结果

选择边界点，如图 12-65所示。如果误选多余的边界点，可以按住Shift键，再次单击边界点，即可取消选择该边界点。

在"属性"选项板中修改"立面"选项值，如图 12-66所示，定义边界点在垂直方向上的位置。将参数值设置为1000，表示边界点在原先的位置上，向上移动的距离为1000。

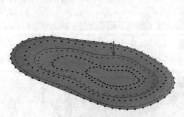 

图 12-65　选择边界点　　图 12-66　输入参数

返回视图查看修改结果，如图 12-67所示。此时，地形表面上的等高线增加了。

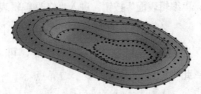

图 12-67　修改结果

选择边界点，如图 12-68所示。

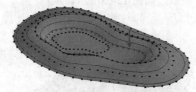

图 12-68　选择边界点

在"属性"选项板中设置"立面"选项参数，如图 12-69所示。输入参数2000，表示边界点在原先的位置上，向上移动的距离为2000。

在视图中查看修改边界点高程的效果，如图 12-70所示。

 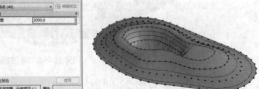

图 12-69　输入参数　　　图 12-70　修改结果

为了能够更好地选中边界点，可以调整视图的方向。在ViewCube上单击"上"按钮，转换至俯视图。

在视图中选择边界点，如图 12-71所示。滑动鼠标滚轮，放大视图，能够清晰地观察并选中边界点。

在"属性"选项板中修改"立面"选项值，如图 12-72所示。将选项值设置为6000，表示边界点在原先的位置上，向上移动的距离为6000。

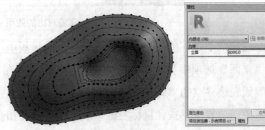

图 12-71　选择边界点　　图 12-72　输入参数

在视图上查看修改效果，如图 12-73所示。

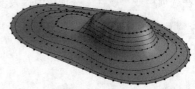

图 12-73　修改结果

单击"完成表面"按钮，退出命令。此时地形表面上的边界点被隐藏，显示一圈一圈的等高线，效果如图 12-74所示。

图 12-74　最终效果

12.3.5　场地构件

在"场地建模"面板上单击"场地构件"按钮，如图 12-75所示，进入"修改|场地构件"选项卡，保持默认参数设置即可。

图 12-75　单击"场地构件"按钮

在"属性"选项板中单击类型名称，选择构件类型。修改"标高"选项值，如图 12-76所示，指定构件的标高。

在绘图区域中移动光标，指定基点。同时预览插入构件的效果。

在合适的位置单击，指定插入基点，插入构件的效果如图 12-77所示。

图 12-76　选择参数

图 12-77　放置植物构件

技巧与提示

　　为了准确地定位构件的位置，可以切换至平面视图，在其中执行"放置场地构件"的操作。

12.3.6　课堂案例——将场地构件导入至建筑项目

难度：☆☆☆

素材文件：素材/第12章/12.3.6 课堂案例——将场地构件导入至建筑项目中-素材.rvt

效果文件：素材/第12章/12.3.6 课堂案例——将场地构件导入至建筑项目中.rvt

在线视频：第12章/12.3.6 课堂案例——将场地构件导入至建筑项目.mp4

　　为了丰富建筑项目的表现效果，可以在项目中导入各种类型的构件。本节介绍将垃圾筒与消火栓导入至项目的操作方法。

01 打开"12.3.6 课堂案例——将场地构件导入至建筑项目中-素材.rvt"文件。

02 在"场地建模"面板中单击"场地构件"按钮，启用命令。假如当前项目尚未载入场地族，系统会弹出提示对话框。

03 在对话框中单击"是"按钮，打开"载入

族"对话框。选择场地族，如图 12-78所示。单击"打开"按钮，载入族至项目文件。

图 12-78　选择文件

1.　放置垃圾桶构件

01 在"属性"选项板中选择"垃圾筒"，设置"标高"选项值为"标高1"，如图 12-79所示。

02 在视图中指定插入基点，预览插入构件的效果，如图 12-80所示。

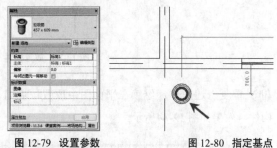

图 12-79　设置参数　　　　图 12-80　指定基点

技巧与提示

　　在移动光标的同时，在构件的周围显示临时尺寸标注。用户通过参考临时尺寸标注，确定构件的位置。

03 在合适的位置单击，放置垃圾筒构件的效果如图 12-81所示。

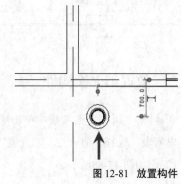

图 12-81　放置构件

04 此时尚处在命令中，移动鼠标指针，继续指定放置基点，如图 12-82所示。

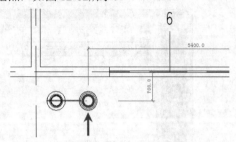

图 12-82 指定基点

05 在合适的位置单击，放置另一垃圾筒构件，效果如图 12-83所示。

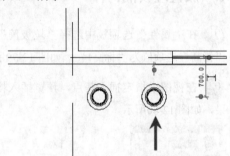

图 12-83 放置构件

06 重复上述操作，继续在平面图中放置垃圾筒构件，效果如图 12-84所示。

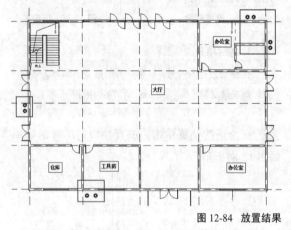

图 12-84 放置结果

2. 放置消火栓构件

01 在"属性"选项板中单击类型名称，向下弹出列表，选择"消火栓"。设置"标高"为"标高1"，如图 12-85所示。

02 在视图中移动鼠标指针，指定插入基点，预览放置消火栓的效果，如图 12-86所示。

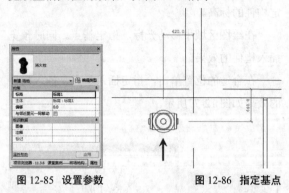

图 12-85 设置参数　　　　图 12-86 指定基点

03 在合适的位置单击，放置消火栓，效果如图12-87所示。

04 此时尚处在命令中。移动鼠标指针，继续指定消火栓的位置。在选项栏中，选择"放置后旋转"复选框，如图 12-88所示。

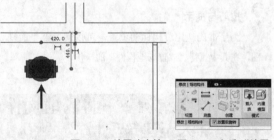

图 12-87 放置消火栓　　图 12-88 勾选"放置后旋转"复选框

05 在视图中单击，指定放置基点，如图 12-89所示。

06 在选项栏中激活"角度"选项，输入角度值，如图 12-90所示。

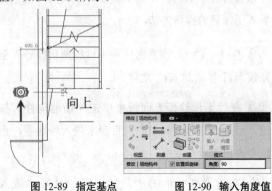

图 12-89 指定基点　　　　图 12-90 输入角度值

07 按下回车键，旋转消火栓的角度，效果如图 12-91所示。

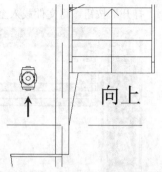

图 12-91　旋转角度

08 选择消火栓，显示临时尺寸标注。单击标注数字，进入编辑模式，输入距离参数，如图 12-92 所示。

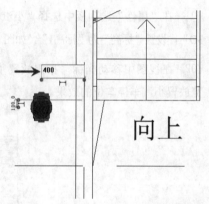

图 12-92　输入距离值

09 在空白的区域单击，退出命令，调整消火栓位置的效果如图12-93所示。

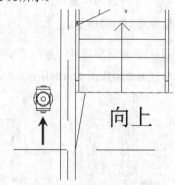

图 12-93　旋转构件

10 重复上述操作，继续在视图中放置消火栓，

效果如图 12-94所示。

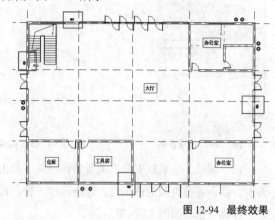

图 12-94　最终效果

11 切换至三维视图，查看构件的三维效果，如图 12-95所示。

图 12-95　三维效果

12.3.7　停车场构件

在"场地建模"面板上单击"停车场构件"按钮，如图 12-96所示。

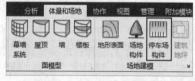

图 12-96　单击"停车场构件"按钮

进入"修改|停车场构件"选项卡，保持系统默认参数不变。

在"属性"选项板中显示停车位的信息，设置"标高"为"标高1"，如图 12-97所示。

在视图中移动鼠标指针，指定放置基点，同时预览放置停车位的效果。

在合适的位置单击，放置停车位的效果如图12-98所示。

图 12-97 设置参数

图 12-98 放置构件

在"属性"选项板中单击类型名称，向下弹出列表，显示各种类型的停车位。选择其中一种，设置"标高"值，如图 12-99所示。

例如，选择名称为"4800×2400mm-60度"的停车位，在视图中单击，放置停车位，效果如图12-100所示。

图 12-99 设置参数　　图 12-100 放置构件

12.3.8 课堂案例——在建筑项目中放置停车场构件

难度：☆☆☆

素材文件：素材/第12章/12.3.8 课堂案例——在建筑项目中放置停车场构件-素材.rvt

效果文件：素材/第12章/12.3.8 课堂案例——在建筑项目中放置停车场构件.rvt

在线视频：第12章/12.3.8 课堂案例——在建筑项目中放置停车场构件.mp4

在项目中首先载入小汽车停车位、自行车停车位，才能执行"放置停车场构件"操作，在项目中布置停车位。

本节将介绍放置、编辑停车位的方法。

01 打开"12.3.8 课堂案例——在建筑项目中放置停车场构件-素材.rvt"文件。

02 单击"场地建模"面板上的"停车场构件"按钮，启用命令。因为项目中尚未载入停车场构件，所以系统会弹出提示对话框。

03 在对话框中单击"是"按钮，打开"载入族"对话框。选择族文件，如图 12-101所示。单击"打开"按钮，将文件载入至项目。

图 12-101 选择文件

1. 布置小汽车停车位

01 在"属性"选项板中选择"小汽车停车为2D-3D"，设置"标高"为"标高1"，如图 12-102所示。

02 在视图中移动光标，指定放置基点，同时预览放置小汽车停车位的效果。

图 12-102 设置参数

03 在合适的位置单击，放置小汽车停车位，效果如图 12-103所示。

04 移动鼠标指针，继续指定放置基点，放置停车位的效果如图 12-104所示。

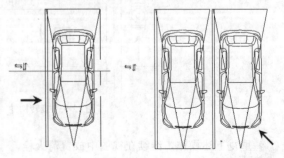

图 12-103 放置构件　　图 12-104 继续放置构件

05 选择视图中已放置的停车位，如图12-105所示。

06 进入"修改|停车场"选项卡，单击"修改"面板上的"复制"按钮，在选项栏中选择"多个"复选框，如图12-106所示。

图 12-105 选择停车位　　图 12-106 勾选"多个"复选框

07 移动鼠标指针，指定左侧停车位的左上角点为复制起点，如图12-107所示。

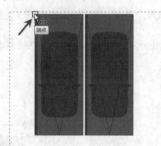

图 12-107 指定起点

08 向右移动鼠标指针，指定复制终点，效果如图12-108所示。

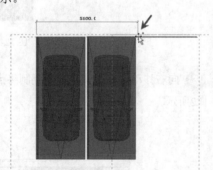

图 12-108 指定终点

09 指定复制起点，如图12-109所示。

10 移动鼠标指针，指定复制终点，即可创建停车位构件。重复操作，复制停车位的效果如图12-110所示。

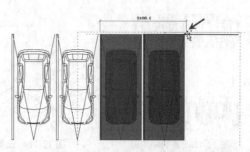

图 12-109 复制起点

图 12-110 复制停车位结果

11 选择已有的停车位，启用"复制"命令。单击选择集左上角点为复制起点，如图12-111所示。

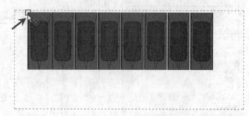

图 12-111 选择起点

12 向下移动光标，输入距离参数，如图 12-112所示。

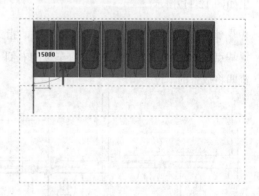

图 12-112 输入距离值

13 按下回车键，向下移动复制停车位，效果如图12-113所示。

14 切换至三维视图，查看三维效果，如图 12-114所示。

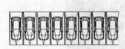

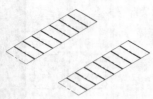

图 12-113　复制停车位　　　　**图 12-114　三维效果**

2. 布置自行车停车位

01 在"属性"选项板中选择"自行车停车位2D-3D"，设置"标高"为"标高1"，如图12-115所示。

02 在视图中移动光标，指定放置基点，同时预览放置自行车停车位的效果，如图12-116所示。

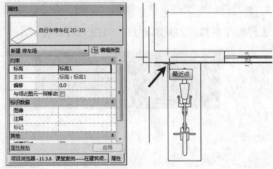

图 12-115　设置参数　　　　**图 12-116　指定基点**

03 在合适的位置单击，放置自行车停车位，效果如图12-117所示。

04 此时尚处在命令中。移动鼠标指针，指定放置基点，如图12-118所示。在已有车位的右侧，预览即将放置的车位。

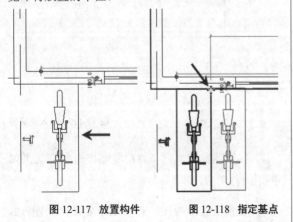

图 12-117　放置构件　　　　**图 12-118　指定基点**

05 单击放置自行车停车位，效果如图 12-119所示。

06 选择已有的自行车停车位，如图 12-120所示。

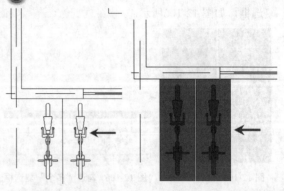

图 12-119　放置构件　　　　**图 12-120　选择停车位**

07 进入"修改|停车场"选项卡，单击"修改"面板上的"复制"按钮。在选项栏中选择"多个"选项。

08 单击选择集的左上角点为复制起点，如图 12-121所示。

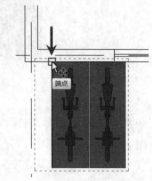

图 12-121　指定起点

09 向右移动鼠标指针，指定复制终点，如图 12-122所示。

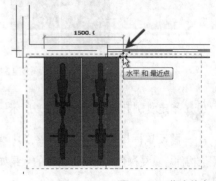

图 12-122　指定终点

⑩ 单击创建自行车停车位副本。继续指定复制起点，如图 12-123 所示。

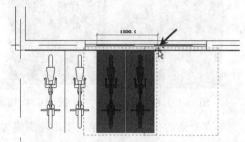

图 12-123 复制构件

⑪ 重复执行"复制"操作，复制自行车停车位的效果如图 12-124 所示。

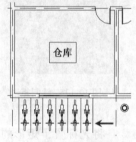

图 12-124 操作结果

⑫ 选择视图中所有的自行车停车位，在"修改"面板上单击"旋转"按钮，保持选项栏中的参数设置不变。

⑬ 保持旋转中心的位置不变，向右移动鼠标指针，旋转中心线处在水平方向上，如图 12-125 所示，接着单击。

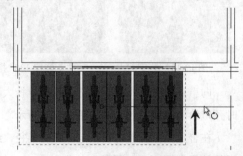

图 12-125 向右移动鼠标指针

⑭ 向左移动鼠标指针，根据临时尺寸标注的提示，旋转角度为180°。旋转中心线移动至左侧，处在水平方向上，如图 12-126 所示，接着单击。

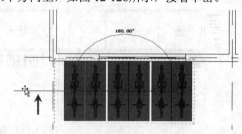

图 12-126 向左移动鼠标指针

⑮ 结束"旋转"操作，旋转自行车停车位的效果如图 12-127 所示。

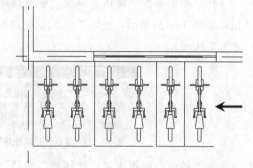

图 12-127 旋转停车位

⑯ 选择自行车停车位，激活"修改"面板上的"修改"按钮。指定起点与终点，如图 12-128 所示。

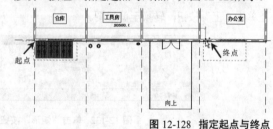

图 12-128 指定起点与终点

⑰ 向右移动复制自行车停车位，效果如图 12-129 所示。

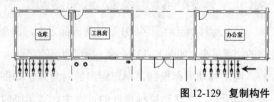

图 12-129 复制构件

⑱ 重复地执行"复制"操作、"旋转"操作，

复制自行车停车位，最终效果如图12-130所示。

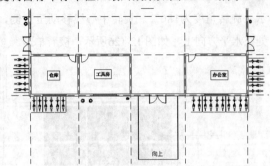

图12-130 最终效果

12.3.9 建筑地坪

在"场地建模"面板上单击"建筑地坪"按钮，如图 12-131所示，进入"修改|创建建筑地坪边界"选项卡。

图12-131 单击"建筑地坪"按钮

在"绘制"面板上单击"矩形"按钮，如图12-132所示，指定绘制地坪轮廓线的方法。其他参数保持默认值。

将光标移动至绘图区域的右上角，在ViewCube上单击"上"按钮，转换至俯视图。

图12-132 单击"矩形"按钮

技巧与提示

也可以转换至楼层平面视图中绘制地坪轮廓线。在平面视图中，能够比较准确地指定各点定义地坪轮廓线。

将光标移动至绘图区域中的地形表面之上，在合适的位置单击，如图12-133所示，指定矩形的起点。

向下移动鼠标指针，指定矩形的对角点，如图12-134所示。在移动鼠标指针的过程中，显示临时尺寸标注，实时标注矩形的长宽尺寸。

图12-133 指定起点   图12-134 指定对角点

在合适的位置单击，绘制矩形轮廓线如图12-135所示。在矩形的长边、短边的一侧显示临时尺寸标注。单击标注数字，进入在位编辑模式。输入参数，重定义矩形的边长。

在"绘制"面板上单击"起点，终点，圆弧"按钮，如图12-136所示，转换绘制方式。

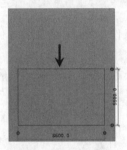

图12-135 绘制矩形   图12-136 单击"起点，终点，圆弧"按钮

将光标置于矩形的左上角点，指定圆弧的起点，如图12-137所示。

向右移动鼠标指针，单击矩形的右上角点，如图12-138所示，指定圆弧的终点。

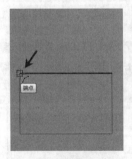   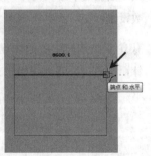

图12-137 指定起点   图12-138 指定终点

向上移动鼠标指针，指定圆弧的半径大小，同时预览绘制圆弧的效果，如图12-139所示。

在合适的位置单击，指定圆弧的半径，绘制圆弧的效果如图12-140所示。

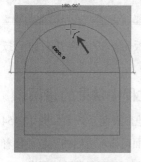 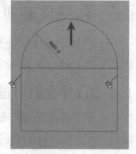

图12-139 指定半径　　　图12-140 绘制圆弧

选择轮廓线内部的水平线段，如图12-141所示，即矩形的上方轮廓线。

按下键盘上的Delete键，删除选中的线段，编辑轮廓线的效果如图12-142所示。

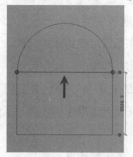 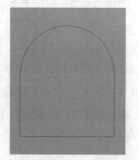

图12-141 选择线段　　　图12-142 删除线段

技巧与提示

建筑地坪的轮廓线必须是一个闭合的环。

单击"完成编辑模式"按钮，退出命令，绘制建筑地坪的效果如图12-143所示。

转换至主视图，查看建筑地坪的三维效果，如图12-144所示。

在绘制建筑地坪之前，需要线创建地形表面。为了适应需要，用户可以修改地形表面的高程值，为表面定义一个坡度。还可以根据需要剪切或者填充地形表面，以适应建筑地坪。

图12-143 绘制效果　　　图12-144 三维效果

12.4 修改场地

修改场地的操作包括拆分/合并表面、创建子面域、绘制建筑红线及平整区域等。本节将介绍其操作方法。

12.4.1 拆分表面

在"修改场地"面板上单击"拆分表面"按钮，如图12-145所示，按钮显示蓝色的背景。

图12-145 单击"拆分表面"按钮

将光标置于地形表面之上，高亮显示地形表面的轮廓线，如图12-146所示。选定地形表面后，在此基础上执行拆分操作。

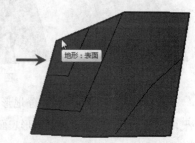

图12-146 选择地形表面

进入"修改|拆分表面"选项卡。在"绘制"面板上单击"内接多边形"按钮，如图12-147所示，指定绘制方式。

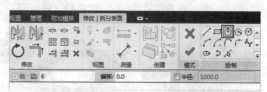

图12-147 单击"内接多边形"按钮

技巧与提示

默认情况下，设置多边形的"边数"为6。在选项栏中修改"边"选项值，自定义多边形的边数。

在地形表面上指定多边形的圆心。

按住鼠标左键不放，拖动鼠标指针，指定多边形的半径，如图 12-148所示。在拖动鼠标指针的过程中，临时尺寸标注会实时更新，注明当前半径值的大小。

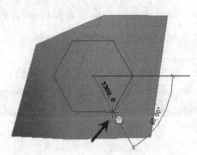

图 12-148　指定半径

在合适的位置单击，指定多边形的半径，绘制多边形轮廓线的效果如图 12-149所示。

单击"完成编辑模式"按钮，退出命令。地形表面中的多边形填充为透明的蓝色，如图 12-150所示，表示被拆分的部分。

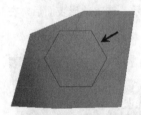 

图 12-149　绘制多边形　　　图 12-150　拆分结果

转换至主视图，查看拆分地形表面的三维效果，如图 12-151所示。因为地形表面起伏，所以已拆分部分的轮廓线会随着地势显示。

选择已拆分的部分，按住鼠标左键不放，向一侧拖动鼠标指针，预览移动效果。

在合适的位置松开鼠标左键，将已拆分的部分移动至一旁，查看操作效果，如图 12-152所示。

图 12-151　三维效果　　　图 12-152　移动地形表面

技巧与提示

建筑地坪也是在地形表面上创建一个独立的区域。但是建筑地坪不能移动至地形表面之外，只能删除。这是与拆分地形表面不同的地方。

12.4.2　合并表面

在"修改场地"面板上单击"合并表面"按钮，如图 12-153所示。

1.　"合并表面"过程中常见的错误

选择需要合并的2个地形表面，效果如图 12-154所示。首先选中的地形表面，显示透明的蓝色。接着将光标置于另一地形表面之上，高亮显示轮廓线。

图 12-153　单击"合并表面"按钮　图 12-154　选择地形表面

此时，选中的两个地形表面显示为透明的橙色，如图 12-155所示。在操作出现错误的时候，系统会以此种形式显示图元，提醒用户操作错误。

同时，在工作界面的右下角，弹出警告对话框，如图 12-156所示。阅读对话框中的内容，了解出现错误的原因。

单击"取消"按钮，关闭对话框。

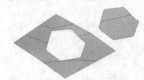 

图 12-155　显示为橙色　　　图 12-156　警告对话框

2.　解决问题的方法

选择地形表面，按住鼠标左键不放，拖动鼠标指针，移动地形表面，如图 12-157所示，使得两个即将合并的地形表面重合在一起。

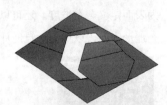

图 12-157　移动地形表面

 技巧与提示

或者移动地形表面，使得两个地形表面有公共边缘。

启用"合并表面"命令，依次选择需要合并的地形表面，如图 12-158所示。

操作的结果如图 12-159所示。系统将地形表面重合的部分合并，但是地形表面原有的空隙被保留。

图 12-158 选择地形表面　　图 12-159 合并地形表面

选择地形表面，如图 12-160所示。此时，虽然存在缝隙，但是地形表面已经是一个整体。

进入"修改|地形"选项卡，单击"编辑表面"按钮，如图 12-161所示，进入"修改|编辑表面"选项卡。

图 12-160 选择地形表面　　图 12-161 单击"编辑表面"按钮

在地形表面上显示边界点。按住Ctrl键，选中缝隙轮廓线上的边界点，如图 12-162所示。

按下键盘上的Delete键，删除选中的边界点。同时，由边界点组成的缝隙也被删除。

单击"完成表面"按钮，退出命令。查看修改结果，如图 12-163所示。此时，地形表面已经是一个没有缝隙的完整表面了。

图 12-162 选择边界点　　图 12-163 显示完整的地形表面

12.4.3 子面域

在"修改场地"面板上单击"子面域"按钮，如图 12-164所示，进入"修改|创建子面域边界"选项卡。

图 12-164 单击"子面域"按钮

在"绘制"面板上单击"矩形"按钮，如图 12-165所示，指定绘制子面域边界的方式。

图 12-165 单击"矩形"按钮

在地形表面上单击起点与对角点，绘制矩形轮廓线，效果如图 12-166所示。

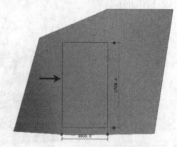

图 12-166 绘制矩形

在"绘制"面板上单击"线"按钮，如图 12-167所示，转换绘制方式。

图 12-167 单击"线"按钮

在矩形轮廓线内部绘制线段，效果如图 12-168所示。

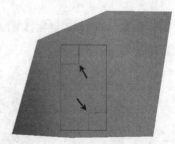

图 12-168 绘制线段

单击"修改"面板上的"修剪/延伸为角"按钮，激活命令。

在视图中单击选择垂直线段，如图12-169所示。

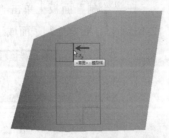

图12-169 选择水平线段

移动鼠标指针，单击选择水平线段，效果如图12-170所示。

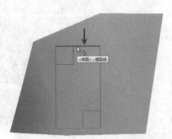

图12-170 选择垂直线段

修剪线段，使之显示为一个90°角，效果如图12-171所示。

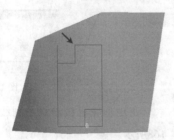

图12-171 修剪线段

重复上述操作，继续修剪线段，结果如图12-172所示。

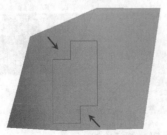

图12-172 操作结果

单击"完成编辑模式"按钮，退出命令。绘制子面域的效果如图12-173所示。

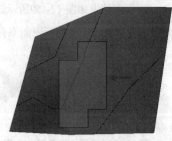

图12-173 绘制子面域

转换至主视图，查看创建子面域的三维效果，如图12-174所示。

子面域可以删除，也可以在地形表面内移动，但是不能移动至地形表面之外。用户可以为子面域设置不同的材质。

图12-174 查看三维效果

12.4.4 课堂案例——绘制树池

难度：☆☆☆

素材文件：素材/第12章/12.4.4 课堂案例——绘制树池-素材.rvt

效果文件：素材/第12章/12.4.4 课堂案例——绘制树池.rvt

在线视频：第12章/12.4.4 课堂案例——绘制树池.mp4

利用"地形表面""建筑地坪"等命令，可以绘制常见的树池。本节将介绍其绘制步骤。

利用本节所学习的知识，用户可以在项目中尝试创建树池图元。

1. 绘制地形表面

01 打开"12.4.4 课堂案例——绘制树池-素材.rvt"文件。

02 选择"建筑"选项卡，单击"工作平面"面板上的"参照平面"按钮，激活命令。

03 进入"修改|放置参照平面"选项卡,单击"绘制"面板上的"线"按钮,如图 12-175所示,指定绘制方式。

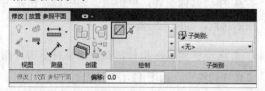

图 12-175 单击"线"按钮

04 在绘图区域中依次指定起点、终点,绘制参照平面,效果如图 12-176所示。

图 12-176 绘制参照平面

技巧与提示

因为要绘制矩形样式的地形表面,所以利用参照平面绘制轮廓线。用户也可以自定义参照平面的样式。

05 选择"体量和场地"选项卡,单击"场地建模"面板上的"地形表面"按钮,激活命令。

06 进入"修改|编辑表面"选项卡,单击"工具"面板上的"放置点"按钮,如图 12-177所示。

图 12-177 单击"放置点"按钮

07 单击参照平面的角点,放置边界点,绘制矩形轮廓线,效果如图 12-178所示。

08 单击"完成表面"按钮,退出命令。切换至三维视图,查看创建地形表面的效果,如图 12-179所示。

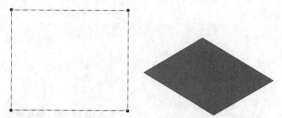

图 12-178 放置边界点　　图 12-179 查看三维效果

技巧与提示

因为建筑地坪需要在地形表面上创建,所以在绘制建筑地坪之前,需要先参考参照平面创建地形表面。

2. 绘制建筑地坪

01 在"场地建模"面板上单击"建筑地坪"按钮,激活命令。

02 进入"修改|创建建筑地坪边界"选项卡,单击"绘制"面板上的"起点,终点,半径"选项卡,如图 12-180所示。

图 12-180 单击"起点,终点,半径"按钮

03 在绘图区域中单击起点,移动鼠标指针,根据临时尺寸标注的提示,确定终点的位置,如图 12-181所示。

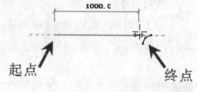

图 12-181 指定起点与终点

技巧与提示

在绘图区域中单击指定起点,向右移动鼠标指针,输入距离值1000,指定终点。

04 在终点位置单击,向上移动鼠标指针,参考临时尺寸标注,指定半径大小,如图 12-182所示。

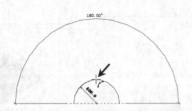

图 12-182 指定半径

技巧与提示
　向上移动鼠标指针，输入半径值500，按下回车键，也可指定圆弧的半径大小。

⑤ 在合适的位置单击，绘制圆弧。接着向下移动鼠标指针，单击指定另一段圆弧的终点，如图 12-183所示。

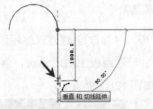

图 12-183 指定终点

技巧与提示
　在连续绘制的情况下，上一段圆弧的终点，即是下一段圆弧的起点。因此在绘制下一段圆弧时，只要指定终点即可。

⑥ 向右移动鼠标指针，指定半径值，如图 12-184所示。

技巧与提示
　因为要绘制同等大小的圆弧，所以这里的圆弧半径也设置为500。

⑦ 在合适的位置单击，绘制圆弧，效果如图 12-185所示。

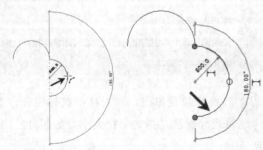

图 12-184 指定半径　　　　图 12-185 绘制圆弧

⑧ 保持圆弧的选择状态，单击"修改"面板上的"镜像-绘制轴"按钮，激活命令。

⑨ 移动鼠标指针，单击圆弧的中点，指定镜像线的起点，如图 12-186所示。

⑩ 向下移动鼠标指针，在任意位置单击，指定镜像线的终点，如图 12-187所示。

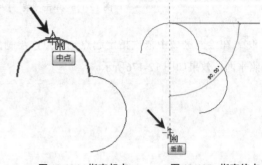

图 12-186 指定起点　　　　图 12-187 指定终点

⑪ 以所绘制的镜像线为基准，将右侧的圆弧镜像复制至左侧，效果如图 12-188所示。

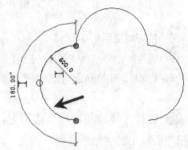

图 12-188 复制圆弧

⑫ 选择上方圆弧，如图 12-189所示。

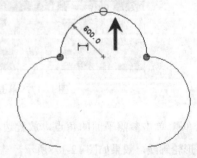

图 12-189 选择圆弧

⑬ 激活"镜像-绘制轴"按钮，单击左侧圆弧的中点，指定镜像线的起点，如图 12-190所示。

图 12-190 指定起点

⑭ 向右移动鼠标指针，单击右侧圆弧的中点，指定镜像线的终点，如图 12-191 所示。

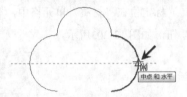

图 12-191 指定终点

⑮ 以所绘制的水平镜像线为基准，向下镜像复制圆弧，效果如图 12-192 所示。

⑯ 在"属性"选项板中设置"自标高的高度偏移"选项值为–300，如图 12-193 所示，表示建筑地坪在"标高1"的基准上向下移动300。

图 12-192 复制圆弧   图 12-193 设置参数

⑰ 单击"完成编辑模式"按钮，退出命令，绘制建筑地坪的效果如图 12-194 所示。

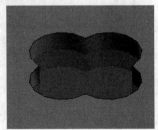

图 12-194 查看三维效果

3. 绘制墙体

① 切换至"建筑"选项卡，在"构建"面板上单击"墙"按钮。

② 进入"修改|放置 墙"选项卡，在"绘制"面板上单击"拾取线"按钮，如图 12-195 所示，指定绘制方式。

③ 在"属性"选项板中，设置"定位线"为"面层面：外部"，设置"底部偏移"选项值为–600，如图 12-196 所示，表示墙体底部轮廓线在"标高1"的基准上，向下移动的距离为600。

图 12-195 单击"拾取线"按钮   图 12-196 设置参数

④ 拾取建筑地坪的轮廓线，在轮廓线的外侧，预览创建墙体的效果，如图 12-197 所示。

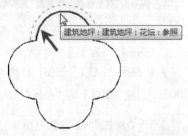

图 12-197 预览创建效果

技巧与提示

　　在三维视图中，可单击ViewCube上的"上"按钮，转换至俯视图，在该视图中，执行"创建墙体"的操作。

⑤ 以建筑地坪轮廓线为基准，创建墙体的效果如图 12-198 所示。

⑥ 重复上述操作，继续拾取建筑地坪的轮廓线，创建墙体的效果如图 12-199 所示。

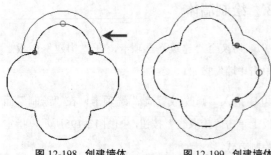

图 12-198 创建墙体   图 12-199 创建墙体

⑦ 按下Esc键，退出命令。切换至主视图，将"视觉样式"设置为"着色"，查看创建墙体的效果，如图 12-200所示。

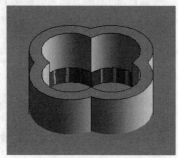

图 12-200 查看三维效果

技巧与提示

在绘制墙体时，为在执行命令过程中方便查看创建效果，可以将"视觉样式"设置为"隐藏线"样式。

4. 绘制楼板

① 切换至"标高1"视图。选择"建筑"选项卡，单击"构建"面板上的"楼板"按钮，激活命令。

② 在"属性"选项板中单击"编辑类型"按钮，如图 12-201所示。

③ 打开"类型属性"对话框，单击"复制"按钮。

图 12-201 单击"编辑类型"按钮

技巧与提示

为了保留默认的楼板参数，可以在默认楼板类型的基础上，执行"复制"操作，创建副本。

④ 打开"名称"对话框，输入名称，如图 12-202所示。

⑤ 单击"确定"按钮，返回"类型属性"对话框。单击"结构"选项后的"编辑"按钮。

⑥ 打开"编辑部件"对话框。选择第2行，将光标定位在"材质"单元格中，单击右侧的矩形按钮，如图 12-203所示。

图 12-202 输入名称   图 12-203 单击矩形按钮

⑦ 打开"材质浏览器"对话框。在材质列表中选择"种植"材质。选择"图形"选项卡，单击"颜色"按钮，打开"颜色"对话框。

⑧ 在对话框中选择颜色，设置结果如图 12-204所示。

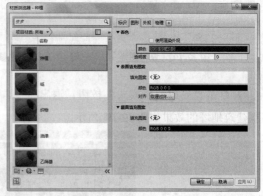

图 12-204 选择材质

⑨ 单击"确定"按钮，返回"编辑部件"对话

框。修改"厚度"值为600，如图12-205所示。

图 12-205 设置参数

⑩ 连续单击"确定"按钮两次，返回视图。在"绘制"面板中单击"拾取墙"按钮，取消勾选"延伸到墙中（至核心层）"复选框，如图12-206所示。

图 12-206 单击"拾取墙"按钮

⑪ 拾取墙体，创建楼板轮廓线，如图12-207所示。

⑫ 按下Esc键，退出命令，创建楼板的效果如图12-208所示。

图 12-207 绘制轮廓线　　图 12-208 创建楼板

⑬ 在"属性"选项板中显示楼板的信息，保持"自标高的高度偏移"选项值为0不变，如图12-209所示。

⑭ 切换至三维视图，查看创建楼板的效果，如图12-210所示。

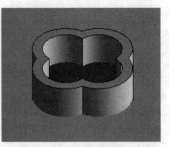

图 12-209 设置参数　　图 12-210 查看三维效果

5. 放置植物

① 切换至"标高1"视图。选择"体量和场地"选项卡，单击"场地建模"面板上的"场地构件"按钮，激活命令。

② 在"属性"选项板中选择"灌木4 3D"植物，设置"偏移"选项值为–200，如图12-211所示，表示植物底部轮廓线在"标高1"的基础上，向下移动的距离为200。

图 12-211 设置参数

技巧与提示

将"偏移"值设置为负数，是想要营造植物的根扎进泥土的感觉。

③ 在墙体轮廓线内单击，指定放置植物的基点，如图12-212所示。

④ 切换至三维视图，查看放置植物的效果，如图12-213所示。

图 12-212 放置植物　　图 12-213 查看三维效果

12.4.5 建筑红线

在"修改场地"面板上单击"建筑红线"按钮，如图 12-214 所示，激活命令。

1. "通过绘制来创建"建筑红线

执行命令后，打开"创建建筑红线"对话框。在其中提供两种创建方式，选择其中的一种，例如，选择"通过绘制来创建"方式，如图 12-215 所示。

图 12-214 单击"建筑红线"按钮　图 12-215 选择"通过绘制来创建"选项

进入"修改|创建建筑红线草图"选项卡。在"绘制"面板上单击"矩形"按钮，如图 12-216 所示，指定绘制方式。

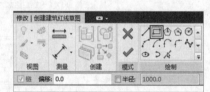

图 12-216 单击"矩形"按钮

❓ **技巧与提示**

根据绘制需要，可以在"绘制"面板中选用绘制方式。例如，单击"线"按钮，就可以通过绘制线段组成任意形状的建筑红线。

在地形表面上单击指定起点与对角点，预览绘制矩形的效果，如图 12-217 所示。

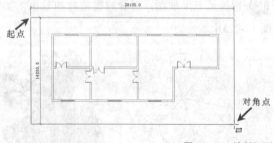

图 12-217 绘制矩形

在合适的位置单击，结束绘制操作，结果如图

12-218 所示。

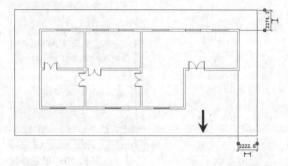

图 12-218 结束绘制

单击"完成编辑模式"按钮，退出命令。在地形表面上绘制矩形建筑红线，效果如图 12-219 所示。

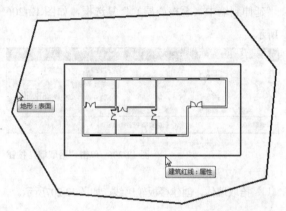

图 12-219 最终结果

❓ **技巧与提示**

建筑红线应该是一个封闭的环，方便计算面积。否则系统会弹出如图 12-220 所示的"警告"对话框。

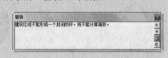

图 12-220 "警告"对话框

2. "通过输入距离和方向角来创建"

启用"建筑红线"命令后，弹出"创建建筑红线"对话框。选择"通过输入距离和方向角来创建"选项，如图 12-221 所示，执行绘制方式。

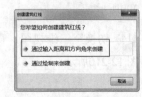

图 12-221 选择"通过输入距离和方向角来创建"选项

打开"建筑红线"对话框。在列表中输入参数,如图12-222所示,指定绘制参数。

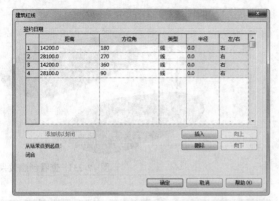

图12-222 "建筑红线"对话框

单击右下角的"插入"按钮,将在列表中插入新行。用户可以在新插入的表行中设置参数。

单击"确定"按钮,系统按照所设定的参数创建建筑红线。

技巧与提示

假如在列表中的参数不足以形成一个闭合的环,可以单击列表左下角的"添加线以封闭"按钮。系统将自定义在列表中插入一行,以闭合建筑红线。

12.4.6 平整区域

执行"平整区域"操作,可以修改地形表面,注明构造过程中进行的修改。

在平整区域中,用户可以执行一系列操作修改表面,如添加或删除点,修改点的高程或者简化表面等。

在"修改场地"面板上单击"平整区域"按钮,如图12-223所示。

图12-223 单击"平整区域"按钮

打开"编辑平整区域"对话框,在其中提供两种编辑方式。单击选择"创建与现有地形表面完全相同的新地形表面"选项,如图12-224所示。

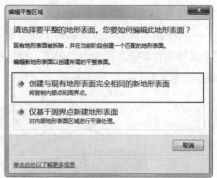

图12-224 选择"创建与现有地形表面完全相同的新地形表面"选项

将光标置于已有的地形表面之上,高亮显示地形表面的轮廓线,如图12-225所示。

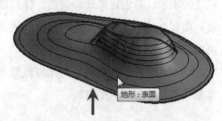

图12-225 选择地形表面

单击选中地形表面,在工作界面的右下角弹出"警告"对话框,如图12-226所示。单击右上角的"关闭"按钮,关闭对话框。

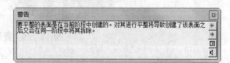

图12-226 "警告"对话框

进入"修改|编辑表面"选项卡。地形表面进入编辑模式,查看显示效果。在地形表面中显示的内部点与周界点,如图12-227所示。这是因为所创建的地形表面与现有地形表面完全相同的缘故。

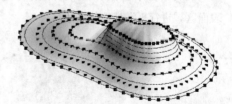

图12-227 显示周界点与内部点

不做任何操作,单击"完成表面"按钮,退出命令。此时,新创建的地形表面,与现有的地形表面重合显示。

选中地形表面，按住鼠标左键不放，向一侧拖动鼠标指针，分离两个地形表面，预览操作结果，如图 12-228所示。

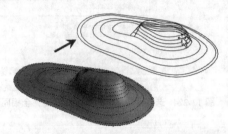

图 12-228 移动地形表面

在合适的位置松开鼠标左键，操作结果如图 12-229所示。新创建的地形表面，等高线显示为虚线。编辑新地形表面，不会对现有的地形表面产生影响。

结束编辑操作后，可以对比新地形表面与现有地形表面，了解所做的修改。

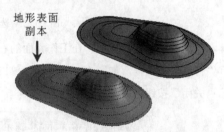

图 12-229 查看创建效果

在"编辑平整区域"对话框中选择"仅基于周界点新建地形表面"选项，单击现有的地形表面，进入"修改|编辑表面"选项卡。

在绘图区域中查看新创建的地形表面，发现只显示周界点，如图 12-230所示。这是因为新地形表面仅复制了现有地形表面的周界点，并对内部地形表面区域进行平滑处理的缘故。

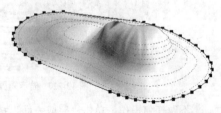

图 12-230 显示周界点

退出编辑模式。选中地形表面，将其拖动至一

旁，查看创建效果。新地形表面显示为一个平面，仅周界形式与现有地形表面相同，内部起伏的状态已被删除，如图 12-231所示。

图 12-231 查看创建效果

12.4.7 标记等高线

在三维视图中，位于"修改场地"面板中的"标记等高线"按钮，显示为灰色，表示不可被调用。

切换至楼层平面视图，"标记等高线"按钮被激活，如图 12-232所示。

单击"标记等高线"按钮，进入"修改|标记等高线"选项卡。选择选项栏上的"链"复选框，如图 12-233所示。

图 12-232 激活"标记等高线" 图 12-233 勾选"链"复
按钮 选框

在地形表面上单击指定起点与终点，绘制线，指定标注位置，如图 12-234所示。

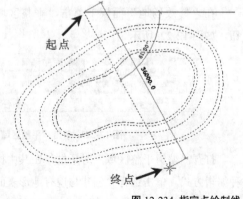

图 12-234 指定点绘制线

选择等高线标签，单击"属性"选项板上的"编辑类型"按钮。

打开"类型属性"对话框。设置"文字大小"选项值，选择"粗体"选项，如图12-235所示。调整标签文字的大小及显示样式。

单击"文字字体"选项，向下弹出列表，选择选项，设置标签的字体。此外，选择"斜体""下划线"等选项，也可以定义字体的显示样式。

图 12-235 设置参数

单击"确定"按钮，返回视图。查看修改标签显示样式的效果，如图12-236所示。假如不满意显示效果，可以再次打开"类型属性"对话框，重新设置参数。

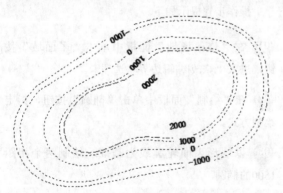

图 12-236 查看修改结果

12.5 课后习题

在本节中，提供了三道习题，分别是"自定义体量模型""创建弧形地形表面"及"绘制子面域定义环形步道"。请读者参考操作提示练习操作。

12.5.1 课后习题——自定义体量模型

难度：☆☆☆

素材文件：无

效果文件：素材/第12章/12.5.1课后习题——自定义体量模型.rvt

在线视频：第12章/12.5.1课后习题——自定义体量模型.mp4

激活"内建体量"命令，在"绘制"面板上选择绘制工具，可以自定义体量模型。

操作步骤提示如下。

① 新建项目文件。选择"体量和场地"选项卡，单击"概念体量"面板上的"内建体量"按钮。

② 打开"体量-显示体量已启用"对话框，单击"关闭"按钮，关闭对话框。

③ 弹出"名称"对话框，设置模型名称。

④ 进入"修改"选项卡，在"绘制"面板上单击"起点，终点，半径"按钮。

⑤ 在绘图区域中单击指定起点，向下移动鼠标指针，在距离起点距离为1000的位置单击，指定终点。

⑥ 向左移动鼠标指针，在临时尺寸标注显示为500时，单击指定半径，绘制圆弧。

⑦ 向右移动鼠标指针，在临时尺寸标注显示为2000的时候，单击指定另一圆弧的终点。

⑧ 向上移动鼠标指针，在临时尺寸标注显示为1000的时候，单击指定半径，绘制圆弧。

⑨ 向下移动鼠标指针，在临时尺寸标注显示为1000的位置，单击指定另一段圆弧的终点。

⑩ 向右移动鼠标指针，在临时尺寸标注显示为500的位置，单击指定半径，绘制圆弧。

⑪ 在"绘制"面板上单击"线"按钮，转换绘制方式。

⑫ 向右移动鼠标指针，指定线的终点。

⑬ 按下Esc键退出绘制操作。选择闭合轮廓线，单击"创建形状"按钮，在弹出的列表中选择"实心形状"选项。

⑭ 单击"完成体量"按钮，退出命令。转换至三维视图，查看创建体量模型的效果。

12.5.2 课后习题——创建弧形地形表面

难度：☆☆☆

素材文件：素材/第12章/12.5.2 课后习题——创建弧形地形表面-素材.rvt

效果文件：素材/第12章/12.5.2 课后习题——创建弧形地形表面.rvt

在线视频：第12章/12.5.2 课后习题——创建弧形地形表面.mp4

为了参考CAD图纸创建弧形地形表面，需要先载入CAD图纸。激活"地形表面"命令，利用"选择导入实例"方式创建地形表面。

操作步骤提示如下。

① 选择"体量和场地"选项卡，单击"场地建模"面板上的"地形表面"按钮。

② 进入"修改|编辑表面"选项卡，单击"通过导入创建"按钮，向下弹出列表，选择"选项导入实例"选项。

③ 单击选择CAD图纸，随即弹出"从所选图层添加点"对话框，保持默认选择即可。

④ 单击"确定"按钮，关闭对话框。在CAD图纸的基础上创建地形表面。单击"完成表面"按钮，退出命令。

⑤ 选择地形表面，按住鼠标左键不放，拖动鼠标指针，移动地形表面。

⑥ 切换至三维视图，查看移动地形表面的效果。

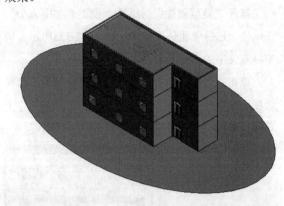

12.5.3 课后习题——绘制子面域来定义环形步道

难度：☆☆☆

素材文件：素材/第12章/12.5.3 课后习题——绘制子面域来定义环形步道-素材.rvt

效果文件：素材/第12章/12.5.3 课后习题——绘制子面域来定义环形步道.rvt

在线视频：第12章/12.5.3 课后习题——绘制子面域来定义环形步道.mp4

激活"子面域"命令，通过绘制轮廓线，可以创建指定样式的子面域。在本节中，通过创建子面域来表示环形步道。

操作步骤提示如下。

① 在"修改场地"面板中单击"子面域"按钮，进入"修改|编辑边界"选项卡。

② 在"绘制"面板中单击"椭圆"按钮，指定绘制方式。

③ 以地形表面轮廓线为基准，绘制两个相距1500的椭圆。

④ 单击"完成编辑模式"按钮，退出命令，绘制子面域定义环形步道。

⑤ 选择子面域，在"属性"选项板中单击"材质"选项右侧的矩形按钮，打开"材质浏览器"对话框。

⑥ 在材质列表中选择"绿色塑胶"材质，其他参数设置保持不变。

07 转换至三维视图，在视图控制栏中单击"视觉样式"按钮，向上弹出列表，选择"真实"选项。

08 转换视觉样式，查看为环形步道设置材质的效果。

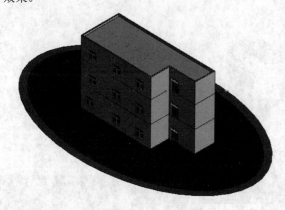

12.6 本章小结

本章介绍了创建体量模型、创建场地及编辑场地的方法。

在体量模型的基础上，可以创建幕墙系统、楼板，乃至墙体与楼板。具体的操作方法，请阅读本章内容，以及第3章、第5章的相关内容。

在地形表面上，用户可以载入各种类型的构件，如建筑小品、植物、停车场等，以丰富项目模型的表现效果。

通过激活编辑工具，可以编辑拆分、合并地形表面；或者绘制子面域，定义一个面积；或者平整区域、标记等高线。

学习笔记

第**13**章

管理视图

内容摘要

管理视图的内容包括应用视图样板、设置图元的显示样式及创建视图、创建明细表。为了综合运用创建各种类型视图、编辑项目模型的方法，需要学习管理视图。

本章将介绍管理视图的方法。

课堂学习目标

- 掌握管理视图样板的方法
- 学会设置图元的显示样式
- 练习创建视图
- 掌握视图设置的方法
- 学习创建与编辑明细表的方法

13.1 视图样板

视图样板的属性包括视图比例、详细程度、模型显示样式等。设置视图属性参数，会影响图元在视图中的显示效果。

13.1.1 从当前视图创建样板

切换至"视图"选项卡，单击"图形"面板上的"视图样板"按钮，弹出详细列表，选择"从当前视图创建样板"选项，如图13-1所示。

打开"新视图样板"对话框。在"名称"文本框中设置视图样板的名称，如图13-2所示。

图13-1 选择"从当前视图创建样板"选项　**图13-2 输入名称**

单击"确定"按钮，打开"视图样板"对话框，如图13-3所示。在"视图属性"列表中，会显示各选项参数，如视图比例、详细程度等。

默认情况下，各选项显示的是系统赋予的默认值。

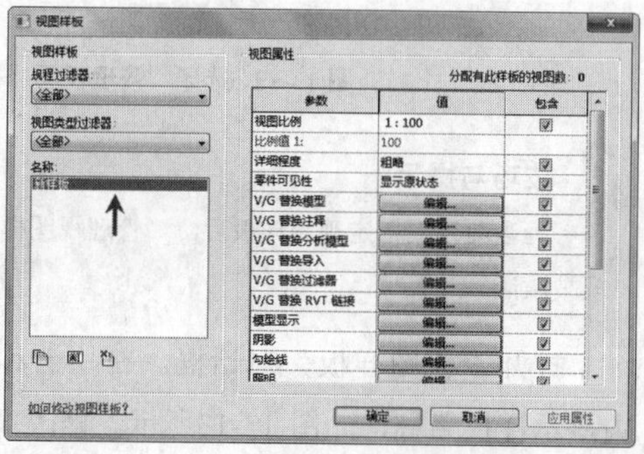

图13-3 "视图样板"对话框

单击对话框左上角的"规程过滤器"选项，向下弹出列表，显示各种类型的规程，如建筑、结构等，如图13-4所示。选择选项，指定规程，在对话框中仅显示该规程的样板。

通常选择"<全部>"选项，即显示所有规程的视图样板。

单击"视图类型过滤器"选项，向下弹出列表，显示视图类型，如图13-5所示。选择"三维视图、漫游"选项，仅在对话框中显示此种视图类型的样板。

通常选择"<全部>"选项，即在对话框中显示所有视图类型的样板。

图13-4 "规程过滤器"列表　**图13-5 "视图类型过滤器"列表**

在"视图属性"列表中，有的选项右侧会显示"编辑"按钮。单击"模型显示"选项的右侧的"编辑"按钮，打开"图形显示选项"对话框，如图13-6所示。

在对话框中修改参数，单击"确定"按钮关闭对话框，即可调整模型在视图中的显示方式。

图13-6 "图形显示选项"对话框

13.1.2 应用样板属性

在"图形"面板上单击"视图样板"按钮，向下弹出列表，选择"将样板属性应用于当前视图"选项，如图13-7所示。

图13-7 选择"将样板属性应用于当前视图"选项

打开"应用视图样板"对话框。单击右下角的"应用属性"按钮，如图13-8所示。

单击"确定"按钮，将样板属性应用至当前视图。

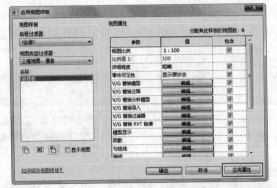

图 13-8　单击"应用属性"按钮

在"属性"选项板中，"标识数据"选项组下"视图样板"选项值显示为"<无>"，如图 13-9所示。这是因为在应用样板属性后，并没有将样板指定给当前的视图。

图 13-9　"属性"选项板

单击"视图样板"选项右侧的"<无>"按钮，打开"指定视图样板"对话框。

在"名称"列表中，选择"新样板"，单击右下角的"应用"按钮，如图 13-10所示。

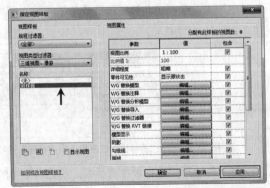

图 13-10　单击"应用"按钮

单击"确定"按钮，关闭对话框。在"视图样板"选项中，显示样板的名称，如图 13-11所示。

执行上述操作后，不仅会将视图样板属性应用到当前视图，同时也会将视图样板指定为当前视图正在使用的样板。

图 13-11　显示样板名称

13.1.3　管理视图样板

在"图形"面板上单击"视图样板"选项，向下弹出列表，选择"管理视图样板"选项，如图13-12所示。

图 13-12　选择"管理视图样板"选项

技巧与提示

为当前视图指定视图样板后，"管理视图样板"选项被激活。

打开"视图样板"对话框。在"名称"列表中显示样板名称，如图 13-13所示。修改"视图属性"列表中的选项参数，重定义样板属性。

单击对话框左下角的"新建"按钮 ，打开"新视图样板"对话框，设置样板名称，新建视图样板。

单击"重命名"按钮 ，打开"重命名"对话框。在"新名称"选项中输入参数，如图 13-14所示。

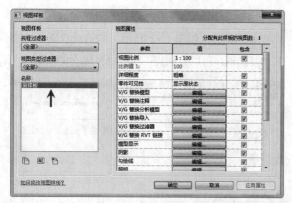

图 13-13 "视图样板"对话框

图 13-14 输入参数

单击"确定"按钮关闭对话框，查看重命名样板的效果，如图 13-15所示。

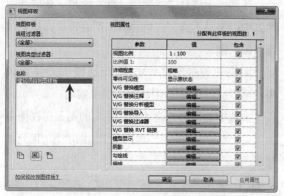

图 13-15 重命名样板

单击"确定"按钮，关闭"视图样板"对话框。在"属性"选项板中，"视图样板"选项中的样板名称也随之更新，如图 13-16所示。

图 13-16 更新样板名称

13.2 设置图元的显示样式

设置不同的图元显示样式，会影响图元在视图中的显示效果。可以通过多种方式设置图元的显示样式，如设置图元的可见性、创建过滤器等。本节将介绍其设置方法。

13.2.1 设置图元的可见性

在"图形"面板上单击"可见性/图形"按钮，如图 13-17所示，打开"楼层平面：标高1的可见性/图形替换"对话框。

图 13-17 单击"可见性/图形"按钮

列表中将显示各种类型的图元名称，如图 13-18所示。名称前显示√，表示图元在视图中为可见状态。

通常情况下，大部分的图元在视图中都处于可见状态。

图 13-18 "楼层平面：标高1的可见性/图形替换"对话框

技巧与提示

在三维视图中打开"楼层平面：标高1的可见性/图形替换"对话框，对话框中各选项显示为灰色，表示不可调用。所以要先切换至楼层平面视图，再打开对话框，才可以执行各项操作。

单击"过滤器列表"选项，向下弹出列表，显示过滤器名称，如图 13-19所示。如果选择全部的过滤器，选项中会显示"<全部显示>"选项。

如当前视图中正在创建或编辑某个项目，可以在列表中选择该项目的规程。如勾选"建筑"复选框，如图 13-20所示，就可以仅在对话框中显示与建筑项目有关的图元类别。

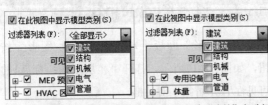

图 13-19 过滤器列表　图 13-20 勾选"建筑"复选框

展开图元名称前的+，展开子菜单。例如，单击"墙"名称前的+，在展开的菜单中会显示"公共边""隐藏线"选项，如图 13-21所示，这是组成墙体的两个元素。

如果取消勾选"墙"，则该选项包括子菜单在内全部显示为灰色，如图 13-22所示。

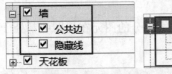

图 13-21 显示子菜单　　图 13-22 取消勾选

返回视图，查看编辑结果。此时，视图中的墙体为不可见状态，如图 13-23所示。仅显示楼板、门窗图元。

这是因为在"楼层平面：标高1的可见性/图形替换"对话框中，取消了"墙"复选框的勾选。

如果要在视图中恢复显示墙体，重新在"楼层平面：标高1的可见性/图形替换"对话框中勾选"墙"复选框即可。

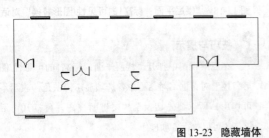

图 13-23 隐藏墙体

选择"注释类别"选项卡，列表中显示与建筑项目有关的类别，如图 13-24所示。勾选或者取消勾选某个复选框，可以控制其在视图中的显示或隐藏。

图 13-24 "注释类别"选项卡

选择"导入的类别"选项卡，在列表中显示已导入的CAD文件信息，如图 13-25所示。

在列表中展开"等高线.dwg"选项，在展开的列表中，将显示该文件所包含的所有图层，默认选择全部的图层。

如果希望控制CAD文件在视图中的显示效果，可以通过选择/取消选择图层来实现。

被选中的图层，位于该图层上的图元在视图中为可见状态。取消选择图层，位于该图层上的图元被隐藏。

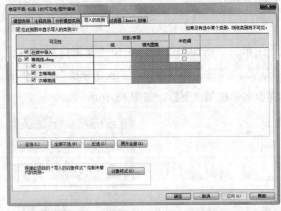

图 13-25 "导入的类别"选项卡

选择"Revit链接"选项卡，在列表中显示当前视图中，已载入的Revit模型的信息，如图 13-26所示。

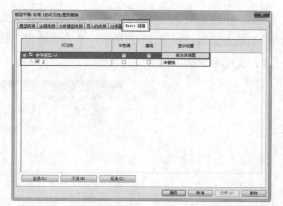

图 13-26 "Revit链接"选项卡

13.2.2 过滤器

在"图形"面板上单击"细线"按钮，如图 13-27所示，打开"过滤器"对话框。在对话框中，可以执行创建或编辑过滤器的操作。

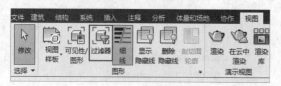

图 13-27 单击"细线"按钮

1. 创建过滤器

如果尚未在"过滤器"对话框中创建任何过滤器，那么对话框中各选项显示为灰色，如图 13-28所示，表示不可被编辑。

图 13-28 "过滤器"对话框

单击对话框左下角的"新建"按钮 ，打开"过滤器名称"对话框。在"名称"选项中，显示默认的名称，如图 13-29所示。用户可以自定义名称。

默认选中"定义规则"单选按钮，单击"确定"按钮，返回"过滤器"对话框。

图 13-29 "过滤器名称"对话框

在"过滤器"列表中，会显示新建过滤器的名称。单击"过滤器列表"选项，在列表中选择选项，例如，选择"建筑"选项，如图 13-30所示，指定过滤器的类型。

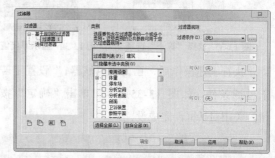

图 13-30 创建过滤器

在类别列表中，勾选复选框，例如，勾选"墙"复选框，如图 13-31所示，则此次创建的过滤器，便与墙体有关。

单击右上角的"过滤条件"选项，向下弹出列表，显示各种条件选项，如图 13-32所示。选择其中的一种，指定过滤条件，如选择"厚度"选项。

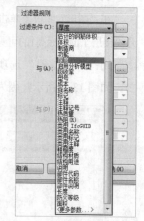

图 13-31 选择"墙"类别　图 13-32 弹出"过滤条件"列表

单击第二个选项，向下弹出列表，显示"等于""不等于"等选项。选择其中的一项，例如，选择"等于"选项，如图 13-33所示，添加过滤条件。

单击第三个选项，向下弹出列表，显示数字参数，如图 13-34所示。第三个选项所显示的信息，与已经选定的类别和过滤条件有关。

在类别列表中，已经选择了"墙"类别。并且分别设置第一个过滤条件为"厚度"，第二个过滤条件为"等于"。那么在第三个过滤条件中，就会显示墙宽参数，如240、220，这是当前视图中，已经存在的墙宽值。

图 13-33　选择"等于"选项　　图 13-34　显示厚度值

执行上述操作后，已为"过滤器1"设置了若干过滤条件，如图 13-35所示。单击"确定"按钮，关闭对话框，完成设置。

图 13-35　设置过滤条件

2.　添加过滤器

在"图形"面板上单击"可见性/图形"按钮，打开"楼层平面：标高1的可见线/图形替换"对话框。

选择"过滤器"选项卡，此时列表中显示空白，如图 13-36所示，因为尚未添加任何过滤器。

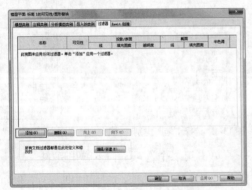

图 13-36　"过滤器"选项卡

单击"添加"按钮，打开"添加过滤器"对

话框。在列表中，显示已创建的过滤器。选择需要添加的过滤器，如图 13-37所示，单击"确定"按钮，关闭对话框。

图 13-37　选择过滤器

在"过滤器"选项卡中，显示已添加的过滤器，如图 13-38所示。

图 13-38　添加过滤器

3.　利用过滤器隐藏图元

将光标定位在"可见性"单元格中，取消勾选复选框，如图 13-39所示。

执行上述操作，可在视图中隐藏过滤器。

图 13-39　取消勾选复选框

单击"确定"按钮，返回视图。查看图元，发现满足过滤条件的外墙体被隐藏了，效果如图13-40所示。

其他图元，如门窗、内墙体、楼板均不符合过滤条件，所以依然显示在视图中。

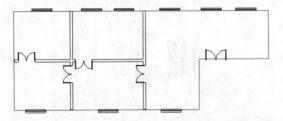

图 13-40 隐藏外墙体

13.2.3 按照单一宽度显示屏幕上的所有线

默认情况下，"图形"面板上的"细线"按钮处于激活状态，显示透明的蓝色背景，如图13-41所示。

此时，在视图中，所有的图元都按照单一的宽度显示，无论缩放级别如何，如图 13-42所示。

图 13-41 单击"细线"按钮

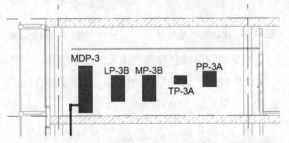

图 13-42 按照统一的线宽显示

单击"图形"面板上的"细线"按钮，退出选择状态，如图 13-43所示。

图 13-43 退出选择状态

观察视图中的图元，此时，图元按照本来的线宽显示，效果如图 13-44所示。

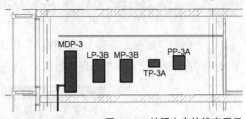

图 13-44 按照本来的线宽显示

13.3 创建视图

在Revit中，可以创建三维视图、剖面视图、平面视图及立面视图。本节将介绍其创建方法。

13.3.1 打开三维视图

选择"视图"选项卡，单击"创建"面板上的"三维视图"按钮，向下弹出列表。选择"默认三维视图"选项，如图 13-45所示。

切换至三维视图，效果如图 13-46所示。

图 13-45 选择"默认三维视图"选项

图 13-46 三维视图

在项目浏览器中展开"三维视图"列表，选择视图名称，单击鼠标右键，在弹出的快捷菜单中选择"打开"选项，如图 13-47所示，也可以打开三维视图。

双击三维视图名称，也可以打开三维视图。

图 13-47 选择"打开"选项

233

13.3.2 放置相机创建三维视图

在"创建"面板上单击"三维视图"按钮，向下弹出列表，选择"相机"选项，如图13-48所示。

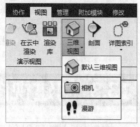

图13-48 选择"相机"选项

在选项栏中，默认勾选"透视图"复选框，如图13-49所示，表示在放置相机的同时也创建透视图。"偏移"选项值，表示的是"视点高度"。可以选用默认值，也可以自定义参数值。

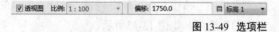

图13-49 选项栏

移动鼠标指针，在视图中指定放置相机的位置，如图13-50所示。

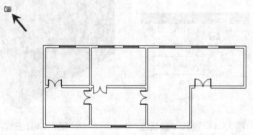

图13-50 指定相机的位置

单击并放置相机，指定视点的位置，如图13-51所示。拖动鼠标指针，在合适的位置上单击，将观察目标放置在光标所在的位置上。

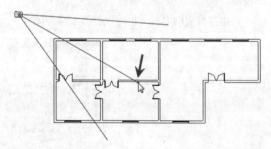

图13-51 放置相机

同步切换至透视视图，显示效果如图13-52所示。

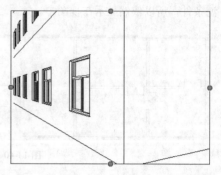

图13-52 透视视图

将光标置于边框上的蓝色圆点，按住鼠标左键不放，向上拖动鼠标指针，预览调整边框的效果，如图13-53所示。

在合适的位置松开鼠标左键，结束调整操作。继续激活右侧边框上的原点，调整边框。最终边框中图元的显示效果如图13-54所示。

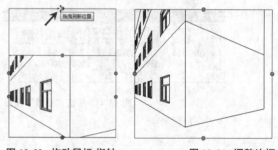

图13-53 拖动鼠标 指针　　　图13-54 调整边框

如果不满意透视视图中图元的显示效果，可以返回平面视图，调整相机的位置，以及观察目标的位置，效果如图13-55所示。

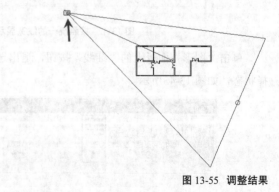

图13-55 调整结果

在项目浏览器中展开"三维视图"列表，选择"三维视图1"，双击进入透视视图。

调整相机与观察目标的位置后，透视视图中图元的显示效果也发生改变，如图13-56所示。

返回平面视图后，有时候会找不到相机。这时，在项目浏览器中的"三维视图"列表下选中"三维视图1"，单击鼠标右键，在弹出的快捷菜单中选择"显示相机"选项，如图13-57所示。

执行上述操作后，就可以在平面视图中显示相机。

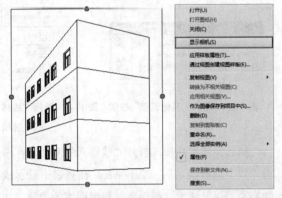

图 13-56　图元的显示效果　图 13-57　选择"显示相机"选项

13.3.3　创建平面视图

在"创建"面板上单击"平面视图"按钮，向下弹出列表，选择"天花板投影平面"选项，如图13-58所示。

打开"新建天花板平面"对话框，在列表中选择标高，如图13-59所示。

图 13-58　选择"天花板投影平面"选项　图13-59　选择标高

单击"确定"按钮，关闭对话框，结束创建视图的操作。在项目浏览器中，单击展开"天花板平面"列表，显示新建的视图，系统默认将其命名为"标高3"，如图13-60所示，与在"新建天花板平面"对话框中所选择的标高名称相同。

参考上述方法，用户可以创建其他二维平面视图，如楼层平面图、结构平面图等。

图 13-60　新建视图

13.3.4　创建立面视图

在"创建"面板上单击"立面"按钮，向下弹出列表，选择"框架立面"选项，如图13-61所示。

图 13-61　选择"框架立面"选项

将光标置于轴线之上，预览放置立面符号的效果，如图13-62所示。

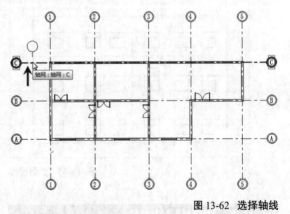

图 13-62　选择轴线

技巧与提示

选择已经命名的参照平面，也可以放置立面符号，创建框架立面视图。

在轴线上单击，放置立面符号，效果如图

13-63所示。

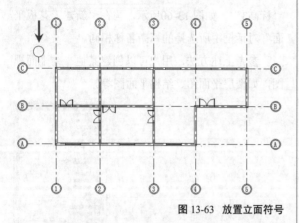

图 13-63 放置立面符号

在项目浏览器中单击展开"立面（立面1）"
列表，显示新建的立面视图，如图13-64所示。

图 13-64 显示新建视图

双击视图名称，进入立面视图，查看创建效
果，如图13-65所示。

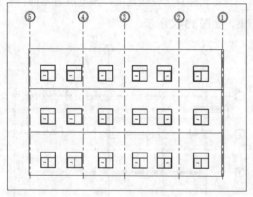

图 13-65 立面视图

13.4 视图设置

在创建项目的过程中，需要综合利用各种元
素辅助建模，如线、填充图案及各种类型的标记
等。本节将介绍设置这些元素显示样式的方法。

13.4.1 设置线样式

选择"管理"选项卡，在"设置"面板上单击
"其他设置"按钮，如图13-66所示。

向下弹出列表，选择"线样式"选项，如图
13-67所示。

图 13-66 单击"其他设置"按钮　图 13-67 选择"线样式"选项

执行上述操作后，打开"线样式"对话框。单
击"线"表行前的+，展开列表。在列表中显示线
的类别，以及线宽、线颜色、线型图案的参数，如
图13-68所示。

图 13-68 "线样式"对话框

在"线型图案"表列中，各类别的线均被赋予
指定的图案。例如，"<中心线>"被指定的线型
图案类型为"中心线"。在绘制中心线的时候，均
以系统执行的线型图案显示。

选择"<中心线>"表行，单击"线型图案"
单元格，向下弹出列表，显示各种类型的图案。

选择其中一种，例如，选择"双点划线"，如
图13-69所示，重定义线型图案。

在绘制图元的时候，有时候会需要指定"线样

式"。例如，在绘制"模型线"的时候，在"线样式"选项中，选择线的类型为"<中心线>"，如图13-70所示。

执行上述设置后，所绘制的模型线，均以中心线的样式在视图中显示。

图13-69 选择"双点划线"图案 **图13-70 选择"<中心线>"线样式**

假如没有修改"<中心线>"的线型图案，那么所绘制的中心线显示默认的线型图案，即"中心线"图案。在本节中，将"<中心线>"的线型图案修改为"双点划线"，将重定义中心线的绘制效果，如图13-71所示。

在"线样式"对话框中，还可以修改线的线宽、线颜色，请参考本节内容进行练习。

图13-71 绘制效果

13.4.2 设置线宽

在"设置"面板上单击"其他设置"按钮，向下弹出列表，选择"线宽"选项，如图13-72所示。

打开"线宽"对话框，默认选择"模型线宽"选项卡，如图13-73所示。在列表中，会显示16种模型线宽，可按照不同的比例，指定不同的线宽。

图13-72 选择"线宽"选项 **图13-73 "线宽"对话框**

如果默认的线宽参数不符合使用要求，还可以自定义参数。如要修改比例为1：100的1号线宽，可以将光标定位在单元格中，选择已有的线宽参数，如图13-74所示。

	1：10	1：20	1：50	1：100	1：200	1：500
1	0.1800 mm	0.1800 mm	0.1800 mm	0.1000 mm	0.1000 mm	0.1000 m
2	0.2500 mm	0.2500 mm	0.2500 mm	0.1300 mm	0.1000 mm	0.1000 m
3	0.3500 mm	0.3500 mm	0.3500 mm	0.2500 mm	0.1800 mm	0.1000 m
4	0.7000 mm	0.5000 mm	0.5000 mm	0.3500 mm	0.2500 mm	0.1800 m
5	1.0000 mm	0.7000 mm	0.7000 mm	0.5000 mm	0.3500 mm	0.2500 m
6	1.4000 mm	1.0000 mm	1.0000 mm	0.7000 mm	0.5000 mm	0.3500 m
7	2.0000 mm	1.4000 mm	1.4000 mm	1.0000 mm	0.7000 mm	0.5000 m
8	2.8000 mm	2.0000 mm	2.0000 mm	1.4000 mm	1.0000 mm	0.7000 m
9	4.0000 mm	2.8000 mm	2.8000 mm	2.0000 mm	1.4000 mm	1.0000 m
10	5.0000 mm	4.0000 mm	4.0000 mm	2.8000 mm	2.0000 mm	1.4000 m
11	6.0000 mm	5.0000 mm	5.0000 mm	4.0000 mm	2.8000 mm	2.0000 m
12	7.0000 mm	6.0000 mm	6.0000 mm	5.0000 mm	4.0000 mm	2.8000 m

图13-74 选择线宽参数

删除已有的线宽值，输入新的线宽参数，如图13-75所示，就可以修改默认线宽参数。

	1：10	1：20	1：50	1：100	1：200	1：500
1	0.1800 mm	0.1800 mm	0.1800 mm	0.1500 mm	0.1000 mm	0.1000 m
2	0.2500 mm	0.2500 mm	0.2500 mm	0.1300 mm	0.1000 mm	0.1000 m
3	0.3500 mm	0.3500 mm	0.3500 mm	0.2500 mm	0.1800 mm	0.1000 m
4	0.7000 mm	0.5000 mm	0.5000 mm	0.3500 mm	0.2500 mm	0.1800 m
5	1.0000 mm	0.7000 mm	0.7000 mm	0.5000 mm	0.3500 mm	0.2500 m
6	1.4000 mm	1.0000 mm	1.0000 mm	0.7000 mm	0.5000 mm	0.3500 m
7	2.0000 mm	1.4000 mm	1.4000 mm	1.0000 mm	0.7000 mm	0.5000 m
8	2.8000 mm	2.0000 mm	2.0000 mm	1.4000 mm	1.0000 mm	0.7000 m
9	4.0000 mm	2.8000 mm	2.8000 mm	2.0000 mm	1.4000 mm	1.0000 m
10	5.0000 mm	4.0000 mm	4.0000 mm	2.8000 mm	2.0000 mm	1.4000 m
11	6.0000 mm	5.0000 mm	5.0000 mm	4.0000 mm	2.8000 mm	2.0000 m
12	7.0000 mm	6.0000 mm	6.0000 mm	5.0000 mm	4.0000 mm	2.8000 m

图13-75 输入参数

单击列表右上角的"添加"按钮，打开"添加比例"对话框。单击比例选项，向下弹出列表，显示多种绘图比例。选择其中的一种，如图13-76所示。

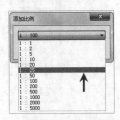

图13-76 选择比例

单击"确定"按钮，关闭对话框。在线宽列表中新增一个表列，如图13-77所示。

用户可以自定义新增表列的线宽值，也可以使用默认的线宽值。

图13-77　新增表列

如果要修改透视视图的线宽，可以切换至"透视视图线宽"选项卡，如图13-78所示。

在列表中，显示16种线宽。但是不能删除已有的线宽，也不能新增线宽，但可以修改已有的线宽值。

图13-78　"透视视图线宽"选项卡

选择"注释线宽"选项卡，如图13-79所示，其中所显示的线宽值，用来定义剖面和尺寸标注等对象的线宽。并且，注释线宽与视图比例及投影方法无关。可以重定义线宽，但不能删除或添加线宽。

图13-79　"注释线宽"选项卡

在轴网的"类型属性"对话框中，单击"轴线末段线宽"选项，向下弹出线宽列表，如图13-80所示。

在列表中显示线宽编号，编号对应一定的线宽值。如果要修改线宽值，需要打开"线宽"对话框。

图13-80　线宽列表

13.4.3　设置线型图案

在"设置"面板上单击"其他设置"按钮，向下弹出列表，选择"线型图案"选项，如图13-81所示。

打开"线型图案"对话框，在其中显示当前视图中已有的线型图案，如图13-82所示。

图13-81　选　　　图13-82　"线型图案"对话框
择"线型图
案"选项

用户可以选择已有的线型图案，也可以自定义线型图案。单击右上角的"新建"按钮，打开"线型图案属性"对话框。

在"名称"选项中，输入文字，为线型图案指定一个名称，如图13-83所示。

单击"类型"单元格，向下弹出列表，显示两个选项，分别是"划线""圆点"。选择不同的选项，指定不同的线型图案。

在"值"单元格中，输入长度参数，指定划线或空间的距离，如图 13-84所示。如果在"类型"单元格中选择"圆点"，则不需要设置"值"。

因为在默认情况下，"圆点"将以系统自定义的长度表现。

图 13-83 输入名称

图 13-84 设置参数

单击"确定"按钮，返回"线型图案"对话框。在列表中，显示新建的线型图案，效果如图 13-85所示。

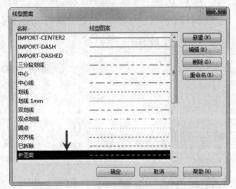

图 13-85 新建线型图案

选择线型图案，单击"编辑"按钮，打开"线型图案属性"对话框，在其中可以重定义图案的名称及样式参数。

单击"删除"按钮，删除选中的线型图案。

选择线型图案，单击"重命名"按钮，打开"重命名"对话框。在"新名称"对话框中输入参数，如图 13-86所示。

图 13-86 输入名称

单击"确定"按钮，返回"线型图案"对话框。在其中查看重定义图案名称的效果，如图 13-87所示。

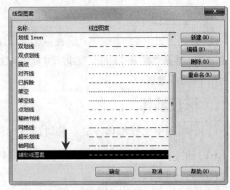

图 13-87 重命名图案

打开"线样式"对话框。在"线型图案"单元格中单击，向下弹出列表。在列表中，显示用户自定义的线型图案，如图 13-88所示。选择图案，将其指定给某种线类别。

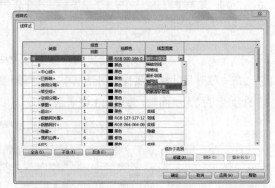

图 13-88 显示线型图案

13.4.4 设置临时尺寸标注样式

执行"设置临时尺寸标注样式"的操作，可以指定临时尺寸标注的放置及构件参照。

在"设置"面板上单击"其他设置"按钮，向下弹出列表，选择"临时尺寸标注"选项，如图 13-89所示。

打开"临时尺寸标注属性"对话框，如图 13-90所示。在对话框中，指定了在测量墙体与门窗时，临时尺寸标注选择的参照类型。

例如，在测量墙体时，以墙体中心线为参照。在测量门窗时，也是以门窗的中心线为参照。

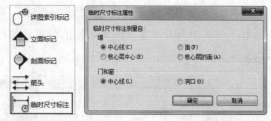

图 13-89 选择"临 图 13-90 "临时尺寸标注属性"对话框
时尺寸标注"选项

1. 标注墙体

在视图中选择墙体,显示临时尺寸标注,如图
13-91所示。此时,临时尺寸标注拾取墙体中心线
为参照,注明两段墙体的间距。

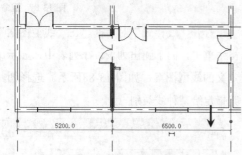

图 13-91 显示临时尺寸标注

在"临时尺寸标注属性"对话框中,选择测量
墙的参照方式为"面",如图 13-92所示。

图 13-92 选中"面"选项

在视图中再次选择墙体,此时,临时尺寸标
注以墙面线为参照,注明两段墙体的间距,如图
13-93所示。

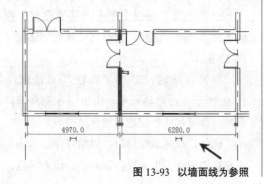

图 13-93 以墙面线为参照

2. 标注门窗

在视图中选择门,显示临时尺寸标注。此时,
临时尺寸标注拾取门的中心线为参照,注明门与两
侧墙体的间距,如图 13-94所示。

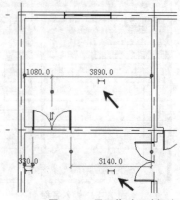

图 13-94 显示临时尺寸标注

在"临时尺寸标注属性"对话框中,修改测量
门窗的参照为"洞口",如图 13-95所示。

返回视图,再次选择门。此时,临时尺寸标
注以洞口边界线为参照,注明洞口与两侧墙体的间
距,如图 13-96所示。

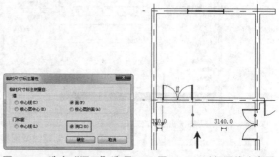

图 13-95 选中"洞口"选项 图 13-96 以门洞线为参照

13.5 明细表

创建明细表,能够以表格的形式,详细罗列某
一构件的相关信息。例如,门窗明细表中详细地表
现了门窗的名称、规格及数量、位置等信息。

本节将介绍创建明细表的方法。

13.5.1 关键字明细表

选择"视图"选项卡,单击"创建"面板上的

"明细表"按钮,向下弹出列表,选择"明细表/数量"选项,如图13-97所示。

打开"新建明细表"对话框。在"类别"列表中,显示构件名称,如体量、停车场及场地、坡道等,如图13-98所示。

选择某种类别的构件,可以创建该构件的明细表,详细地在表格中注明构件信息。

图13-97 选择"明细表/数量"选项　图13-98 "新建明细表"对话框

13.5.2 课堂案例——为建筑项目创建门窗明细表

难度:☆☆☆

素材文件: 素材/第13章/13.5.2 课堂案例——为建筑项目创建门窗明细表-素材.rvt

效果文件: 素材/第13章/13.5.2 课堂案例——为建筑项目创建门窗明细表.rvt

在线视频: 第13章/13.5.2 课堂案例——为建筑项目创建门窗明细表.mp4

为了方便了解项目中的门窗信息,可以创建门窗明细表。用户可以自定义明细表中的信息,指定需要罗列的门窗参数。

1. 创建门明细表

① 打开"13.5.2 课堂案例——为建筑项目创建门窗明细表-素材.rvt"文件。

② 打开"新建明细表"对话框,在类别列表中选择"门"选项。在"名称"选项中,显示默认的明细表名称,如图13-99所示。保持默认值即可。

③ 单击"确定"按钮,进入"明细表属性"对话框。在"可用的字段"列表中,选择"类型"字段。单击中间的"添加参数"按钮,如图13-100所示。

图13-99 "新建明细表"对话框

图13-100 选择字段

④ 将选中的字段添加至"明细表字段(按顺序排列)"列表中,结果如图13-101所示。

图13-101 添加字段

⑤ 重复上述操作,继续添加字段,最终结果如图13-102所示。

图13-102 最终结果

⑥ 单击"确定"按钮,进入明细表视图,查看

创建门明细表的效果，如图13-103所示。

〈门明细表〉

图 13-103　门明细表

2.　创建窗明细表

① 在"新建明细表"对话框中选择"窗"类别，保持"名称"为"窗明细表"不变，如图13-104所示。

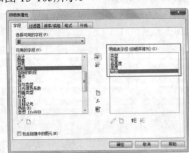

图 13-104　选择"窗"类别

② 单击"确定"按钮，进入"明细表属性"对话框。在"明细表字段（按顺序排列）"列表中添加字段，结果如图13-105所示。

图 13-105　添加字段

③ 单击"确定"按钮，进入明细表视图，查看创建窗明细表的效果，如图13-106所示。

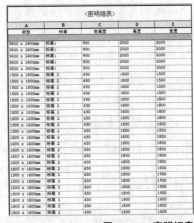

〈窗明细表〉

图 13-106　窗明细表

13.5.3　课堂案例——编辑门窗明细表

难度：☆☆☆

素材文件：素材/第13章/13.5.2 课堂案例——为建筑项目创建门窗明细表.rvt

效果文件：素材/第13章/13.5.3 课堂案例——编辑门窗明细表.rvt

在线视频：第13章/13.5.3 课堂案例——编辑门窗明细表.mp4

在本节中，将以上一节所创建的门窗明细表为例，介绍编辑明细表的方法。

1.　重命名明细表

① 打开"13.5.2 课堂案例——为建筑项目创建门窗明细表.rvt"文件。

② 在项目浏览器中展开"明细表/数量"列表，显示当前项目中所包含的明细表。选择"门明细表"，如图13-107所示。

③ 双击明细表名称，进入明细表视图。

④ 在"属性"选项板中的"视图名称"选项中，显示明细表的名称，如图13-108所示。

图 13-107　选择"门明细表"　图 13-108　显示明细表名称

05 在"视图名称"选项中输入文字，重定义视图名称，如图 13-109所示。

图 13-109 重定义名称

06 此时，明细表的标题同步更新，显示效果如图 13-110所示。

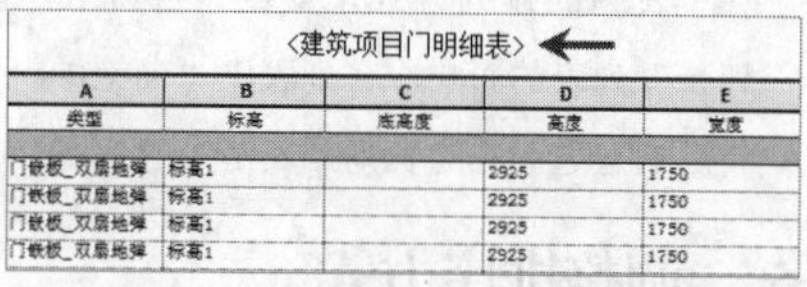

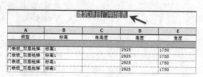

图 13-110 重命名明细表

　　除了上述的修改方法之外，也可以直接在明细表中修改名称。选择名称，如图 13-111所示，删除原有的名称，输入新的名称，在空白位置单击，即可重命名明细表。

图 13-111 选择名称

2. 调整列宽

01 将光标定位在两个表列中的轮廓线之上，光标显示为"向左/向右"箭头，如图 13-112所示。

02 按住鼠标左键不放，向右拖动鼠标指针，如图 13-113所示。

图 13-112 光标显示为"向左/向右"箭头　　图 13-113 拖动鼠标指针

03 在合适的位置松开鼠标左键，即可向右调整

表列的宽度，最终使得单元格内的文字完全显示，效果如图 13-114所示。

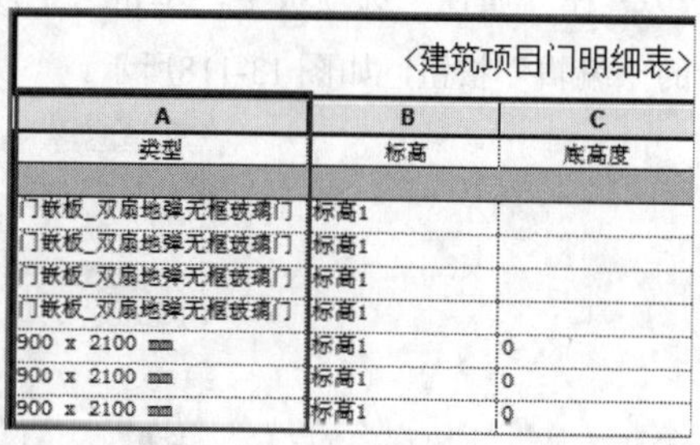

图 13-114 调整列宽

3. 调整对齐方式

01 首先单击选择A列，按住Shift键不放，单击选择E列，即可选择全部的表列，如图 13-115所示。

02 单击"外观"面板上的"对齐水平"按钮，向下弹出列表，选择"中心"选项，如图 13-116所示。

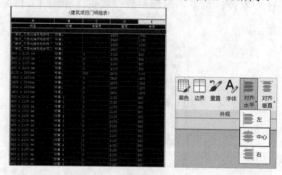

图 13-115 选择表列　　图 13-116 选择"中心"选项

03 在水平方向上居中对齐明细表的文字，效果如图 13-117所示。

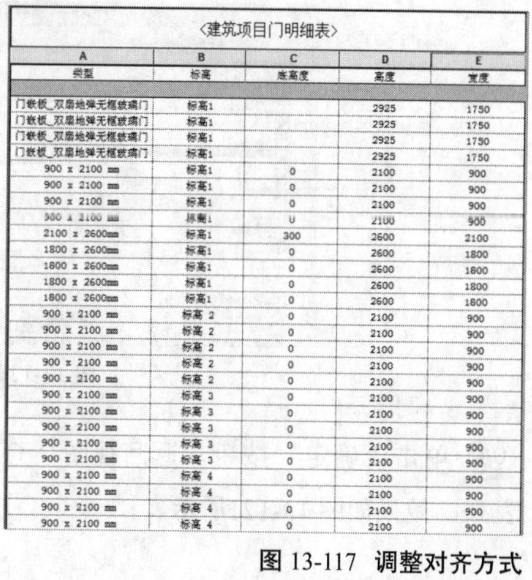

图 13-117 调整对齐方式

4. 添加字段

① 在"属性"选项板中，单击"字段"选项后的"编辑"按钮，如图 13-118 所示。

图 13-118 单击"编辑"按钮

② 弹出"明细表属性"对话框。切换至"字段"选项卡，在"可用的字段"列表中选择"合计"字段，单击"添加参数"按钮，如图 13-119 所示。

图 13-119 选择"合计"字段

③ 将"合计"字段添加至"明细表字段（按顺序排列）"列表，结果如图 13-120 所示。

图 13-120 添加字段

④ 单击"确定"按钮，返回视图。查看新增的表列，效果如图 13-121 所示。

<建筑项目门明细表>

| A | B | C | D | E | F |
类型	标高	底高度	高度	宽度	合计
门嵌板_双扇地弹无框玻璃门	标高1		2925	1750	1
门嵌板_双扇地弹无框玻璃门	标高1		2925	1750	1
门嵌板_双扇地弹无框玻璃门	标高1		2925	1750	1
门嵌板_双扇地弹无框玻璃门	标高1		2925	1750	1
900 x 2100 mm	标高1	0	2100	900	1
900 x 2100 mm	标高1	0	2100	900	1
900 x 2100 mm	标高1	0	2100	900	1
900 x 2100 mm	标高1	0	2100	900	1
2100 x 2600mm	标高1	300	2600	2100	1
1800 x 2600mm	标高1	0	2600	1800	1
1800 x 2600mm	标高1	0	2600	1800	1
1800 x 2600mm	标高1	0	2600	1800	1
1800 x 2600mm	标高1	0	2600	1800	1
900 x 2100 mm	标高2	0	2100	900	1
900 x 2100 mm	标高2	0	2100	900	1
900 x 2100 mm	标高2	0	2100	900	1
900 x 2100 mm	标高2	0	2100	900	1
900 x 2100 mm	标高3	0	2100	900	1
900 x 2100 mm	标高3	0	2100	900	1
900 x 2100 mm	标高3	0	2100	900	1
900 x 2100 mm	标高3	0	2100	900	1
900 x 2100 mm	标高4	0	2100	900	1

图 13-121 新增表列

技巧与提示

表列的排列方式，受到"明细表字段（按顺序排列）"列表的影响。在列表中"向上/向下"调整字段，会影响与之对应的表列在表格中的位置。

5. 调整排序方式

① 在"属性"选项板中，单击"排序/成组"选项右侧的"编辑"按钮，如图 13-122 所示。

图 13-122 单击"编辑"按钮

② 打开"明细表属性"对话框，自动切换至"排序/成组"对话框。

③ 设置"排序方式"为"类型"，指定"否则按"为"标高"。取消勾选"逐项列举每个实例"复选框，其他参数设置保持不变，如图 13-123 所示。

④ 单击"确定"按钮，返回视图，调整排序方式的效果如图 13-124 所示。

图 13-123　设置参数

<建筑项目门明细表>

A	B	C	D	E	F
类型	标高	底高度	高度	宽度	合计
700 x 2100mm	标高1	0	2100	700	1
900 x 2100 mm	标高1	0	2100	900	4
900 x 2100 mm	标高 2	0	2100	900	5
900 x 2100 mm	标高 3	0	2100	900	5
900 x 2100 mm	标高 4	0	2100	900	5
1800 x 2600mm	标高1	0	2600	1800	4
2100 x 2600mm	标高1	300	2600	2100	1
门板板_双层地暖无框玻璃门	标高1		2925	1750	4

图 13-124　排序结果

6. 设置外观

① 在"属性"选项板中，单击"外观"选项右侧的"编辑"按钮，如图 13-125所示。

② 打开"明细表属性"对话框，自动切换至"外观"选项卡。

③ 选择"轮廓"选项，单击右侧的线型选项，在列表中选择"中粗线"选项。

④ 取消勾选"数据前的空行"复选框，如图 13-126所示。

图 13-125　单击"编辑"
按钮

图 13-126　设置参数

⑤ 单击"确定"按钮，返回视图，查看修改外观参数的结果，如图 13-127所示。

<建筑项目门明细表>

A	B	C	D	E	F
类型	标高	底高度	高度	宽度	合计
700 x 2100 mm	标高1	0	2100	700	1
900 x 2100 mm	标高1	0	2100	900	4
900 x 2100 mm	标高 2	0	2100	900	5
900 x 2100 mm	标高 3	0	2100	900	5
900 x 2100 mm	标高 4	0	2100	900	5
1800 x 2600mm	标高1	0	2600	1800	4
2100 x 2600mm	标高1	300	2600	2100	1
门板板_双层地暖无框玻璃门	标高1		2925	1750	4

图 13-127　调整外观的显示效果

7. 编辑窗明细表

参考上述的介绍方法，编辑修改窗明细表，最终结果如图 13-128所示。

<建筑项目窗明细表>

A	B	C	D	E	F
类型	标高	底高度	高度	宽度	合计
1500 x 1800mm	标高 2	450	1800	1500	6
1500 x 1800mm	标高 3	450	1800	1500	6
1500 x 1800mm	标高 4	450	1800	1500	6
1800 x 1800mm	标高 2	450	1800	1800	10
1800 x 1800mm	标高 3	450	1800	1800	10
1800 x 1800mm	标高 4	450	1800	1800	10
3600 x 2400mm	标高1	900	2000	3000	5

图 13-128　编辑结果

13.5.4　课堂案例——为建筑项目创建材质提取明细表

难度：☆☆☆

素材文件：素材/第13章/13.5.4 课堂案例——为建筑项目创建材质提取明细表-素材.rvt

效果文件：素材/第13章/13.5.4 课堂案例——为建筑项目创建材质提取明细表.rvt

在线视频：第13章/13.5.4 课堂案例——为建筑项目创建材质提取明细表.mp4

为了了解项目中某种构件的材质信息，可以创建材质提取明细表。在明细表中，可以显示构件材质的名称、体积等参数。

① 打开"13.5.4 课堂案例——为建筑项目创建材质提取明细表-素材.rvt"文件。

② 打开"新建材质提取"对话框，在"类别"列表中选择"墙"，保持"名称"选项值不变，如图 13-129所示。

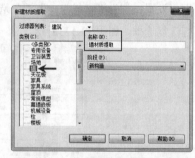

图 13-129　"新建材质提取"对话框

③ 单击"确定"按钮，进入"材质提取属性"对话框。在"明细表字段（按顺序排列）"列表中添加字段，如图 13-130所示。

④ 单击"确定"按钮，打开"需要材质字段"

对话框，如图 13-131所示，提醒用户需要一个说明材质的字段。

图 13-130　添加字段　　图 13-131　"需要材
质字段"对话框

05 单击"关闭"按钮，返回"材质提取属性"对话框。重新在"明细表字段（按顺序排列）"列表中添加说明材质的字段，如图 13-132所示。

图 13-132　添加字段

06 选择"外观"选项卡。勾选"轮廓"复选框，设置线型为"宽线"。取消勾选"数据前的空行"复选框，如图 13-133所示。

图 13-133　设置参数

07 单击"确定"按钮，进入明细表视图。查看"墙材质提取"明细表的创建效果，如图 13-134所示。

					<墙材质提取>			
A	B	C	D	E	F	G	H	I
类型	厚度	底部偏移	底部约束	顶部偏移	顶部约束	材质：面积	材质：名称	合计

图 13-134　墙材质提取表

13.6 课后习题

在本节中，提供了两道习题，分别是"利用过滤器控制图元的显示效果""更改项目明细表"。请读者参考操作步骤练习操作。

13.6.1 课后习题——利用过滤器控制图元的显示效果

难度：☆☆☆

素材文件：素材/第13章/13.6.1 课后习题——利用过滤器控制图元的显示效果-素材.rvt

效果文件：素材/第13章/13.6.1 课后习题——利用过滤器控制图元的显示效果.rvt

在线视频：第13章/13.6.1 课后习题——利用过滤器控制图元的显示效果.mp4

项目视图中的图元种类很多，为了单独查看某一类图元的创建效果，可以先隐藏其他不必要的图元。

创建过滤器，可以控制指定类型的图元的显示或隐藏。

操作步骤提示如下。

01 切换至"视图"选项卡，单击"图形"面板上的"过滤器"按钮。

02 打开"过滤器"对话框，单击左下角的"新建"按钮，打开"过滤器名称"对话框。

03 在"名称"选项中输入名称。单击"确定"按钮，关闭对话框。

04 在类别列表中，选择"门"选项。在"过滤条件"列表中，选择"宽度"选项。继续设置其他参数。

05 单击"新建"按钮，在"过滤器名称"对话框中设置名称为"窗过滤器"。

⑥ 在"过滤器"对话框中，选择"窗"类别，设置"过滤条件"为"宽度"，设置其他条件为"等于""1800"。

⑦ 在"图形"面板上单击"可见性/图形"按钮，打开"楼层平面：F1的可见性/图形替换"对话框。

⑧ 选择"过滤器"选项卡，单击左下角的"添加"按钮，打开"添加过滤器"对话框。

⑨ 在对话框中选择过滤器，单击"确定"按钮，关闭对话框。

⑩ 选择过滤器，取消勾选"可见性"复选框。

⑪ 单击"确定"按钮，返回视图。查看过滤显示图元的效果。

符合"门过滤器""窗过滤器"条件的门窗图元均被隐藏。位于右侧的双扇门，宽度为1800，不符合"门过滤器"的条件，所以仍然在视图中显示。

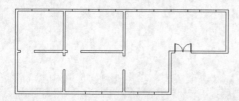

13.6.2 课后习题——更改项目明细表

难度：☆☆☆

素材文件：素材/第13章/13.6.2 课后习题——更改项目明细表-素材.rvt

效果文件：素材/第13章/13.6.2 课后习题——更改项目明细表.rvt

在线视频：第13章/13.6.2 课后习题——更改项目明细表.mp4

用户在明细表中修改参数，则与参数对应的图元会自动更新。同理，在视图中修改图元，明细表中该图元的参数也会同步修改。

在本节中，将介绍在平面图中调整门宽度，更改明细表中门参数的操作方法。

操作步骤提示如下。

① 在平面视图中选择需要修改宽度的双扇门，在"属性"选项板中显示门的参数。单击"编辑类型"按钮，打开"类型属性"对话框。

② 在"类型属性"对话框中单击右上角的"重命名"按钮，打开"重命名"对话框。

③ 在"新名称"选项中输入参数，单击"确定"按钮，返回"类型属性"对话框。

④ 在"尺寸标注"列表中，修改"宽度"为1200。"粗略宽度"选项值会自动更新。

⑤ 单击"确定"按钮，返回视图。

⑥ 在项目浏览器中，展开"明细表/数量"列表，选择"门明细表"，双击进入明细表视图。

⑦ 在"类型"表列中，查看自动更新的门类型参数。

将门的尺寸参数由1500×2600mm更改为1200×2600mm，明细表中"类型"表列的相关参数会自动修改，适应门图元的尺寸变化。

‹门明细表›					
A	B	C	D	E	F
类型	标高	功能	宽度	高度	合计
1200 x 2600mm	标高 1	内部	1200	2600	1
1200 x 2600mm	标高 1	内部	1200	2600	1
1200 x 2600mm	标高 1	内部	1200	2600	1
1200 x 2600mm	标高 1	内部	1200	2600	1
1800 x 2600mm	标高 1	内部	1800	2600	1
1200 x 2600mm	标高 2	内部	1200	2600	1
1200 x 2600mm	标高 2	内部	1200	2600	1
1200 x 2600mm	标高 2	内部	1200	2600	1
1200 x 2600mm	标高 2	内部	1200	2600	1
1800 x 2600mm	标高 2	内部	1800	2600	1
1200 x 2600mm	标高 3	内部	1200	2600	1
1200 x 2600mm	标高 3	内部	1200	2600	1
1200 x 2600mm	标高 3	内部	1200	2600	1
1800 x 2600mm	标高 3	内部	1800	2600	1

13.7 本章小结

本章介绍了管理视图的各种方法。通过创建并应用视图样板，可以控制图元在视图中的显示效果。设置图元的可见性，或者创建过滤器，都可以影响图元在视图中的显示/隐藏。

在建模的过程中，通过创建各种类型的视图，可以从多个视角查看建模效果，如三维视图、剖面图等。

图元在视图中的显示效果并非一成不变。通过设置线样式、线宽及线型图案等，可以调整图元的显示效果。

如果要了解各种图元的相关信息要怎么办？创建明细表就可以解决这一问题。此外，在明细表中修改参数，视图中与参数相对应的图元也会自动更新。

第**14**章

族

---内容摘要---

　　Revit中的族类似于AutoCAD中的图块，但是，Revit的族具有更大的灵活性。用户可将族载入项目文件，通过将族放置在合适的位置来辅助建模。执行复制、重命名等操作，可以得到不同参数的族。

　　本章将介绍创建与编辑族的方法。

课堂学习目标

- 掌握运用族编辑器的方法
- 学习创建三维模型的方法
- 了解载入族的方法

14.1 族简介

Revit的族有两种类型，一种是系统族，另一种是外部族。

在更新为2018版本之前，Revit为用户提供了多种类型的系统族。但是2018版本的Revit，取消了多种族资源的提供，如门窗族，都需要用户从外部文件中载入。

在创建天花板时，可以在"属性"选项板中选择天花板类型，如图14-1所示。"基本天花板""复合天花板"是软件自带的族，称为系统族。可以重命名系统族，也可以创建系统族副本，修改参数后，得到一个新的族。但是系统族是不可以删除的。

图 14-1　显示族类型

某些命令在执行之前，需要先载入族。例如，执行"建筑柱"命令，系统就会弹出提示对话框，如图14-2所示。提醒用户当前项目中没有柱族。

用户必须先载入柱族，才可以执行命令操作。

图 14-2　提示对话框

载入柱族后，再次执行命令，就可以在"属性"选项板中显示柱族信息。

在列表中显示三种类型的柱子，如图 14-3所示。选择其中一种，在绘图区域中指定基点，就可以放置柱子。

如果不满意已有的柱类型，可以单击"属性"选项板中的"类型属性"按钮，打开"类型属性"对话框，如图14-4所示。

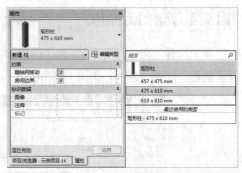

图 14-3　显示族类型

图 14-4　"类型属性"参数

在"族"选项中，显示族名称，如"矩形柱"。在"类型"选项中，显示族类型，如"475×610mm"。

在"类型参数"列表中，显示当前族类型的参数，包括"图形"参数、"材质和装饰"参数及"尺寸标注"参数等。修改参数，将影响族类型在视图中的显示效果。

例如，修改柱族的类型参数，就会影响柱子在项目中的显示效果。

单击右上角的"载入"按钮，打开"载入族"对话框，执行载入外部族的操作。

在系统族，如天花板的"类型属性"对话框中，"载入"按钮显示为灰色，表示不可调用。因为系统族是由软件提供的，不需要从外部文件中载入。

单击"复制"按钮，可创建族类型副本。单击"重命名"按钮，可重定义族类型名称。

14.2 族编辑器

在族编辑器中，可以创建、编辑族，也可以查看族的创建效果。选择不同的族样板，族编辑器的显示样式也不同。

14.2.1　选择族样板

单击选择"文件"选项卡，向下弹出列表，选择"新建"|"族"选项，如图 14-5 所示。

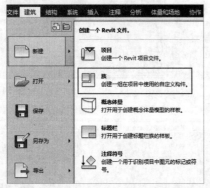

图 14-5　选择"族"选项

打开"新族-选择样板文件"对话框。在对话框中，显示英文版本的族样板，即族样板的名称全部显示为英文，如图 14-6 所示。

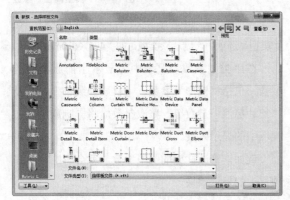

图 14-6　打开对话框

也可以选择中文版本的族样板。单击对话框右上角的"向上一级"按钮，进入上一层级的文件夹。

在文件夹中，显示各种版本的族样板文件夹，包括法国版本、德国版本，乃至意大利版本、日本版本等。

简体中文版本的族样板存储于左上角第一个文件夹。单击选择文件夹，如图 14-7 所示。

打开文件夹，显示各种类型的中文版族样板，如图 14-8 所示。选择其中一种族样板，单击"打开"按钮即可启用。

图 14-7　选择文件夹

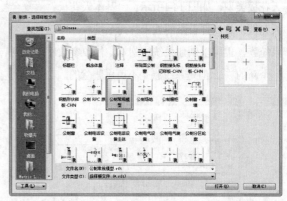

图 14-8　显示中文版式的族样板

14.2.2　进入族编辑器

启用族样板后，就可以进入族编辑器，如图 14-9 所示。在编辑器中，工作界面与项目文件的工作界面大致相同。

图 14-9　族编辑器

但是仔细查看命令面板，会发现面板按钮与项目文件的面板按钮不相同。通过利用这些命令按钮，可以执行创建、编辑族的操作。

绘图区域中的参照平面，是族样板默认创建的。用户以参照平面为基准，可以执行创建族的操作。为了辅助绘图，用户可以在创建过程中编辑参照平面，包括绘制、删除等操作。

14.2.3　参照平面

在视图中选择水平方向上的参照平面，会在两端显示名称，如图 14-10所示，表示以水平参照平面为基准，帮助用户分辨模型的"前/后"方向。

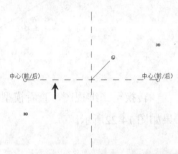

图 14-10　选择水平参照平面

选择垂直方向上的参照平面，会在两端显示名称，如图 14-11所示，表示以此为基准，帮助用户分辨模型的"左/右"方向。

选择参照平面，在"属性"选项板中，显示"名称"参数，如图 14-12所示。

修改"名称"选项值，可以在视图中查看修改结果。

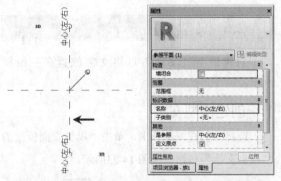

图 14-11　选择垂直参照平面　图 14-12　"属性"选项板

假如默认的参照平面不足以辅助绘图，用户可以单击"基准"面板上的"参照平面"按钮，如图14-13所示。激活命令，在绘图区域中绘制参照平面。

图 14-13　单击"参照平面"按钮

14.2.4　参照线

创建参照线，可以用来创建新的体量或者创建体量的约束。

在"基准"面板上单击"参照线"按钮，如图14-14所示，进入"修改|放置参照线"选项卡。

图 14-14　单击"参照线"按钮

在"绘制"面板中，提供了多种绘制方法，如线、矩形、内接多边形、外接多边形等。

单击"线"按钮，如图 14-15所示，指定绘制方式。

图 14-15　单击"线"按钮

在绘图区域中指定起点与终点，在移动光标的同时，显示临时尺寸标注，标注起点与终点的距离，如图 14-16所示。可以在任意方向上绘制参照线，包括水平、垂直，或者指定角度绘制。

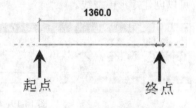

图 14-16　指定起点与终点

切换至三维视图，观察绘制参照线的结果，如图 14-17所示。

在视图中显示4个参照平面，其中一个平面与当前的工作平面平行，其余则垂直。用户可以这4

个平面为基准创建模型。

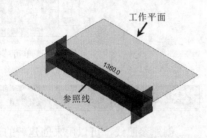

图 14-17　查看绘制效果

> 💡 **技巧与提示**
>
> 通常情况下，工作平面在视图中为隐藏状态。单击
> "工作平面"面板上的"显示"按钮，在视图中显示工
> 作平面。

14.2.5　模型线

模型线可以用来表示建筑项目中的三维图元，
能够在任意视图中创建或者查看模型线。

选择"创建"选项卡，在"模型"面板上单击
"模型线"按钮，如图 14-18 所示，进入"修改|放
置线"选项卡。

图 14-18　单击"模型线"按钮

在"绘制"面板中，提供创建模型线的各种工
具。选择不同的工具，创建不同类型的模型线。

例如，单击"矩形"按钮，如图 14-19 所示，
可以创建矩形模型线。

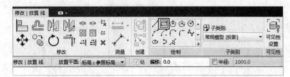

图 14-19　单击"矩形"按钮

在绘图区域中单击指定起点与对角点，借助临
时尺寸标注，预览绘制结果，如图 14-20 所示。

在合适的位置单击，退出命令，绘制矩形模型
线的结果如图 14-21 所示。

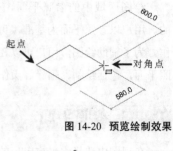

图 14-20　预览绘制效果

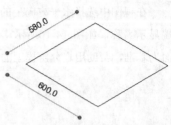

图 14-21　绘制结果

转换至二维视图，查看模型线的二维样式，效
果如图 14-22 所示。

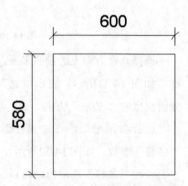

图 14-22　二维效果

14.2.6　模型文字

创建模型文字，可以将文字放置在三维模
型上。

1.　创建模型文字

选择"创建"选项卡，单击"模型"面板上的
"模型文字"按钮，如图 14-23 所示。

图 14-23　单击"模型文字"按钮

稍后弹出"编辑文字"对话框，在其中输入文字，如图 14-24所示。用户可以自定义文字的类型，包括数字、字母等。

单击"确定"按钮，在光标处预览模型文字，如图 14-25所示。移动鼠标指针，在模型上指定位置，即可放置模型文字。

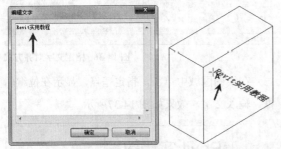

图 14-24 输入文字 图 14-25 预览放置文字

假如要将模型文字放置在模型的垂直面，但是光标却不听使唤怎么办？可以如下所示修改当前视图的工作平面。

暂时退出"模型文字"命令。在"工作平面"面板上单击"设置"按钮，如图 14-26所示。

图 14-26 单击"设置"按钮

打开"工作平面"对话框。在其中选中"拾取一个平面"单选按钮，如图 14-27所示。

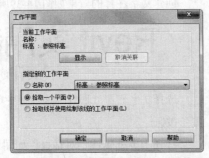

图 14-27 选中"拾取一个平面"

返回视图，拾取模型的垂直面，如图 14-28所示，指定该垂直面为工作平面。

再次执行"模型文字"命令，就可以在模型的垂直面放置模型文字，如图 14-29所示。

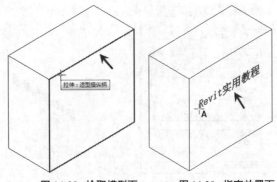

图 14-28 拾取模型面 图 14-29 指定放置面

在模型垂直面上单击，放置模型文字，效果如图 14-30所示。

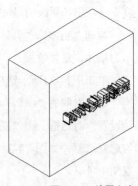

图 14-30 放置文字

2. 编辑模型文字

选择模型文字，"属性"选项板中将显示文字信息。勾选"可见"复选框，使得模型文字在视图中为可见状态。

在"文字"选项中，会显示已创建的模型文字。修改选项值，可更改模型文字的显示样式。

在"深度"选项中，默认选项值为150。输入新的参数值，如图 14-31所示，可重定义模型文字的厚度。

在视图中查看修改模型文字"厚度"值的结果，如图 14-32所示。降低参数值，使得模型文字更加方便辨认。

单击"编辑类型"按钮，打开"类型属性"对话框，如图 14-33所示。在"文字"选项组中，修改参数，可调整模型文字的显示效果。

单击"文字字体"选项，向下弹出列表，选择选项，可重定义文字字体。

图 14-31 修改厚度值

图 14-32 修改结果

修改"文字大小"选项值，可重定义文字的大小。需要注意的是，修改"属性"选项板中的"厚度"选项值，更改的是文字的厚度，而不是大小。

勾选"粗体""斜体"复选框，能使得文字显示为粗体、斜体效果。

单击图14-31所示选项板中的"可见性/图形替换"选项右侧的"编辑"按钮，打开"族图元可见性设置"对话框。在"视图专用显示"选项组下，勾选复选框，如图 14-34所示，模型文字将在这些视图中可见。

图 14-33 "类型属性"对话框 图 14-34 "族图元可见性设置"对话框

14.2.7 文字

切换至"注释"选项卡，在"文字"面板上单击"文字"按钮，如图 14-35所示。

图 14-35 单击"文字"按钮

进入"修改|放置文字"选项卡。在"段落"面板中单击按钮，如图 14-36所示，指定文字的对齐方式。默认选择"左对齐"方式。

在项目文件中创建文字，可以在选项卡中为文字添加或删除引线。在族编辑器中，没有提供为文字添加引线的工具。

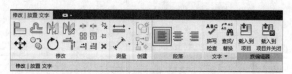

图 14-36 指定文字对齐方式

在绘图区域中单击，指定基点，显示在位编辑框。输入文字，效果如图 14-37所示。

Revit 实用教程

图 14-37 输入文字

指定输入文字的基点后，进入"放置编辑文字"选项卡。在面板上单击按钮，可以修改文字的字体，或者为段落文字添加编号，如图 14-38所示。

图 14-38 进入"放置编辑文字"选项卡

输入文字后，单击"关闭"按钮，返回"修改|放置文字"选项卡。此时，需要按下Esc键，才可以退出命令。

创建文字注释的效果如图 14-39所示。

Revit 实用教程

图 14-39 创建文字注释

选择文字，在"属性"选项板中单击"编辑类型"按钮。

打开"类型属性"对话框，如图 14-40所示。在"图形"选项组中设置参数，可以修改文字的显示颜色，或者添加背景、显示边框等。

在"文字"选项组中修改参数，可以设置文字的字体、文字大小，或者将文字显示为粗体、斜体，还可以为文字添加下划线。

在对话框中单击"类型"按钮，向下弹出列表，选择"明细表默认"选项，如图 14-41所示。更改文字类型，同时，"类型参数"列表中的参数设置也会发生变化。

图 14-40　"类型属性"对话框

图 14-41　选择文字类型

14.2.8　控件

添加控件，可以将翻转箭头添加至视图中。

选择"创建"选项卡，单击"控件"面板上的"控件"按钮，如图 14-42所示，进入"修改|放置控制点"选项卡。

图 14-42　单击"控件"按钮

在"控制点类型"面板上，提供4种类型的控件，分别是"单向垂直""双向垂直""单向水平"及"双向水平"。

选择其中的一种，如图 14-43所示，指定控件类型。

图 14-43　选择控件类型

在视图中指定放置点，单击放置控件，效果如图 14-44所示。

将已添加控件的双扇门载入项目中，选择门，显示控件，如图 14-45所示。单击控件，可以在垂直方向翻转双扇门。

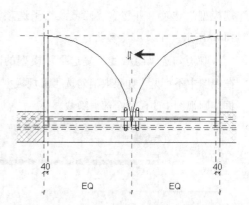

图 14-44　添加控件

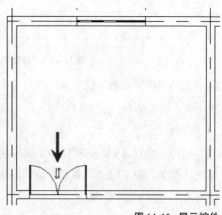

图 14-45　显示控件

不同类型的控件，表现的效果也不同。图 14-46所示为4种不同控件的创建效果。

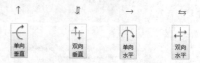

图 14-46　不同控件的创建效果

14.2.9　设置模型的可见性

选择"视图"选项卡，在"图形"面板上单击"可见性/图形"按钮，如图 14-47所示。

图 14-47　单击"可见性/图形"按钮

打开"楼层平面：参照标高的可见性/图形替换"对话框。在"模型类别"选项卡中，显示"常规模型"选项,并包含"隐藏线"子选项,如图14-48所示。

取消勾选"隐藏线"复选框,模型的隐藏线在视图中不可见。如果取消勾选"常规模型"复选框,则视图中的模型全部被隐藏。

图 14-48 "模型类别"选项卡

选择"注释类别"选项卡,在列表中显示"参照平面""参照线"及"尺寸标注"等选项,如图14-49所示。

取消勾选复选框,在视图中隐藏与选项对应的图元。例如,取消勾选"参照平面",结果是视图中所有的参照平面都不可见。

图 14-49 "注释类别"选项卡

14.3 创建三维模型

利用"形状"工具,可以创建各种类型的三维模型,这些三维模型是构成族实例的基础。本节将介绍创建三维模型的方法。

14.3.1 拉伸

选择"创建"选项卡,在"形状"面板上单击"拉伸"按钮,如图14-50所示,指定建模方式。

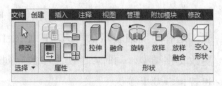

图 14-50 单击"拉伸"按钮

1. 创建拉伸模型

进入"修改|创建拉伸"选项卡。在"绘制"面板上提供了绘制拉伸模型轮廓线的工具,单击选择其中的一种,例如,选择"圆",如图14-51所示。

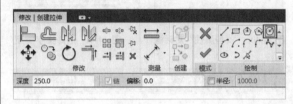

图 14-51 单击"圆"按钮

将光标置于参照平面的交点,指定该点为圆心,如图14-52所示。

按住鼠标左键不放,拖动鼠标指针,根据临时尺寸标注的提示,指定半径大小,如图14-53所示。

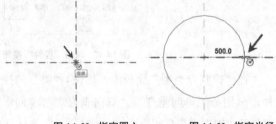

图 14-52 指定圆心   图 14-53 指定半径

在合适的位置单击,绘制圆形轮廓线,如图14-54所示。

单击"完成编辑模式"按钮,退出命令,绘制圆形拉伸模型的效果如图14-55所示。

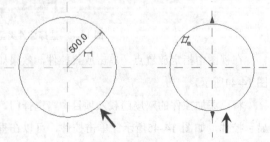

图 14-54 绘制轮廓线   图 14-55 绘制结果

为了更直观地查看模型的创建效果，可以切换至三维视图。在其中，拉伸模型的显示效果如图14-56所示。

图 14-56 三维效果

2. 编辑拉伸模型

选择拉伸模型，在模型上显示蓝色的三角形夹点。将光标置于顶面的夹点之上，激活夹点。

按住鼠标左键不放，向上拖动鼠标指针，预览调整模型高度的效果，如图 14-57所示。

在合适的位置松开鼠标左键，结束调整操作，结果如图14-58所示。

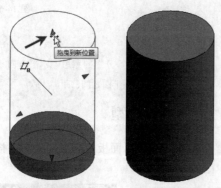

图 14-57 拖动鼠标指针 图 14-58 调整模型高度

选择模型，在"属性"选项板中修改"拉伸终点""拉伸起点"选项值，如图 14-59所示，也可以定义模型的高度。

图 14-59 修改选项值

在选项栏中，修改"深度"选项值，如图14-60所示，也可以重定义模型的高度。

单击"模型"面板上的"编辑拉伸"按钮，进入修改选项卡。在其中，可以重定义拉伸模型的边界线。

图 14-60 设置参数

14.3.2 课堂案例——创建建筑柱

难度：☆☆☆

素材文件：无

效果文件：素材/第14章/14.3.2课堂案例——创建建筑柱.rfa

在线视频：第14章/14.3.2课堂案例——创建建筑柱.mp4

2018版本的Revit应用程序没有提供柱族，用户若要在项目中放置柱子，需要调入外部族文件。

获取外部族文件有两个途径，一个是在网络上下载，另一个就是利用族样板来创建。

本节将介绍创建柱实例文件的方法。

1. 调用族样板

(01) 启动Revit应用程序，单击"文件"选项卡，选择"新建"|"族"选项，打开"新族-选择样板文件"对话框。

(02) 在对话框中选择名称为"公制柱"的族样板，如图14-61所示。单击"打开"按钮，启用族样板。

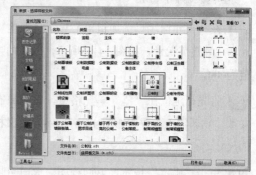

图 14-61 选择族样板

(03) 进入族编辑器，选择项目浏览器，单击展开

"楼层平面"列表，确认当前视图为"低于参照标高"视图，如图14-62所示。

④ 在绘图区域中，族样板提供参照平面，为用户创建柱模型提供参考，如图14-63所示。

图 14-62 选择"低于参照标高"视图

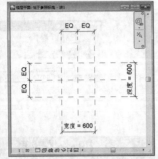

图14-63 默认创建参照平面

⑤ 在"属性"选项板中，取消勾选"在平面视图中显示族的预剪切"复选框，如图14-64所示，表示按项目中的实际视图截面位置显示柱的剖切截面。

⑥ 在"属性"选项板上单击"族类型"按钮，如图14-65所示，打开"族类型"对话框。

图 14-64 取消勾选"在平面视图中显示族的预剪切"

图 14-65 单击"族类型"按钮

⑦ 在"尺寸标注"选项组下，显示"深度"尺寸与"宽度"尺寸，如图14-66所示，默认的参数值为600。

⑧ 将光标定位在"值"单元格中，删除原有的参数，重新输入参数，如图14-67所示，定义柱子的尺寸。

⑨ 单击"确定"按钮，返回视图。此时可以观察到绘图区域中的参照平面尺寸自动更新，适应用户所设置的尺寸，如图14-68所示。

图 14-66 显示默认尺寸参数

图 14-67 修改参数

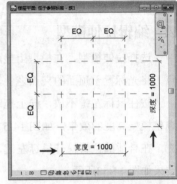

图 14-68 更新尺寸

? 技巧与提示

EQ是表示"等分"的意思。水平方向（或垂直方向）上的相邻参照平面之间的距离一致。

2. 创建柱模型

① 在"形状"面板上单击"拉伸"按钮，如图14-69所示。

图 14-69 单击"拉伸"按钮

② 进入"修改|创建拉伸"选项卡。在"绘制"面板上单击"矩形"按钮，如图14-70所示，指定绘制方式，其他参数保持不变。

图 14-70 单击"矩形"按钮

⑩③　以参照平面为基准绘制。指定参照平面的交点为矩形的起点，如图 14-71 所示。

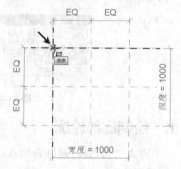

图 14-71　指定起点

⑩④　按住鼠标左键不放，向右下角拖动鼠标指针，单击参照平面的角度，指定矩形的对角点，如图 14-72 所示。

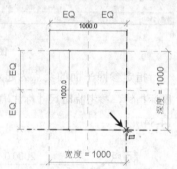

图 14-72　指定对角点

⑩⑤　松开鼠标左键，结束绘制矩形轮廓线的操作，效果如图 14-73 所示。

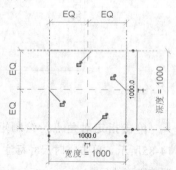

图 14-73　绘制轮廓线

⑩⑥　单击"完成编辑模式"按钮，退出命令。在绘图区域中显示临时尺寸标注，如图 14-74 所示，注明参照平面之间的间距。

　　矩形柱的"深度"与"宽度"尺寸被设置为 1000，所以临时尺寸标注表示的是矩形柱的中点距离轮廓边的间距。

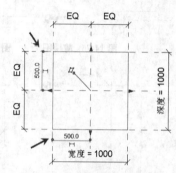

图 14-74　显示等分距离

⑩⑦　切换至三维视图，查看矩形柱的三维效果，如图 14-75 所示。

图 14-75　三维效果

3.　编辑柱模型

⑩①　选择项目浏览器，单击展开"立面（立面1）"列表，选择"前"视图。

⑩②　在视图名称上双击，进入前视图，如图 14-76 所示。

⑩③　选择矩形柱，显示蓝色的三角形夹点。将光标置于顶部轮廓线上的夹点，激活夹点，按住鼠标左键不放，向上拖动鼠标指针，如图 14-77 所示。

⑩④　将夹点拖动至"高于参照标高"线上，松开鼠标左键，操作结果如图 14-78 所示。

⑩⑤　单击"解锁标记" 🔓 ，使之转换为"锁定标记" 🔒 ，如图 14-79 所示。锁定柱模型的顶面于"高于参照标高"的位置。

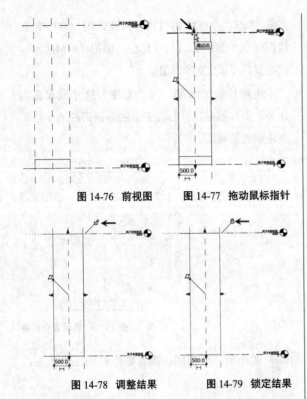

图 14-76　前视图　　　　图 14-77　拖动鼠标指针

图 14-78　调整结果　　　　图 14-79　锁定结果

将柱模型载入项目中，柱子的高度需要跟随项目标高的变化而变化，所以需要执行上述操作。

06　单击快速访问工具栏上的"保存"按钮，打开"另存为"对话框。设置文件名称，如图 14-80 所示。单击"保存"按钮，存储族文件。

图 14-80　设置名称

族文件创建完毕，单击"族编辑器"面板上的"载入到项目"按钮，如图 14-81所示，可以将族文件载入当前已打开的文件中使用。

单击"载入到项目并关闭"按钮，在将族文件载入项目后，关闭族文件。

图 14-81　单击"载入到项目"或"载入到项目并关闭"按钮

14.3.3　融合建模

执行"融合建模"操作，首先依次指定底部形状与顶部形状，系统将从底部形状融合至顶部形状，生产三维模型。

在"形状"面板上单击"融合"按钮，如图 14-82所示。

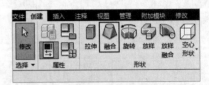

图 14-82　单击"融合"按钮

1.　绘制底部轮廓

进入"修改|创建融合底部边界"选项卡。在"绘制"面板中单击"矩形"按钮，如图 14-83所示，指定绘制边界的方式。

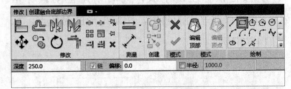

图 14-83　选择绘制方式

指定参照平面的交点为起点，向右下角拖动鼠标指针，参考临时尺寸标注确定矩形尺寸，如图14-84所示。

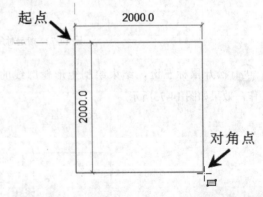

图 14-84　指定点

单击指定对角点，绘制矩形轮廓线，如图14-85所示。单击临时尺寸标注，修改标注数字，调整矩形的尺寸。

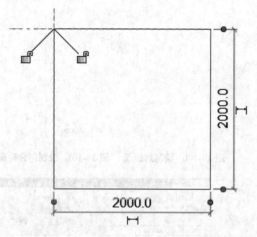

图 14-85　绘制矩形

2. 绘制顶部轮廓

在"模式"面板上单击"编辑顶部"按钮,如图 14-86所示,转换编辑模式。

在"绘制"面板中单击"线"按钮,如图 14-87所示,选择绘制方式。

图 14-86　单击"编辑顶　　图 14-87　选择"线"绘制方式
　　　　　部"按钮

指定矩形的左上角点为起点,向右下角移动鼠标指针,指定右下角点为终点,绘制斜线段,如图 14-88所示。

在"绘制"面板中单击"圆"按钮,如图 14-89所示,转换绘制方式。

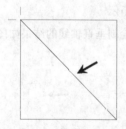　

图 14-88　绘制斜线段　　图 14-89　单击"圆"按钮

将光标置于斜线段之上,拾取线段的中点,如图 14-90所示。

单击线段中点,指定圆心。拖动鼠标指针,借助临时尺寸标注,确定圆形半径,如图 14-91所示。

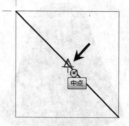　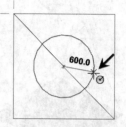

图 14-90　指定圆心　　　　图 14-91　指定半径

在合适的位置单击,绘制圆形,结果如图 14-92所示。

选择斜线段,按下Delete键,删除线段,结果如图 14-93所示。完成绘制顶部轮廓线的操作。

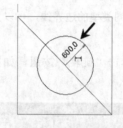　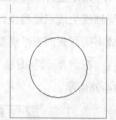

图 14-92　绘制圆形　　　　图 14-93　删除斜线段

单击"完成编辑模式"按钮,退出命令,融合创建模型的效果如图 14-94所示。

转换至三维视图,查看模型的三维效果,如图 14-95所示。默认情况下,模型的"深度"值为250。

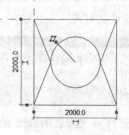　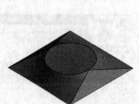

图 14-94　绘制结果　　　　图 14-95　三维效果

选择模型,激活顶部三角形夹点。将光标置于夹点之上,按住鼠标左键不放,向上拖动鼠标指针,调整模型的高度,如图 14-96所示。

在合适的位置松开鼠标左键,调整模型高度的效果如图 14-97所示。或者选择模型,在"属性"选项板中修改"第一端点"与"第二端点"的选项值,也可以调整模型的高度。

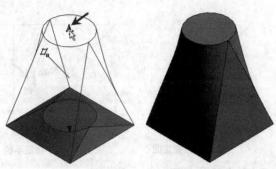

图 14-96　向上拖动鼠标指针　　图14-97　调整模型高度

14.3.4　旋转建模

指定边界线与轴线，系统将以边界线为基准，绕轴线生成三维模型。不同类型的边界线，可以生成不同样式的三维模型。

在"形状"面板上单击"旋转"按钮，如图14-98所示。

图 14-98　单击"旋转"按钮

1. 生成模型

进入"修改|创建旋转"选项卡。在"绘制"面板上，默认选择"边界线"选项。单击"线"按钮，如图14-99所示，指定绘制方式。

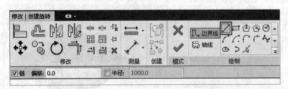

图 14-99　选择边界线绘制方式

依次指定参照平面的端点，绘制斜线段，如图14-100所示。

重复执行绘制操作，以参照平面为参考基准，绘制线段，创建一个闭合轮廓线，如图14-101所示。

在"绘制"面板中单击"轴线"按钮，选择绘制方式为"线"，如图14-102所示。

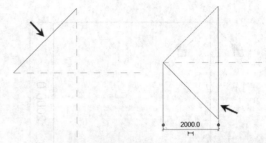

图 14-100　绘制斜线段　　图 14-101　绘制闭合轮廓线

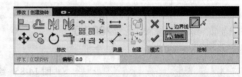

图 14-102　选择轴线绘制方式

将光标置于闭合轮廓线的上方端点，如图 14-103所示，以该点为参考点，用来指定轴线的起点。

向上移动鼠标指针，以参考点为基点，显示蓝色的虚线。借助临时尺寸标注，单击指定轴线的起点，如图 14-104所示。

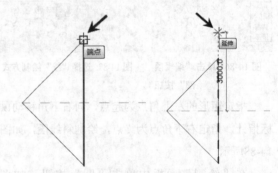

图 14-103　指定参考点　　图 14-104　指定起点

向下移动鼠标指针，在合适的位置单击，指定轴线的终点，如图 14-105所示。

在闭合轮廓线的右侧绘制垂直轴线的结果如图14-106所示。

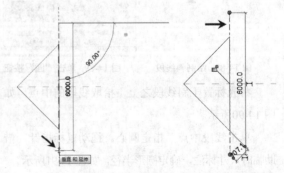

图 14-105　指定终点　　图 14-106　绘制轴线

单击"完成编辑模式"按钮，退出命令。系统以所绘的轮廓线为基准，绕垂直轴线生成三维模型，结果如图14-107所示。

切换至三维视图，查看模型的三维效果，如图14-108所示。

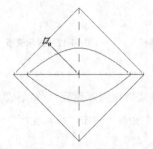 

图14-107　绘制结果　　　　图14-108　三维效果

2. 编辑旋转角度

选择模型，在"属性"选项板中的"结束角度"和"起始角度"选项中显示参数值，如图14-109所示。

按照默认的角度值，模型为一个完整的整体。

修改"结束角度"选项值，如图14-110所示。随着参数值的更改，模型也随之发生变化。

图14-109　显示默认角度值　　图14-110　修改角度值

在视图中查看模型，发现模型已经不是一个饱满的整体，而是缺失了一部分，效果如图14-111所示。

这是因为将"结束角度"调整为240°后，系统在绕轴生成模型的时候，旋转至240°便停止，因此模型显示一个缺口。

选择模型，显示临时角度标注。单击标注数字，进入编辑模式，如图14-112所示。输入角度值，可以更改模型的旋转角度，影响模型的最终显示效果。

 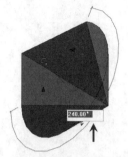

图14-111　显示效果　　图14-112　进入编辑模式

14.3.5　放样建模

绘制放样路径，指定轮廓样式，系统将以轮廓为基准，沿路径放样生成三维模型。

用户可以自定义路径，也可以拾取线作为放样路径。

在"形状"面板上单击"放样"按钮，如图14-113所示。

图14-113　单击"放样"按钮

1. 绘制路径

进入"修改|放样"选项卡。在"放样"面板上单击"绘制路径"按钮，如图14-114所示。

图14-114　单击"绘制路径"按钮

进入绘制路径的模式。在"绘制"面板上单击"样条曲线"按钮，如图14-115所示，指定绘制方式。

图14-115　选择绘制方式

在绘图区域中移动鼠标指针，指定样条曲线的起点，如图14-116所示。

图 14-116 指定起点

在起点位置单击，向下移动鼠标指针，指定下一点，如图 14-117所示。

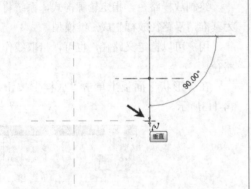

图 14-117 指定下一点

以水平参照平面为参考，向左移动鼠标指针，单击指定下一点，如图 14-118所示。

向下移动鼠标指针，单击指定终点，如图 14-119所示。

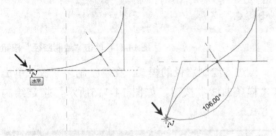

图 14-118 指定下一点　　图 14-119 指定终点

单击鼠标，按Esc键，结束绘制路径的操作，如图 14-120所示。

选择绘制完毕的样条曲线，显示蓝色的圆形夹点，如图 14-121所示。将光标置于夹点之上，激活夹点，拖动鼠标指针，在移动夹点的同时，也改变样条曲线的形状。

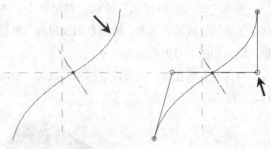

图 14-120 结束绘制路径　　图 14-121 显示夹点

2. 绘制轮廓

单击"完成编辑模式"按钮，返回"修改|放样"选项卡。在"放样"面板中单击"编辑轮廓"按钮，如图 14-122所示。

图 14-122 单击"编辑轮廓"按钮

此时，打开"转到视图"对话框。选择三维视图，如图 14-123所示。单击"打开视图"按钮，进入三维视图。

图 14-123 选择视图

> **技巧与提示**
>
> 在进入"绘制轮廓"模式之前，先切换至三维视图，就不会弹出"转到视图"对话框。

在三维视图中，路径显示为灰色，表示不可被编辑。在路径的中点，显示相交的水平参照平面与垂直参照平面，如图 14-124所示。

在"绘制"面板上单击"内接多边形"按钮，如图 14-125所示，指定绘制方式。

滑动鼠标滚轮，放大视图。光标置于参照平面的交点，如图 14-126所示，指定多边形的圆心。

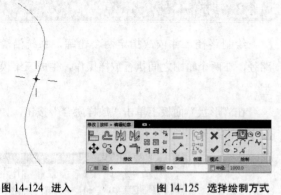

图 14-124 进入
三维视图

图 14-125 选择绘制方式

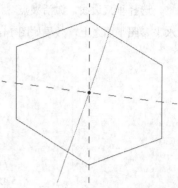

图 14-128 绘制轮廓

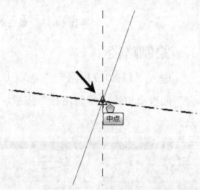

图 14-126 指定圆心

按住鼠标左键不放，向外拖动鼠标指针，参考临时尺寸标注，指定多边形的半径大小，如图 14-127 所示。

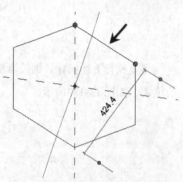

图 14-129 选择边

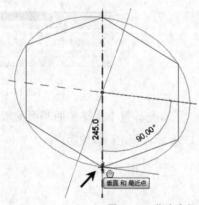

图 14-127 指定半径

在合适的位置单击，绘制多边形，效果如图 14-128所示。

选择多边形的边线，在线的两端，显示蓝色的圆形夹点，如图 14-129所示。

将光标置于夹点之上，按住鼠标左键不放，向下拖动鼠标指针，如图 14-130所示。

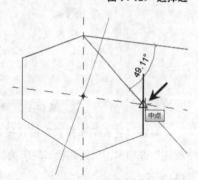

图 14-130 向下拖动鼠标指针

将夹点移动至垂直边线与水平参照平面的交点，效果如图 14-131所示。

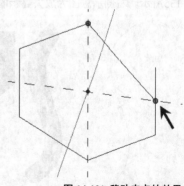

图 14-131 移动夹点的效果

选择垂直边线，激活夹点，调整夹点的位置至水平参照平面之上，效果如图14-132所示。

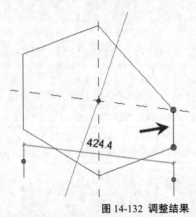

图14-132 调整结果

重复执行上述操作，继续激活夹点，调整边线的位置，如图14-133所示。

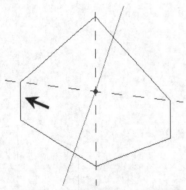

图14-133 调整另一边线的位置

单击"完成编辑模式"模式按钮，返回"修改|放样"选项卡，所绘路径与轮廓的显示效果如图14-134所示。

单击"模式"面板上的"完成编辑模式"按钮，退出命令。放样生成三维模型的效果如图14-135所示。右侧示意图为放大显示的模型截面样式。

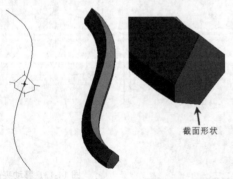

截面形状

图14-134 绘制结果　　　　　**图14-135 三维效果**

14.3.6 放样融合建模

绘制路径，并依次指定两个轮廓，系统沿着路径，在两个轮廓之间执行放样操作，生成三维模型。

在"形状"面板上单击"放样融合"按钮，如图14-136所示。

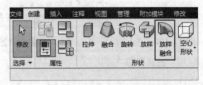

图14-136 单击"放样融合"按钮

1. 绘制路径

进入"修改|放样融合"选项卡。在"放样融合"面板上单击"绘制路径"按钮，如图14-137所示。

图14-137 单击"绘制路径"按钮

进入"修改|放样融合>绘制路径"选项卡，在"绘制"面板上单击"起点，终点，半径"按钮，如图14-138所示，指定绘制方式。

图14-138 选择绘制方式

将光标置于水平参照平面的端点，如图14-139所示，指定圆弧的起点。

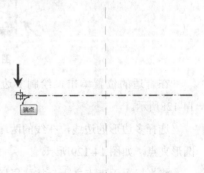

图14-139 指定起点

向右移动鼠标指针，指定参照平面另一端点，如图 14-140所示，指定圆弧的终点。

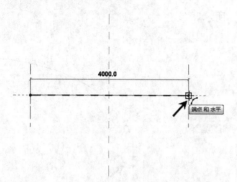

图 14-140 指定终点

向下移动鼠标指针，以垂直参照平面为基准，指定圆弧的半径，如图 14-141所示。

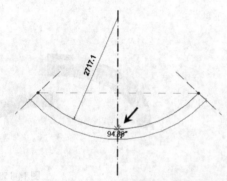

图 14-141 指定半径

绘制圆弧路径的效果如图 14-142所示。在路径的两端，显示参照平面。只有转换至三维视图，才能观察到由水平参照平面与垂直参照平面组成的相交样式。

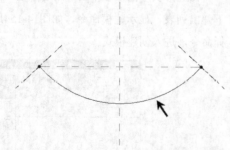

图 14-142 绘制路径

2.　绘制轮廓1

在绘制轮廓之前，首先单击快速访问工具栏上

的"默认三维视图"按钮 🔯·，转换至三维视图，如图 14-143所示。

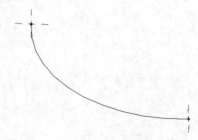

图 14-143 切换全三维视图

绘制完毕路径后，单击"完成编辑模式"按钮，返回"修改|放样融合"选项卡。

在"放样融合"面板上首先单击"选择轮廓1"按钮，接着单击"编辑轮廓"按钮，如图 14-144所示。

图 14-144 单击"选择轮廓1"和"编辑轮廓"按钮

进入"修改|放样融合>编辑轮廓"选项卡。在"绘制"面板上单击"内接多边形"按钮，如图 14-145所示，指定绘制方式。

图 14-145 选择绘制方式

单击参照平面的交点，指定圆心。移动鼠标指针，在垂直参照平面上指定点，确定半径值，如图 14-146所示。

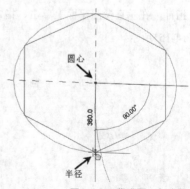

图 14-146 指定圆心与半径

267

绘制多边形轮廓的效果如图14-147所示。

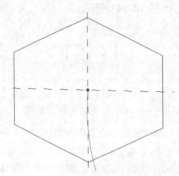

图 14-147 绘制多边形轮廓

单击"完成编辑模式"按钮，返回"修改|放样融合"选项卡，绘制轮廓1的效果如图14-148所示。

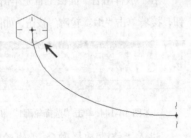

图 14-148 绘制轮廓1

3. 绘制轮廓2

在"放样融合"面板中单击"选择轮廓2"按钮，接着单击"编辑轮廓"按钮，如图14-149所示。

图 14-149 单击"选择轮廓2"和"编辑轮廓"按钮

进入绘制轮廓2的模式。在"绘制"面板上单击"圆"按钮，如图14-150所示，指定绘制方式。

单击参照平面的交点，指定圆心。移动鼠标指针，在垂直参照平面上单击，指定半径值，如图14-151所示。

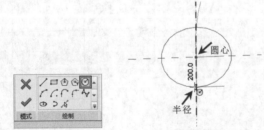

图 14-150 选择绘制方式   **图 14-151 指定圆心与半径**

单击"完成编辑模式"按钮，返回"修改|放样融合"按钮，绘制轮廓2的效果如图 14-152所示。

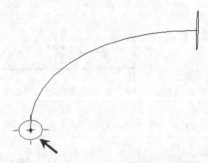

图 14-152 绘制轮廓2

单击"完成编辑模式"按钮，退出命令。从不同的视角观察放样融合模型，效果如图 14-153所示。

图 14-153 三维效果

14.3.7 空心模型

创建空心模型与创建实心模型的方式相同。在本节中，将以创建"空心拉伸"模型为例，介绍建模方法。

在"形状"面板上单击"空心形状"按钮，向下弹出列表，显示建模命令，如图14-154所示。选择命令，进入创建模式。

图 14-154 命令列表

1. 创建空心模型

在命令列表中选择"空心拉伸"选项，进入"修改|创建空心拉伸"选项卡。

在"绘制"面板上单击"矩形"按钮，如图14-155所示，指定绘制方式。

图14-155 选择绘制方式

在绘图区域中依次指定起点与对角点，借助临时尺寸标注，得知所绘矩形的大小，如图14-156所示。

用户可以在二维视图与三维视图中绘制模型轮廓线。

按下Esc键，结束绘制操作。在视图中查看绘制矩形轮廓线的效果，如图14-157所示。

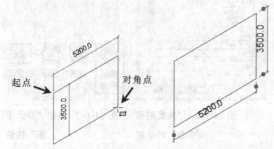

图14-156 指定起点与对角点　图14-157 绘制矩形轮廓

单击"完成编辑模式"按钮，退出命令。创建空心模型的效果如图14-158所示。默认情况下，空心模型显示为半透明的橙色。透过模型面，可以观察到模型内部的形态。

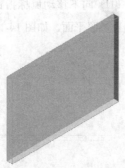

图14-158 创建空心模型

2. 编辑空心模型

选择模型，显示蓝色的三角形夹点。将光标置于垂直面上的夹点，按住鼠标左键不放，拖动鼠标指针，如图14-159所示，同时预览调整模型尺寸的效果。

在合适的位置松开鼠标左键，调整模型的效果如图14-160所示。

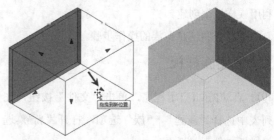

图14-159 拖动鼠标指针　图14-160 调整模型的效果

选择模型，在"属性"选项板中单击"实心/空心"选项，向下弹出列表。

在列表中显示两个选项，分别是"实心"和"空心"，如图14-161所示。选择选项，指定模型的显示样式。

在"实心/空心"选项列表中选择"实心"选项，可以更改空心模型的显示样式，使之以实心样式显示，效果如图14-162所示。

此外，实心模型也可以通过修改"实心/空心"选项值，调整显示样式。

调用"空心旋转""空心融合"等命令，可以创建不同类型的空心模型。操作方法请参考前面小节所介绍的，创建实心模型的步骤。

图14-161 显示列表选项　图14-162 转换为实心模型

14.3.8 课堂案例——创建窗族

难度：☆☆☆

素材文件：无

效果文件：素材/第14章/14.3.8课堂案例——创建窗族.rfa

在线视频：第14章/14.3.8课堂案例——创建窗族.mp4

在创建建筑项目时，常常需要在项目中放置窗图元。除了可以在网络上下载窗实例之外，还可以利用族样板来创建。

本节介绍创建窗族的操作步骤。

1. 调用族样板

① 启动Revit应用程序，单击"文件"按钮，在列表中选择"新建"|"族"选项，打开"新族-选择样板文件"对话框。

② 在对话框中选择"基于墙的公制常规模型.rft"文件，如图14-163所示。单击"打开"按钮，进入族编辑器。

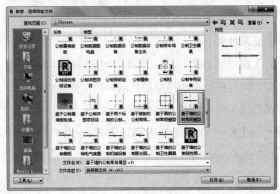

图 14-163 选择族样板

③ 在族编辑器中，显示默认创建的一段墙体，以及水平参照平面、垂直参照平面，如图14-164所示。

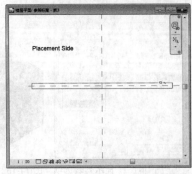

图 14-164 进入族编辑器

④ 单击"族类别和族参数"按钮，如图 14-165所示，打开"族类别和族参数"对话框。

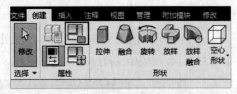

图 14-165 单击"族类别和族参数"按钮

⑤ 在"族类别"列表中选择"窗"选项，勾选"总是垂直"复选框，如图14-166所示。其他选项保持默认值不变。

2. 绘制参照平面

① 选择"创建"选项卡，单击"基准"面板上的"参照平面"按钮，如图14-167所示。

图 14-166 "族类别和 图 14-167 单击"参照平
族参数"对话框 面"按钮

② 将光标置于已有的垂直参照平面端点，拾取该点为基点。向左移动鼠标指针，引出蓝色的水平虚线。

③ 输入参数距离，如图 14-168所示，指定参照平面的起点。

④ 向下移动鼠标指针，单击指定终点，绘制垂直参照平面，如图14-169所示。

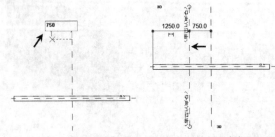

图 14-168 输入距离 图 14-169 绘制垂直参照平面

⑤　选择参照平面，在"修改"面板上单击"镜像-拾取轴"按钮，如图14-170所示。

⑥　拾取族样板原有的垂直参照平面，将其指定为镜像轴，向右镜像复制参照平面，如图14-171所示。

图14-170　单击"镜像-拾　　　14-171　复制结果
　　　取轴"按钮

⑦　选择左侧的参照平面，在"属性"选项板中单击"是参照"按钮，向下弹出列表，选择"左"选项。

⑧　选择右侧的参照平面，在"属性"选项板中，将"是参照"类型设置为"右"，如图14-172所示。

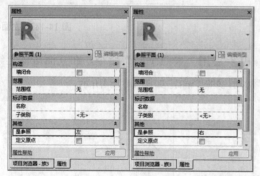

图14-172　设置参数

3.　创建尺寸标注

①　选择"注释"选项卡，单击"尺寸标注"面板上的"对齐"按钮，如图14-173所示。

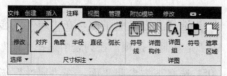

图14-173　单击"对齐"按钮

②　将光标置于左侧的参照平面之上，高亮显示参照平面，如图14-174所示。单击指定尺寸标注的起点。

图14-174　指定起点

③　向右移动鼠标指针，选择中间的参照平面，如图14-175所示。指定尺寸标注的下一点。

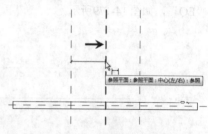

图14-175　指定下一点

④　向右移动鼠标指针，选择右侧的参照平面，如图14-176所示，指定尺寸标注的终点。

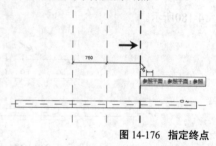

图14-176　指定终点

⑤　向上移动鼠标指针，指定尺寸线的位置，同时可以预览尺寸标注的效果，如图14-177所示。

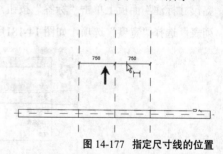

图14-177　指定尺寸线的位置

⑥　创建连续标注的效果如图14-178所示。在尺寸数字的上方，显示画了斜线的"EQ"文字。

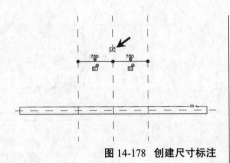

图 14-178 创建尺寸标注

07 单击画了斜线的"EQ"文字，为尺寸标注添加"等分约束"。此时，尺寸数字显示为"EQ"，如图 14-179所示。

图 14-179 创建等分约束

08 调用"对齐标注"命令，依次拾取左侧参照平面与右侧参照平面，创建尺寸标注，结果如图14-180所示。

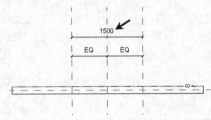

图 14-180 创建尺寸标注

09 选择在上一步骤中创建的尺寸标注，在"标签尺寸标注"面板上单击"标签"按钮，向下弹出列表，选择"宽度"选项，如图 14-181所示。

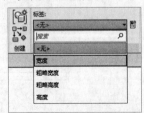

图 14-181 选择"宽度"标签

10 为尺寸标注添加标签，结果如图 14-182所示。

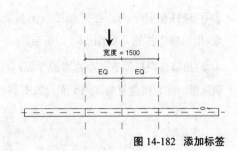

图 14-182 添加标签

4. 在立面视图中绘制参照平面

01 选择项目浏览器，单击展开"立面（立面1）"列表，选择"放置边"视图。

02 双击视图名称，进入立面视图，显示效果如图 14-183所示。

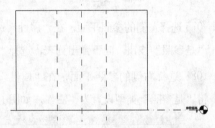

图 14-183 立面视图

03 启用"参照平面"命令，在立面墙体上绘制水平参照平面，如图 14-184所示。

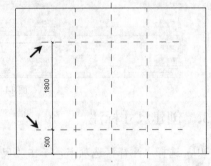

图 14-184 创建尺寸标注

04 选择上方参照平面，在"属性"选项板中单击"是参照"选项，在列表中选择"顶"选项。

05 选择下方参照平面，在"属性"选项板中将"是"参照设置为"底"，如图14-185所示。

06 选择尺寸标注，在"标签尺寸标注"面板中单击"标签"选项，在列表中选择"高度"选项，如图 14-186所示。

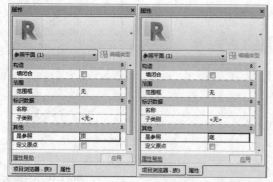

图 14-185 选择选项

⑦ 为尺寸标注添加标签的效果如图 14-187所示。

图 14-186 选择标签　　图 14-187 添加标签

⑧ 选择标注数字为500的尺寸标注，在"标签尺寸标注"面板中单击"创建参数"按钮，如图 14-188所示。

⑨ 打开"参数属性"对话框。在"名称"选项中输入名称为"窗台高"，如图 14-189所示。其他选项值保持默认。

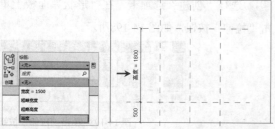

图 14-188 单击"创建参数"按钮　　图 14-189 设置名称

⑩ 单击"确定"按钮，返回视图，查看添加尺寸标签的效果，如图 14-190所示。

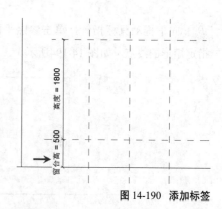

图 14-190 添加标签

5. 创建矩形墙洞口

① 选择"创建"选项卡，单击"模型"面板上的"洞口"按钮，如图 14-191所示。

图 14-191 单击"洞口"按钮

② 进入"修改|创建洞口边界"选项卡。在"绘制"面板上单击"矩形"按钮，如图 14-192所示，选择绘制方式。

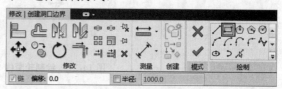

图 14-192 单击"矩形"按钮

③ 将光标置于参照平面的交点，如图 14-193所示，单击指定矩形的起点。

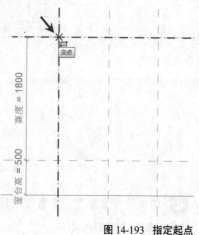

图 14-193 指定起点

273

04 向下拖动鼠标指针，单击参照平面的交点，指定矩形的终点，如图14-194所示。

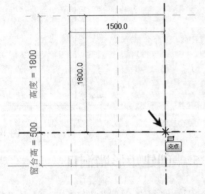

图 14-194 指定对角点

05 绘制矩形洞口轮廓线的效果如图 14-195 所示。

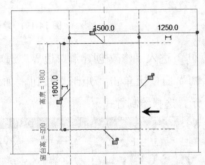

图 14-195 绘制轮廓线

06 单击洞口轮廓线的"解锁"按钮，使之转换为"锁定"按钮，锁定洞口轮廓线，如图14-196所示。

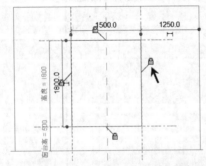

图 14-196 锁定轮廓线

07 切换至三维视图，查看在墙体上创建洞口的效果，如图14-197所示。

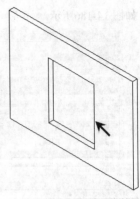

图 14-197 三维效果

6. 创建框架

01 选择"创建"选项卡，在"形状"面板上单击"拉伸"按钮，如图14-198所示。

图 14-198 单击"拉伸"按钮

02 进入"修改|创建拉伸"选项卡。在"绘制"面板上单击"矩形"按钮，如图14-199所示。保持"偏移"选项值不变。

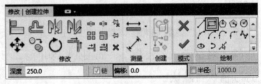

图 14-199 单击"矩形"按钮

03 以矩形洞口轮廓线为基准，绘制矩形拉伸轮廓线，结果如图14-200所示。

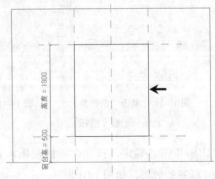

图 14-200 绘制轮廓线

04 在"绘制"面板中单击"拾取线"按钮，修改"偏移"距离为60，如图 14-201所示。

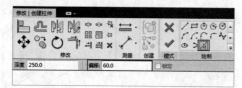

图 14-201　设置参数

05 将光标置于拉伸轮廓线之上，按下Tab键选择轮廓线。直至显示如图 14-202所示的偏移预览。

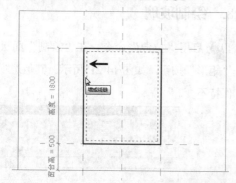

图 14-202　预览偏移效果

06 执行上述操作后，绘制轮廓线的结果如图 14-203所示。

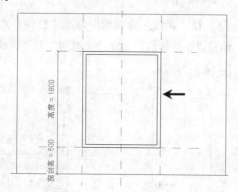

图 14-203　绘制轮廓线

07 在"属性"选项板中修改"拉伸终点"与"拉伸起点"的选项值。单击"子类别"选项，向下弹出列表，选择"框架/竖梃"选项，如图 14-204所示。

08 切换至三维视图，查看创建框架的效果，如图 14-205所示。

图 14-204　设置参数

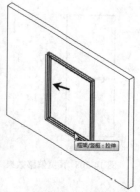

图 14-205　三维效果

7. 绘制窗扇

01 启用"拉伸"命令，在"绘制"面板中单击"矩形"按钮，选择绘制方式。

02 在立面视图中绘制矩形拉伸轮廓线，表示窗扇，如图 14-206所示。

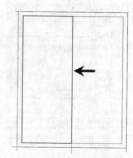

图 14-206　绘制轮廓线

03 在"绘制"面板上单击"拾取线"按钮，设置"偏移"距离为40，如图 14-207所示。

图 14-207　设置参数

04 将光标置于拉伸轮廓线之上，按下Tab键循环选择轮廓线，同时可以预览向内偏移的效果，如图 14-208所示。

05 向内偏移创建轮廓线，效果如图 14-209所示。

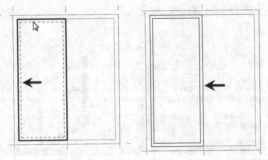

图14-208 预览偏移效果　　图14-209 创建轮廓线

06 在"属性"选项板中，修改"拉伸终点"与"拉伸起点"选项值，同时将"子类别"设置为"框架/竖梃"，如图14-210所示。

07 单击"完成编辑模式"按钮，退出命令。创建左侧窗扇的效果如图14-211所示。

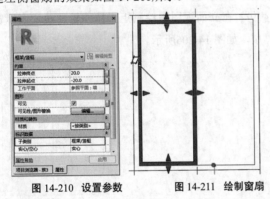

图14-210 设置参数　　图14-211 绘制窗扇

08 保持窗扇的选择，在"修改"面板上单击"镜像-拾取轴"按钮，如图14-212所示。

09 拾取中间的参照平面为镜像轴，向右镜像复制窗扇，如图14-213所示。

图14-212 单击"镜像-拾取　　图14-213 复制窗扇
轴"按钮

10 切换至三维视图，查看创建窗扇的效果，如图14-214所示。

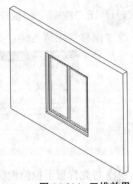

图14-214 三维效果

8. 绘制玻璃

01 启用"拉伸"命令，在"绘制"面板上单击"矩形"按钮，如图14-215所示。其他选项值暂且保持不变。

图14-215 单击"矩形"按钮

02 在立面视图中绘制矩形轮廓线，如图14-216所示，表示玻璃。

03 在"属性"选项板中修改"拉伸终点""拉伸起点"选项值，定义"子类别"为"玻璃"，如图14-217所示。

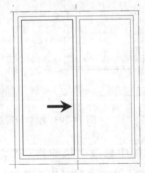

图14-216 绘制轮廓线　　图14-217 设置参数

04 单击"完成编辑模式"按钮，退出命令，创建玻璃的效果如图14-218所示。

05 选择窗玻璃，在"修改"面板上单击"镜像-拾取轴"按钮，拾取中间参照平面为镜像轴，向右复制窗玻璃，如图14-219所示。

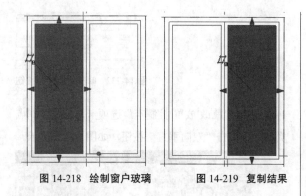

图 14-218 绘制窗户玻璃　　图 14-219 复制结果

06 切换至三维视图。在视图控制栏上单击"视觉样式"按钮，在弹出的列表中选择"真实"选项。

07 转换视觉样式，观察创建窗玻璃的效果，如图 14-220所示。

图 14-220 三维效果

9. 绘制符号线

01 切换至楼层平面视图，选择全部图元。单击"选择"面板中的"过滤器"按钮，打开"过滤器"对话框。

02 取消勾选"洞口剪切"选项，如图 14-221所示。其他选项保持选择模式不变。

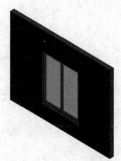

图 14-221 "过滤器"对话框

03 单击"确定"按钮，返回视图，查看选择图

元的结果，如图 14-222所示。

图 14-222 选择图元

04 在"模式"面板上单击"可见性设置"按钮，如图 14-223所示。

图 14-223 单击"可见性设置"按钮

05 打开"族图元可见性设置"对话框，勾选"前/后视图""左/右视图"复选框，其他参数设置如图 14-224所示。

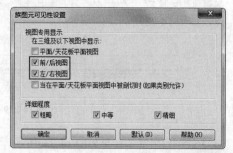

图 14-224 设置参数

06 单击"确定"按钮，返回视图，此时窗轮廓线已显示为灰色，如图 14-225所示。

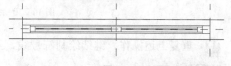

图 14-225 图元显示为灰色

07 选择"注释"选项卡，单击"详图"面板上的"符号线"按钮，如图 14-226所示。

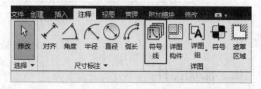

图 14-226 单击"符号线"按钮

08 进入"修改|放置 符号线"选项卡。在"绘制"

面板上单击"线"按钮,在"子类别"列表中选择"窗[截面]"选项,其他参数设置如图14-227所示。

图14-227 设置参数

⑨ 在绘图区域中单击指定符号线的起点,如图14-228所示。

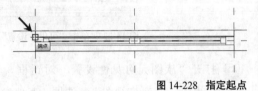

图14-228 指定起点

⑩ 向右移动鼠标指针,单击指定符号线的终点,如图14-229所示。

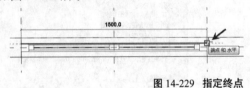

图14-229 指定终点

⑪ 绘制符号线的结果如图14-230所示。

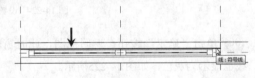

图14-230 绘制符号线

⑫ 重复上述操作,继续绘制符号线,结果如图14-231所示。

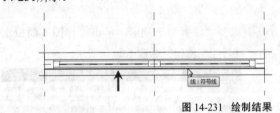

图14-231 绘制结果

10. 添加控件

① 在"创建"选项卡中,单击"控件"按钮,如图14-232所示。

图14-232 单击"控件"按钮

② 进入"修改|放置 控制点"选项卡,在"控制点类型"上单击"双向垂直"按钮,如图14-233所示。

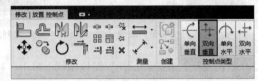

图14-233 单击"双向垂直"按钮

③ 在窗图元的一侧单击,放置控件,如图14-234所示。

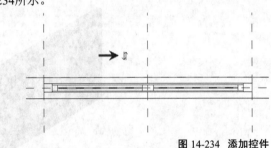

图14-234 添加控件

11. 保存族

单击快速访问工具栏上的"保存"按钮,打开"另存为"对话框。在"文件名"选项中输入名称,如图14-235所示。单击"保存"按钮,保存族文件。

图14-235 设置名称

将族文件载入至项目中,效果如图14-236所示。单击窗图元一侧的控件符号,可以翻转窗图元。

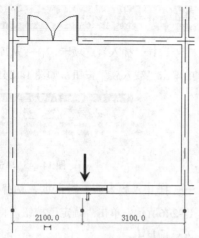

图 14-236 放置窗实例

14.4 族类型与族参数

在族样板中创建族,可以自定义任何需要的参数,参数的类型分为"实例参数"与"类型参数"。在项目文件中可以修改参数,更改族的显示样式。

14.4.1 族类别与族参数

在族编辑器中,选择"创建"选项卡,在"属性"面板上单击"族类别与族参数"按钮,如图14-237所示。

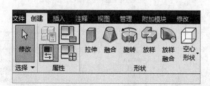

图 14-237 单击"族类别与族参数"按钮

打开"族类别和族参数"对话框,如图 14-238所示。在对话框中,为正在创建的构件指定预定义族类别的属性。

在"族类别"列表中选择选项,例如,选择"门",在"族参数"列表中显示族参数。

不同的族类别,族参数会有所不同。通常情况下,保持族参数的默认设置,即可满足大部分的使用需求。但是,用户也可以根据实际的情况自定义参数设置。

单击"过滤器列表"选项,向下弹出列表,显示各种类型的规程,如图 14-239所示。选择规程,"族类别"列表中所显示的内容会自动更新。

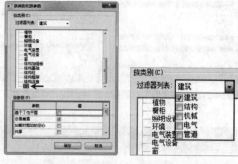

图 14-238 "族类别和族参数"　　图 14-239 过滤器列表
对话框

14.4.2 族类型

在"属性"选项板上单击"族类型"按钮,如图 14-240所示,打开"族类型"对话框。

图 14-240 单击"族类型"按钮

单击"类型名称"选项右侧的"新建类型"按钮,打开"名称"对话框。

输入名称,单击"确定"按钮返回"族类型"对话框,即可在"类型名称"选项中显示设置效果。

在"尺寸标注"选项组中,显示族的尺寸参数,如图 14-241所示。修改参数,单击右下角的"应用"按钮,可以查看窗随着尺寸的更改而发生变化。

载入族至项目中。打开"类型属性"对话框,在"类型"选项中显示名称,该名称与"族类型"对话框中的"类型名称"相一致。

在"尺寸标注"选项组中,各选项参数的设置与"族类型"对话框中一致,如图 14-242所示。

修改参数,会影响项目文件中的族实例,但是不会影响已存储在计算机中的族文件。要修改族的类型参数,应该在族编辑器中进行。

图 14-241 "族类型"对话框　图 14-242 "类型属性"对话框

14.4.3 "属性"参数

在项目文件中放置图元，如放置窗，在"属性"选项板中展开类型列表，显示项目中已包含的窗实例，如图 14-243所示。

选择其中一种窗实例，在"属性"选项板中显示其参数信息，如图 14-244所示。例如，"窗台高"尺寸、"顶高度"尺寸。

图 14-243 类型列表　图 14-244 "属性"选项板

修改选项板中的参数，影响当前正在放置的窗实例。已经放置的实例，即使是属于同一类型，也不会受到影响。

实例的"类型属性"正好相反。在"类型属性"对话框中修改参数，同属一个类型的所有实例都会被影响。

例如，在"类型属性"对话框中修改"窗"类型参数，则项目中已放置的"窗"实例都会受到影响。

14.5 载入族

要在项目文件中放置某一图元，需要先载入族，如门窗。除非该图元有软件提供的系统族，如墙体、楼板。

本节将介绍载入族的方法。

14.5.1 载入族

选择"插入"选项卡，在"从库中载入"面板中单击"载入族"按钮，如图 14-245所示。

图 14-245 单击"载入族"按钮

打开"载入族"对话框，选择族文件，如图 14-246所示。单击"确定"按钮，将选中的文件载入至项目中。

图 14-246 选择文件

在项目文件中的"属性"选项板，显示载入矩形柱的信息。单击类型名称，向下弹出列表，显示柱类型，如图 14-247所示。

单击选择柱类型，在项目文件中指定基点，放置矩形柱。

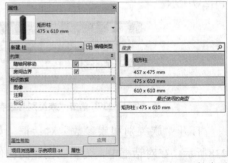

图 14-247 显示柱类型

14.5.2 课堂案例——载入洁具

难度：☆☆☆

素材文件：素材/第14章/14.5.2 课堂案例——载入洁具-素材.rvt

效果文件：素材/第14章/14.5.2 课堂案例——载入洁具.rvt

在线视频：第14章/14.5.2 课堂案例——载入洁具.mp4

在为卫生间布置洁具之前，需要先载入洁具。本节将介绍载入洁具的方法。

01 打开"14.5.2 课堂案例——载入洁具-素材.rvt"文件。

02 选择"插入"选项卡，在"从库中载入"面板中单击"载入族"按钮，打开"载入族"对话框。

03 在对话框中选择文件，如图14-248所示。单击"打开"按钮，将文件载入至项目中。

图14-248　选择文件

04 选择"建筑"选项卡，在"构建"面板上单击"构件"按钮，向下弹出列表，选择"放置构件"选项，如图14-249所示。

图14-249　选择"放置构件"选项

05 在"属性"选项板中单击类型名称，向下弹出列表，显示洁具类型，如图14-250所示。

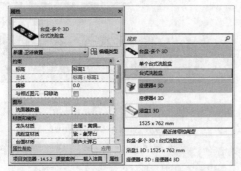

图14-250　类型列表

06 在列表中选择洁具，在视图中指定基点，放置洁具，效果如图14-251所示。

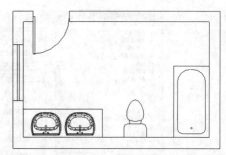

图14-251　放置洁具

14.5.3 载入一组图元

在Revit中，可以创建一组图元，然后将该组图元多次放置在一个项目或一个族中。

在"从库中载入"面板中单击"作为组载入"按钮，如图14-252所示。

图14-252　单击"作为组载入"按钮

打开"将文件作为组载入"对话框，选择文件，如图14-253所示。单击"打开"按钮，将选中的文件载入项目。

图14-253　选择文件

在项目浏览器中单击展开"组"列表，在"模型"列表下，显示载入的组文件，如图14-254所示。

在组文件上单击鼠标右键，在弹出的快捷菜单中选择"创建实例"选项，如图14-255所示。

在视图中指定插入点，放置组文件，如图14-256所示。组文件为一个整体，其中包含若干图元，如包含门窗图元。

图 14-254 显示组文件 　图 14-255 选择选项

图 14-259 设置名称 　图 14-260 单击"添加"按钮

在尚未被编入组之前，图元的轮廓线为正常显示样式。将光标置于洗脸盆之上，高亮显示图元，如图 14-261 所示。

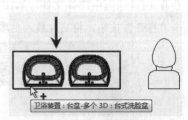

图 14-261 选择图元

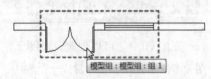

图 14-256 放置模型组

选择模型组，在"成组"面板上显示三个编辑工具，如图 14-257 所示。单击"编辑组"按钮，进入编辑模式，可以添加或删除模型组的图元。

单击"解组"按钮，可以将组恢复为各个图元。

单击"链接"按钮，可以将组转换为链接文件。

依次拾取洗脸盆与坐便器，将其编入模型组。此时，图元显示为灰色，如图 14-262 所示。

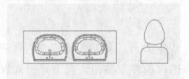

图 14-262 显示为灰色

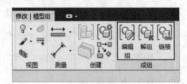

图 14-257 显示编辑工具

在"编辑组"面板上单击"完成"按钮，退出模式。创建一个模型组的效果如图 14-263 所示。

14.5.4 创建模型组

选择"建筑"选项卡，在"模型"面板上单击"模型组"按钮，向下弹出列表，选择"创建组"选项，如图 14-258 所示。

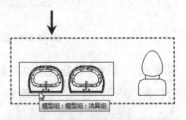

图 14-263 创建组

图 14-258 选择"创建组"选项

打开"创建组"对话框，设置"名称"，选择"组类型"为"模型"，如图 14-259 所示。

单击"确定"按钮，进入创建模式。在左上角的"编辑组"面板上单击"添加"按钮，如图 14-260 所示。

14.5.5 课堂案例——载入洁具模型组

难度：☆☆☆

素材文件：素材/第14章/14.5.5 课堂案例——载入洁具模型组-素材.rvt

效果文件：素材/第14章/14.5.5 课堂案例——载入洁具模型组.rvt

在线视频：第14章/14.5.5 课堂案例——载入洁具模型组.mp4

将洁具创建为模型组，就可以频繁地载入项目文件中使用了。本节将介绍创建模型组、载入模型组及放置模型组的方法。

① 打开"14.5.4 课堂案例——载入洁具模型组-素材.rvt"文件。

② 选择"插入"选项卡,在"从库中载入"面板中单击"作为组载入"按钮,打开"将文件作为组载入"对话框。

③ 选择文件,如图14-264所示。单击"打开"按钮,将文件载入项目中。

图 14-264 选择文件

④ 在项目浏览器中展开"组"列表,在"模型"列表中,显示载入的模型组,如图14-265所示。

⑤ 选择"建筑"选项卡,在"模型"面板上单击"模型组"按钮,向下弹出列表,选择"放置模型组"选项,如图14-266所示。

 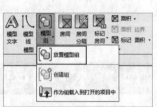

图 14-265 显示组　图 14-266 选择"放置模型组"选项

⑥ 在绘图区域中预览模型组的轮廓,移动光标,确定放置模型组的位置,如图14-267所示。

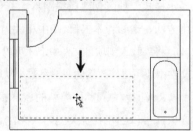

图 14-267 预览组轮廓

⑦ 在合适的位置单击,放置模型组,效果如图14-268所示。

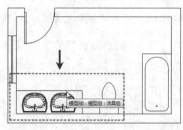

图 14-268 放置模型组

14.6 课后习题

在本节中,提供了两道习题,分别是"创建标记族""创建轮廓族"。请读者根据操作步骤提示练习。

14.6.1 课后习题——创建标记族

难度:☆☆☆

素材文件:无

效果文件:素材/第14章/14.6.1 课后习题——创建标记族.rfa

在线视频:第14章/14.6.1 课后习题——创建标记族.mp4

标记的类型有多种,如门窗标记、墙体标记等。本节介绍创建房间标记的方法。

操作步骤提示如下。

① 选择"公制房间标记.rft"样板,进入族编辑器。选择"创建"选项卡,单击"文字"面板上的"标签"按钮。

② 进入"修改|放置 标签"选项卡。在"格式"面板中,默认选择"居中对齐"与"正中"格式按钮。保持默认的设置不变。

③ 在"属性"选项板上单击"编辑类型"按钮,打开"类型属性"对话框。

④ 在"类型属性"对话框的右上角单击"复制"按钮,打开"名称"对话框,输入名称。

⑤ 单击"确定"按钮,返回"类型属性"对话框。单击"文字字体"选项,在列表中选择"黑体"样式,修改"文字大小"选项值为5。其他参

数保持默认值。

⑥ 单击"确定"按钮，返回视图。在绘图区域中单击，打开"编辑标签"对话框。

⑦ 在"类别参数"列表中选择"名称"选项，单击"将参数添加到标签"按钮，在"标签参数"列表中显示参数信息。

⑧ 将光标定位在"样例值"单元格中，删除原有的参数，输入新的参数"房间"。

⑨ 单击"确定"按钮，在绘图区域中显示创建标签的结果。

⑩ 单击"族编辑器"面板上的"载入到项目"按钮，将标记载入至项目文件中。

⑪ 执行"房间标记"操作，在房间对象中放置标记，查看创建标记族的效果。

14.6.2 课后习题——创建轮廓族

难度：☆☆☆

素材文件：无

效果文件：素材/第14章/14.6.2 课后习题——创建轮廓族.rfa

在线视频：第14章/14.6.2 课后习题——创建轮廓族.mp4

以轮廓为基准，执行放样操作，可以创建三维模型。在本节中，将介绍创建台阶轮廓的方法。将台阶轮廓载入项目，执行"楼板边"命令，即可放样生成三维台阶模型。

操作步骤提示如下。

① 启用Revit应用程序，选择"文件"选项卡，在列表中选择"新建"|"族"选项，打开"新族-选择样板文件"对话框。

② 选择名称为"公制轮廓.rft"的族文件，单击"打开"按钮，进入族编辑器。

③ 选择"创建"选项卡，单击"详图"面板上的"线"按钮。

④ 进入"修改|放置 线"选项卡，在"绘制"面板上单击"线"按钮，选择绘制方式。

⑤ 单击参照平面的交点，指定线的起点。向右移动鼠标指针，参考临时尺寸标注，在尺寸标注显示为900时单击鼠标左键，指定线的终点。

⑥ 向上移动鼠标指针，输入线段的高度为150。

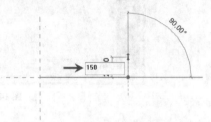

⑦ 向左移动鼠标指针，输入线的宽度为300。

⑧ 重复上述操作，绘制台阶轮廓线。

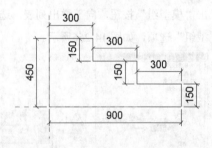

14.7 本章小结

本章介绍了与族有关的知识。

在族编辑器中，利用建模工具，可以创建各种类型的三维模型。利用修改工具，可以调整模型的显示样式，或者创建模型副本。关于修改工具的使用方法，请参考本书第1章中相关内容的介绍。

将族载入到项目文件中，才可以应用族。在项目文件中还可以修改族的属性参数，以适应使用需求。

Revit提供了多种类型的族样板，用户利用族样板，可以创建各种类型的族文件。请读者参考本章内容，多加练习，以便熟练掌握创建族的技巧。

第**15**章

综合案例

---------------- 内容摘要 ----------------

本章将以三层办公楼为例，介绍创建建筑项目模型的方法。在操作的过程中，涉及各种图元的创建与编辑，如墙体、门窗、楼板等。在本书前面的章节中，详细介绍了各类图元的创建与编辑方法，本章将综合运用所学习的知识来创建建筑模型。

课堂学习目标

- 学习绘制办公楼一层图元分方法
- 掌握绘制室外附属设施的方法
- 学会创建其他楼层的图元的方法
- 学习绘制墙面装饰与场地构件的方法

15.1 绘制办公楼一层的图元

办公楼的一层由内外墙体、柱、门窗等图元组成。借助标高与轴网，可以准确定位各图元的位置。

15.1.1 创建立面视图

难度：☆☆☆

素材文件：无

效果文件：素材/第15章/15.1.1 创建立面视图.rvt

在线视频：第15章/15.1.1 创建立面视图.mp4

为了创建标高，需要先创建立面视图。因为只有在立面视图中，才能激活"标高"命令。

① 新建项目文件。选择"视图"选项卡，在"创建"面板上单击"立面"按钮，向下弹出列表。

② 在列表中选择"立面"选项，如图15-1所示。

③ 在绘图区域中单击，指定立面符号的位置与指示方向，如图15-2所示。

图15-1 选择"立面"选项

图15-2 放置立面符号

④ 选择项目浏览器，展开"立面（立面1）"列表，选择立面视图。单击鼠标右键，在弹出的快捷菜单中选择"重命名"选项。

⑤ 打开"重命名视图"对话框，输入立面图名称，如图15-3所示。

⑥ 单击"确定"按钮，关闭对话框，重命名立面视图的效果如图15-4所示。

图15-3 输入名称　　　图15-4 重命名视图

15.1.2 绘制标高

难度：☆☆☆

素材文件：素材/第15章/15.1.1 创建立面视图.rvt

效果文件：素材/第15章/15.1.2绘制标高.rvt

在线视频：第15章/15.1.2绘制标高.mp4

在立面视图中，"标高"命令被激活。用户指定间距，就可以创建标高。

① 在上一节的基础上继续操作。

② 选择"建筑"选项卡，单击"基准"面板上的"标高"按钮，如图15-5所示。

③ 在"属性"选项板上单击"编辑类型"按钮，打开"类型属性"对话框。

④ 在对话跨框中，单击"符号"选项，在弹出的列表中选择标高标头。

⑤ 依次勾选"端点1处的默认符号"复选框与"端点2处的默认符号"复选框，如图15-6所示。

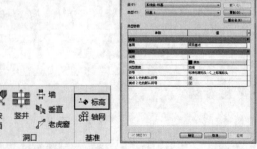

图15-5 单击"标高"按钮　　图15-6 勾选复选框

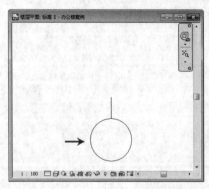

06 在绘图区域中依次指定起点与终点，绘制标高线，结果如图15-7所示。

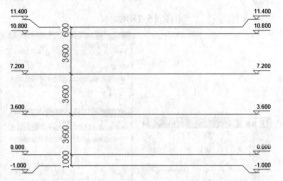

图15-7　绘制标高

07 选择"注释"选项卡，在"文字"面板上单击"文字"按钮，如图15-8所示。

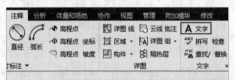

图15-8　单击"文字"按钮

08 在标高线的一侧单击，指定输入点，绘制注释文字的效果如图15-9所示。

图15-9　绘制注释文字

09 选择标高线，在"属性"选项板中修改"名称"选项值，如图15-10所示。

10 此时弹出如图15-11所示的提示对话框，单击"是"按钮，关闭对话框。

11 重复上述操作，继续修改"名称"参数。在项目浏览器中展开"楼层平面"列表，查看修改结果，如图15-12所示。

图15-10　输入名称

图15-11　提示对话框

图15-12　重命名视图

15.1.3　绘制轴网

难度：☆☆☆

素材文件：素材/第15章/15.1.2绘制标高.rvt

效果文件：素材/第15章/15.1.3绘制轴网.rvt

在线视频：第15章/15.1.3绘制轴网.mp4

切换至平面视图，开始创建轴网。用户可以先设置轴网参数，再创建轴网。

01 在上一节的基础上继续操作。

02 选择"建筑"选项卡，在"基准"面板上单击"轴网"按钮，如图15-13所示。

03 进入"修改|轴网"选项卡，在"绘制"面板上单击"线"按钮，如图15-14所示，指定绘制方式。

图15-13　单击"轴网"
按钮

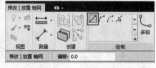

图15-14　单击"线"按钮

04 在"属性"选项板上单击"编辑类型"按钮，打开"类型属性"对话框。

05 单击"符号"按钮，选项轴网标头。勾选"平面视图轴号端点1（默认）"与"平面视图轴号端点2（默认）"复选框，如图15-15所示。

图 15-15 设置参数

06 在绘图区域中指定起点与终点，绘制轴网，效果如图15-16所示。

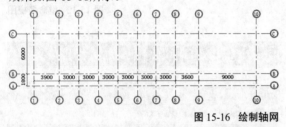

图 15-16 绘制轴网

15.1.4 绘制外墙

难度：☆☆☆

素材文件：素材/第15章/15.1.3绘制轴网.rvt

效果文件：素材/第15章/15.1.4绘制外墙.rvt

在线视频：第15章/15.1.4绘制外墙.mp4

绘制墙体之前，先设置墙体类型参数，包括厚度、材质等。

1. 设置参数

01 在上一节的基础上继续操作。

02 选择"建筑"选项卡，单击"构建"面板上的"墙"按钮，如图15-17所示。

03 在"属性"选项板上单击"编辑类型"按钮，打开"类型属性"对话框。

04 在"类型"选项中选择"墙1"，单击右侧的"复制"按钮，如图15-18所示。

图 15-17 单击"墙"按钮　　图 15-18 单击"复制"按钮

05 打开"名称"对话框，输入名称"外墙"。

06 单击"确定"按钮返回"类型属性"对话框，单击"结构"选项右侧的"编辑"按钮，如图15-19所示。

07 打开"编辑部件"对话框。单击"插入"按钮，在列表中插入两个新层。

08 打击"向上""向下"按钮，调整新层在列表中的位置。将新层的功能属性设置为"面层2[5]"，如图15-20所示。

图 15-19 单击"编辑"按钮　　图 15-20 插入新层

09 选择第1行，将光标定位在"材质"单元格中。单击右侧的矩形按钮，打开"材质浏览器"对话框。

10 在材质列表中选择"默认墙"材质，单击鼠标右键，在弹出的列表中选择"复制"选项，如图15-21所示。

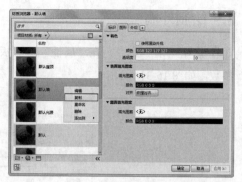

图 15-21 选择"复制"选项

⑪ 创建材质副本,并将副本命名为"外墙-墙漆饰面"。单击"打开/关闭资源浏览器"按钮,如图 15-22所示。

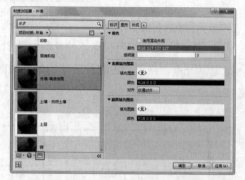

图 15-22 单击"打开/关闭资源浏览器"按钮

⑫ 打开"资源浏览器"对话框。展开"Autodesk物理资源"列表,在"墙漆"列表中选择"粗面"选项,在右侧的列表中选择"无光泽象牙白"材质。

⑬ 单击右侧的矩形按钮,如图 15-23所示,替换资源。

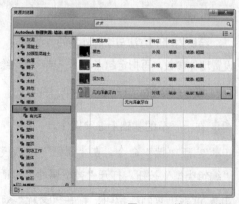

图 15-23 单击矩形按钮

⑭ 单击右上角的"关闭"按钮,返回"材质浏览器"对话框。选择"图形"选项卡,单击"颜色"按钮,打开"颜色"对话框。

⑮ 在右下角的文本框中输入参数,如图 15-24所示,指定颜色的种类。

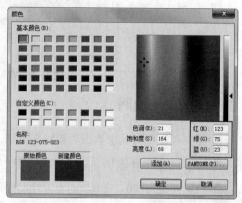

图 15-24 设置参数

⑯ 单击"确定"按钮,返回"材质浏览器"对话框。在"颜色"选项中,查看修改颜色的效果,如图 15-25所示。

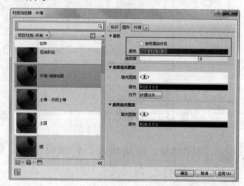

图 15-25 修改颜色的结果

⑰ 单击"确定"按钮,返回"编辑部件"对话框。

⑱ 选择第5行,单击"材质"单元格中的矩形按钮,打开"材质浏览器"对话框。

⑲ 选择"外墙-墙漆饰面"材质,单击"确定"按钮,关闭对话框。

⑳ 在"厚度"表列中设置参数,如图 15-26所示,指定墙体的厚度。

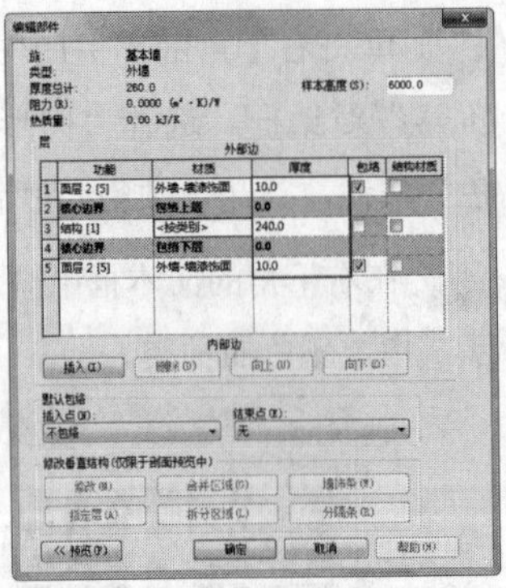

图 15-26 输入厚度值

2. 绘制附加轴网

01 在"基准"面板上单击"轴网"按钮，进入"修改|放置轴网"选项卡，选择绘制方式为"线"。

02 设置间距为600，在B轴的上方绘制轴线，如图 15-27所示。

03 选择新绘制的轴线，单击"添加弯头"按钮，添加弯头避免与B轴重叠，效果如图 15-28所示。

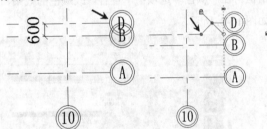

图 15-27 绘制轴线　　图 15-28 添加弯头

04 选择轴号，单击进入在位编辑模式，重定义轴号，如图 15-29所示。

05 重复上述操作，继续在C轴的上方创建附加轴网，结果如图 15-30所示。

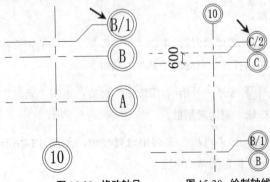

图 15-29 修改轴号　　图 15-30 绘制轴线

3. 绘制外墙

01 启用"墙"命令，在"属性"选项板中设置参数，如图 15-31所示。

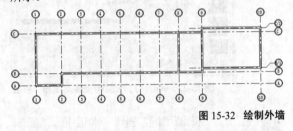

图 15-31 设置参数

02 指定轴线交点为起点，移动鼠标指针，依次指定下一点、终点，绘制外墙体的效果如图 15-32所示。

图 15-32 绘制外墙

15.1.5 绘制内墙

难度：☆☆☆

素材文件：素材/第15章/15.1.4绘制外墙.rvt

效果文件：素材/第15章/15.1.5绘制内墙.rvt

在线视频：第15章/15.1.5绘制内墙.mp4

绘制内墙的方法与绘制外墙的方法相同，都是先设置墙体参数，再指定起点、下一点、终点绘制。

1. 设置参数

01 在上一节的基础上继续操作。

02 启用"墙"命令，在"属性"选项板上单击"编辑类型"按钮，打开"类型属性"对话框。

03 单击"复制"按钮，打开"名称"对话框，设置名称"内墙"。

④ 单击"确定"按钮，返回"类型属性"对话框。单击"结构"选项后的"编辑"按钮，打开"编辑部件"对话框。

⑤ 单击"插入"按钮，在"层"列表中插入两个新层。

⑥ 选择新层，设置功能属性为"面层2[5]"。单击"材质"单元格右侧的矩形按钮，打开"材质浏览器"对话框。

⑦ 在材质列表中选择"默认-墙"材质，执行"复制"操作，创建材质副本，并重命名为"内墙-墙漆饰面"。

⑧ 选择新建的内墙材质，单击"打开/关闭资源浏览器"按钮，如图15-33所示。

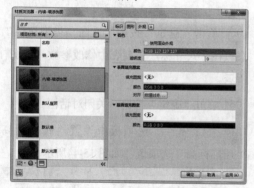

图15-33　单击"打开/关闭资源浏览器"按钮

⑨ 展开"Autodesk物理资源"列表，在"墙漆"列表中选择"有光泽"选项。在右侧的列表中选择"有光泽象牙白"材质，单击右侧的矩形按钮，如图15-34所示，替换材质。

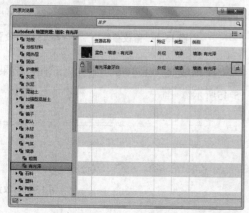

图15-34　单击矩形按钮

⑩ 单击右上角的"关闭"按钮，返回"材质浏览器"对话框。

⑪ 选择"图形"选项卡，单击"颜色"按钮，打开"颜色"对话框。

⑫ 在右下角输入参数，如图15-35所示，选择颜色。

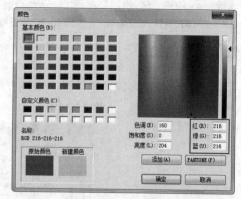

图15-35　设置参数

⑬ 单击"确定"按钮，返回"材质浏览器"对话框。在"图形"选项中，查看修改颜色的结果，如图15-36所示。

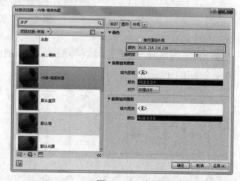

图15-36　查看修改颜色的结果

⑭ 单击"确定"按钮，返回"编辑部件"对话框，查看为新层设置材质的结果。在"厚度"表列中输入参数，如图15-37所示，指定墙体的厚度。

⑮ 单击"确定"按钮，返回"类型属性"对话框。单击"功能"选项，向下弹出列表，选择"内部"选项，如图15-38所示。

图15-37 设置参数　　图15-38 设置墙体功能

2. 绘制内墙

①　在"属性"选项板中设置"底部约束"与"顶部约束"选项值，如图15-39所示。

图15-39 设置参数

②　在绘图区域中指定起点与终点，绘制内墙体的结果如图15-40所示。

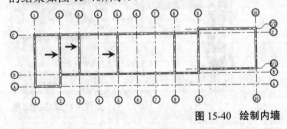

图15-40 绘制内墙

15.1.6 绘制建筑柱

难度：☆☆☆

素材文件：素材/第15章/15.1.5绘制内墙.rvt

效果文件：素材/第15章/15.1.6绘制建筑柱.rvt

在线视频：第15章/15.1.6绘制建筑柱.mp4

　　为了能够创建不同尺寸的建筑柱，需要创建参数不同的柱类型。

①　在上一节的基础上继续操作。

②　在"构建"面板上单击"柱"按钮，向下弹出列表，选择"柱：建筑"选项，如图15-41所示。

③　在"属性"选项板上单击"编辑类型"按钮，打开"类型属性"对话框。

④　在"类型"列表中选择已有的柱类型，单击"重命名"按钮，打开"重命名"对话框。在"新名称"选项中输入参数，如图15-42所示。

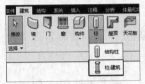
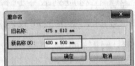

图15-41 选择"柱：建筑"选项　　图15-42 设置名称

⑤　单击"确定"按钮，返回"类型属性"对话框。在"尺寸标注"列表中修改参数，如图15-43所示。

⑥　单击"确定"按钮，关闭对话框。

⑦　在"属性"选项板中设置"底部标高"与"顶部标高"选项值，如图15-44所示。

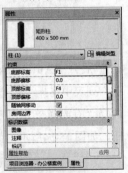

图15-43 修改参数　　图15-44 设置参数

⑧　在轴线交点上单击，放置矩形柱，结果如图15-45所示。

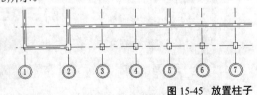

图15-45 放置柱子

⑨　再次打开"类型属性"对话框。在"类型"

选项中选择已有的柱类型，单击"重命名"按钮，打开"重命名"对话框。

⑩ 在"新名称"选项中输入参数，如图 15-46所示。

⑪ 单击"确定"按钮，返回"类型属性"对话框。在"尺寸标注"列表中修改参数，如图 15-47所示。

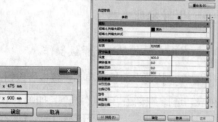

图 15-46 设置名称　　图 15-47 修改参数

⑫ 单击"确定"按钮，返回视图。单击轴线交点，放置矩形柱，结果如图 15-48所示。

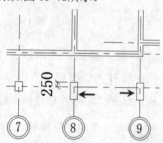

图 15-48 放置柱子

15.1.7 布置门窗

难度：☆☆☆

素材文件：素材/第15章/15.1.6绘制建筑柱.rvt

效果文件：素材/第15章/15.1.7布置门窗.rvt

在线视频：第15章/15.1.7布置门窗.mp4

先调入门窗族，再在墙体上指定基点布置门窗。在操作之前，不要忘记指定门窗在立面上的高度。

1. 布置门实例

① 在上一节的基础上继续操作。

② 选择"建筑"选项卡，单击"构建"面板上的"门"按钮，如图 15-49所示。

③ 在"属性"选项板中选择"单开万能门"，如图 15-50所示，其他参数保持默认值即可。

图 15-49 单击"门"按钮　　图 15-50 选择门类型

④ 在墙体上指定基点，布置单开门，结果如图 15-51所示。

⑤ 在"属性"选项板中选择"双开万能门"，如图 15-52所示，其他参数保持默认值。

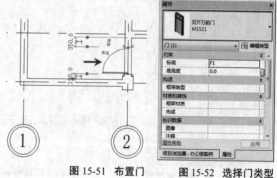

图 15-51 布置门　　图 15-52 选择门类型

⑥ 在墙体上单击，指定基点，布置双开门的结果如图 15-53所示。

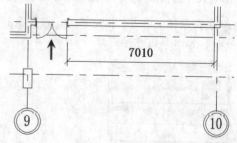

图 15-53 布置门

2. 布置窗实例

① 在"属性"选项板中选择窗类型，设置参数如图 15-54所示。

02 在墙体上单击，指定基点布置窗，结果如图 15-55所示。

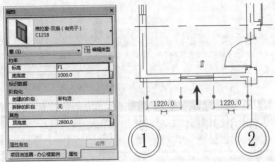

图 15-54　选择窗类型　　图 15-55　布置窗

03 在"属性"选项板中选择窗类型，设置"底高度"与"顶高度"参数，如图 15-56所示。

04 在墙体上单击，指定基点，布置窗的结果如图 15-57所示。

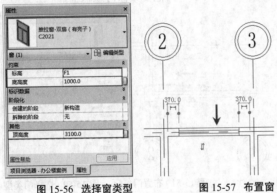

图 15-56　选择窗类型　　图 15-57　布置窗

05 在"属性"选项板中单击类型名称，向下弹出列表，选择窗类型，参数设置如图 15-58所示。

06 在墙体上单击，指定基点，布置窗的结果如图 15-59所示。

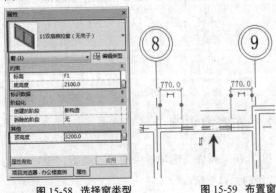

图 15-58　选择窗类型　　图 15-59　布置窗

15.1.8 绘制窗台

难度：☆☆☆

素材文件：素材/第15章/15.1.7布置门窗.rvt

效果文件：素材/第15章/15.1.8绘制窗台.rvt

在线视频：第15章/15.1.8绘制窗台.mp4

为了在模型中表现窗台，可以通过创建楼板来实现。

1. 设置参数

01 在上一节的基础上继续操作。

02 在"构建"面板上单击"楼板"按钮，向下弹出列表，选择"楼板：建筑"选项，如图 15-60所示。

图 15-60　选择"楼板：建筑"选项

03 在"属性"选项板上单击"编辑类型"按钮，打开"类型属性"对话框。单击"复制"按钮，打开"名称"对话框。输入名称"窗台"。

04 单击"确定"按钮，返回"类型属性"对话框。单击"结构"选项右侧的"编辑"按钮，打开"编辑部件"对话框。

05 选择第2行，将光标定位在"材质"单元格中。单击右侧的矩形按钮，如图 15-61所示，打开"材质浏览器"对话框。

图 15-61　单击矩形按钮

06 在材质列表中选择"默认"材质，单击鼠标右键,在菜单中选择"复制"选项,如图15-62所示。

图15-62　选择"复制"选项

⑦ 将材质副本命名为"窗台-粉刷",并单击左下角的"打开/关闭资源浏览器"按钮,如图15-63所示。

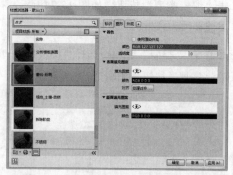

图15-63　单击"打开/关闭资源浏览器"按钮

⑧ 打开"资源浏览器"对话框。展开"Autodesk物理资源"列表,在"墙漆"列表下选择"有光泽"选项。在右侧的列表中,选择"有光泽象牙白"材质,单击右侧的按钮,如图15-64所示,替换材质。

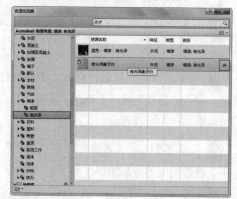

图15-64　单击矩形按钮

⑨ 单击右上角的"关闭"按钮,返回"材质浏览器"对话框。选择"图形"选项卡,单击"颜色"按钮,打开"颜色"对话框。

⑩ 在对话框的右下角输入参数,如图15-65所示,选择颜色。

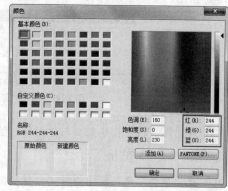

图15-65　设置参数

⑪ 单击"确定"按钮,返回"材质浏览器"对话框,查看修改颜色的结果,如图15-66所示。

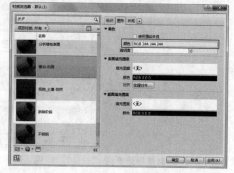

图15-66　修改颜色

⑫ 单击"确定"按钮,返回"编辑部件"对话框。修改"厚度"值,如图15-67所示。

⑬ 单击"确定"按钮,返回"类型属性"对话框。单击"功能"选项,向下弹出列表,选择"外部"选项,如图15-68所示,指定楼板的功能。

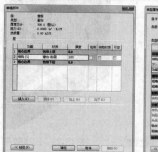

图15-67　输入厚度值　　图15-68　设置楼板功能

2. 绘制窗台

① 在"绘制"面板中单击"矩形"按钮，如图15-69所示，指定绘制方式。

图 15-69 单击"矩形"按钮

② 在绘图区域中指定起点与对角点，绘制矩形轮廓线，如图15-70所示。

③ 在"属性"选项板中设置"自标高的高度偏移"选项值，如图15-71所示。

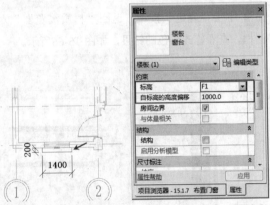

图 15-70 绘制矩形轮廓线　　图 15-71 设置参数

④ 在"模式"面板上单击"完成编辑模式"按钮，退出命令，查看创建完毕的窗台，如图15-72所示。

⑤ 切换至三维视图，查看窗台的三维效果，如图15-73所示。

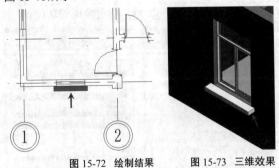

图 15-72 绘制结果　　图 15-73 三维效果

15.1.9 绘制空调百叶底板

难度：☆☆☆

素材文件：素材/第15章/15.1.8绘制窗台.rvt

效果文件：素材/第15章/15.1.9绘制空调百叶底板.rvt

在线视频：第15章/15.1.9绘制空调百叶底板.mp4

设置楼板参数，绘制楼板，可以用来表示空调百叶底板。

1. 设置参数

① 在上一节的基础上继续操作。

② 启用"楼板"命令，在"属性"选项板中单击"编辑类型"按钮，如图15-74所示，打开"类型属性"对话框。

③ 在"类型"选项中选择"楼板1"，单击右侧的"复制"按钮，如图15-75所示。

图15-74 单击"编辑类　　图 15-75 单击"复制"按钮
型"按钮

④ 打开"名称"对话框，输入名称，如图15-76所示。

⑤ 单击"确定"按钮，返回"类型属性"对话框。单击"结构"选项右侧的"编辑"按钮，打开"编辑部件"对话框。

⑥ 选择第2行，将光标定位在"材质"单元格中，单击右侧的矩形按钮，如图15-77所示。

⑦ 打开"材质浏览器"对话框。在材质列表中选择"金属_不锈钢"材质，单击鼠标右键，在弹出的快捷菜单中选择"复制"选项，如图15-78所示。

图 15-76 设置名称　　图 15-77 单击矩形按钮

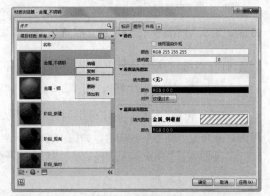

图 15-78 选择"复制"选项

⑧ 将材质名称命名为"金属_空调百叶底板"。选择"图形"选项卡，单击"颜色"按钮，打开"颜色"对话框。

⑨ 在对话框的右下角设置参数，如图 15-79所示。

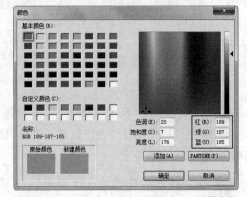

图 15-79 设置参数

⑩ 单击"确定"按钮，返回"材质浏览器"对话框，查看修改颜色的效果，如图 15-80所示。

⑪ 单击"确定"按钮，返回"编辑部件"对话框。修改"厚度"值，如图 15-81所示。

⑫ 单击"确定"按钮，返回"类型属性"对话框。在"功能"选项中选择"外部"，如图 15-82所示，指定楼板的功能。

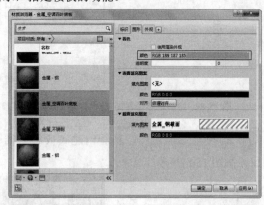

图 15-80 修改颜色

图 15-81 修改厚度值　　图15-82 设置楼板功能

2. 绘制底板

① 在"绘制"面板中单击"矩形"按钮，如图 15-83所示，选择绘制方式。

图 15-83 单击"矩形"按钮

② 在绘图区域中指定起点与对角点，绘制矩形轮廓线，如图 15-84所示。

③ 在"属性"选项板中设置"自标高的高度偏移"选项值，如图 15-85所示。

④ 在"模式"面板上单击"完成编辑模式"按钮，退出命令。创建空调百叶底板的效果如图 15-86所示。

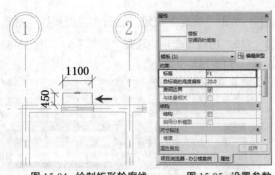

图 15-84　绘制矩形轮廓线　　图 15-85　设置参数

05 切换至三维视图，查看创建底板的三维效果，如图 15-87所示。

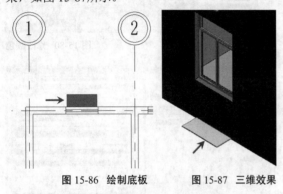

图 15-86　绘制底板　　　图 15-87　三维效果

15.1.10 添加栏杆扶手

难度：☆☆☆

素材文件：素材/第15章/15.1.9绘制空调百叶底板.rvt

效果文件：素材/第15章/15.1.10添加栏杆扶手.rvt

在线视频：第15章/15.1.10添加栏杆扶手.mp4

在底板上放置栏杆扶手，可以保护空调外机。利用"绘制路径"的方式创建栏杆扶手。

1. 设置参数

01 在上一节的基础上继续操作。

02 在"楼梯坡道"面板上单击"栏杆扶手"按钮，向下弹出列表，选择"绘制路径"选项，如图15-88所示。

03 单击"属性"选项板上的"编辑类型"按钮，打开"类型属性"对话框。

04 打击右上角的"复制"按钮，打开"名称"对话框。输入名称"空调百叶"。

05 单击"确定"按钮，返回"类型属性"对话框。单击"扶栏结构（非连续）"选项后的"编辑"按钮，如图 15-89所示。

图 15-88　选择"绘制路径"选项　图 15-89　单击"编辑"按钮

06 打开"编辑扶手（非连续）"对话框。单击"插入"按钮，在列表中插入行。

07 单击"轮廓"按钮，向下弹出列表，选择扶手轮廓。并修改"高度"选项值，如图 15-90所示。

图 15-90　设置参数

08 单击"确定"按钮，返回"类型属性"对话框。单击"栏杆位置"按钮，打开"编辑栏杆位置"对话框。

09 在"主样式"列表中选择第2行"常规栏杆"，单击右上角的"复制"按钮，复制表行。

10 单击"栏杆族"，向下弹出列表，选择栏杆轮廓，并设置"相对前一栏杆的距离"参数。

11 在"支柱"列表中设置参数，如图 15-91所示。

图 15-91 设置参数

2. 绘制栏杆扶手

01 在"绘制"面板中单击"线"按钮，如图 15-92所示，指定绘制方式。

图 15-92 选择绘制方式

02 沿着底板绘制轮廓线，如图 15-93所示。

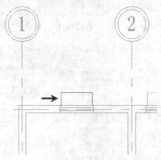

图 15-93 绘制轮廓线

03 单击"完成编辑模式"按钮，退出命令。绘制栏杆的效果如图 15-94所示。

04 切换至三维视图，查看创建栏杆扶手的三维效果，如图 15-95所示。

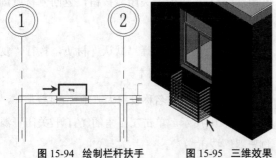

图 15-94 绘制栏杆扶手　　图 15-95 三维效果

15.2 绘制室外附属设施

室外附属设施包括地坪、坡道及踏步，本节介绍其绘制方法。

15.2.1 绘制地坪

难度：☆☆☆

素材文件：素材/第15章/15.1.10添加栏杆扶手.rvt

效果文件：素材/第15章/15.2.1绘制地坪.rvt

在线视频：第15章/15.2.1绘制地坪.mp4

通过指定楼板的材质与厚度，可以用来表示室外地坪。

1. 绘制参照平面

01 在上一节的基础上继续操作。

02 选择"建筑"选项卡，单击"工作平面"面板上的"参照平面"按钮，如图 15-96所示。

03 指定起点与终点，在平面图的左下角绘制参照平面，如图 15-97所示。

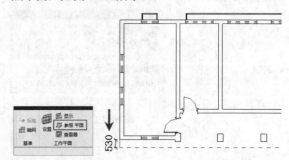

图 15-96 单击"参　　图 15-97 绘制参照平面
照平面"按钮

04 继续执行"参照平面"命令，在平面图的右侧绘制参照平面，结果如图 15-98所示。

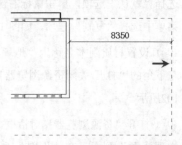

图 15-98 继续绘制参照平面

⑤ 滑动鼠标滚轮，查看绘制参照平面的结果，如图 15-99 所示。

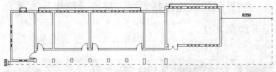

图 15-99 绘制结果

2. 设置参数

① 启用"楼板"命令，在"类型属性"对话框中单击"复制"按钮，打开"名称"对话框，输入名称"地坪"。

② 单击"确定"按钮，返回"类型属性"对话框。单击"结构"选项右侧的"编辑"按钮，打开"编辑部件"对话框。

③ 单击"插入"按钮，在"层"列表中插入新行。单击"向上"按钮，向上调整新行，使其位于第 1 行。

④ 设置"功能"为"面层2[5]"，单击"材质"单元格右侧的"矩形"按钮，如图 15-100 所示。

图 15-100 单击"矩形"按钮

⑤ 打开"材质浏览器"对话框。在材质列表中选择"默认"选项，单击鼠标右键，在弹出的快捷菜单中选择"复制"选项，如图 15-101 所示。

⑥ 设置材质副本名称为"地坪-花岗岩"。单击左下角的"打开/关闭资源浏览器"按钮，如图 15-102 所示。

⑦ 打开"资源浏览器"对话框。展开"Autodesk 物理资源"列表，在"石料"列表中选择"花岗岩"。在右侧的列表中选择材质，单击"矩形"按钮，如图 15-103 所示，替换资源。

图 15-101 选择"复制"选项

图 15-102 单击"打开/关闭资源浏览器"按钮

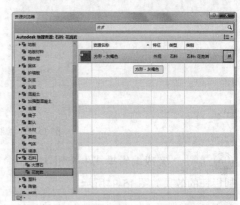

图 15-103 单击"矩形"按钮

⑧ 单击右上角的"关闭"按钮，返回"材质浏览器"对话框。

⑨ 在材质列表中选择"默认"材质，执行"复制"操作，创建材质副本。

⑩ 将材质副本的名称设置为"地坪-混凝土"，如图 15-104 所示。单击左下角的"打开/关闭资源浏览器"按钮。

图 15-104 单击"打开/关闭资源浏览器"按钮

⑪ 打开"资源浏览器"对话框。展开"Autodesk 物理资源"列表，在"混凝土"资源列表中，选择"现场浇铸"选项。在右侧的列表中选择材质，单击右侧的矩形按钮，如图 15-105所示。

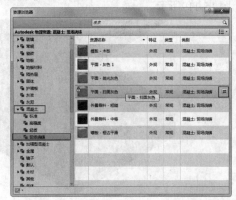

图 15-105 单击矩形按钮

⑫ 单击"关闭"按钮，返回"材质浏览器"对话框。单击"确定"按钮，返回"编辑部件"对话框。

⑬ 修改厚度值，如图 15-106所示。

⑭ 单击"确定"按钮，返回"类型属性"对话框。在"功能"选项中，选择"外部"选项，如图 15-107所示。

图 15-106 修改厚度值　图 15-107 选择"外部"选项

3. 绘制地坪

① 在"属性"选项板中设置"自标高的高度偏移"选项值为1000，如图 15-108所示。

② 在"绘制"面板上单击"线"按钮，如图 15-109所示，指定绘制方式。

图 15-108 设置参数　　图 15-109 单击"线"按钮

③ 在绘图区域中依次单击指定起点、下一点、终点，绘制轮廓线，结果如图 15-110所示。

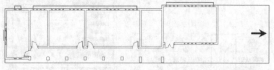

图 15-110 绘制轮廓线

④ 单击"完成编辑模式"按钮，退出命令，绘制地坪的结果如图 15-111所示。

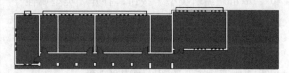

图 15-111 绘制地坪

⑤ 转换至三维视图，观察地坪的三维效果，如图 15-112所示。

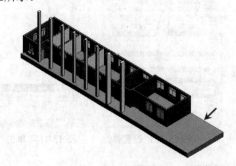

图 15-112 三维效果

15.2.2 创建坡道

难度：☆☆☆

素材文件：素材/第15章/15.2.1绘制地坪.rvt

效果文件：素材/第15章/15.2.2创建坡道.rvt

在线视频：第15章/15.2.2创建坡道.mp4

Revit的坡道有两种不同的造型，即结构板与实体。在本节中，将介绍创建实体造型的坡道。

① 在上一节的基础上继续操作。

② 在"楼梯坡道"面板上单击"坡道"按钮，如图15-113所示。

③ 在"属性"选项板中设置参数，如图15-114所示。

图 15-113　单击"坡道"按钮　　图 15-114　设置参数

④ 单击"编辑类型"按钮，打开"类型属性"对话框。在"造型"选项中选择"实体"，设置"尺寸标注"选项组参数，如图15-115所示。

⑤ 单击"确定"按钮，关闭对话框。

⑥ 在"绘制"面板上单击"线"按钮，如图15-116所示，指定绘制方式。

图 15-115　设置参数　　图 15-116　单击"线"按钮

⑦ 在绘图区域中指定起点与终点，绘制坡道，

结果如图15-117所示。

⑧ 单击"完成编辑模式"按钮，退出命令，绘制结果如图15-118所示。

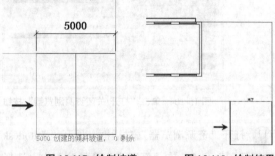

图 15-117　绘制坡道　　图 15-118　绘制结果

⑨ 切换至三维视图，观察坡道的三维效果，如图15-119所示。

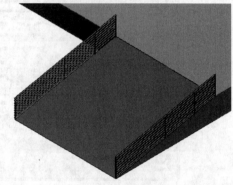

图 15-119　三维效果

15.2.3　绘制踏步

难度：☆☆☆

素材文件：素材/第15章/15.2.2创建坡道.rvt

效果文件：素材/第15章/15.2.3绘制踏步.rvt

在线视频：第15章/15.2.3绘制踏步.mp4

激活"楼梯"命令，设置参数，绘制踏步，连接建筑与室外地平面。

1.　绘制踏步

① 在上一节的基础上继续操作。

② 在"楼梯坡道"面板上单击"楼梯"按钮，在"构件"面板上单击"直梯"按钮，指定梯段的类型。

03 在选项栏中设置"实际梯段宽度"选项值，如图 15-120 所示。

图 15-120 设置"实际梯段宽度"值

04 在"属性"选项板中设置参数，如图 15-121 所示。

图 15-121 设置参数

05 在绘图区域中单击指定起点与终点，绘制踏步的结果如图 15-122 所示。

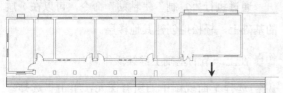

图 15-122 绘制踏步

06 单击"完成编辑模式"按钮，退出命令，绘制结果如图 15-123 所示。

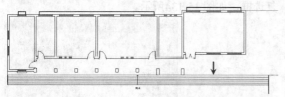

图 15-123 绘制结果

07 切换至三维视图，观察踏步的三维效果，如图 15-124 所示。

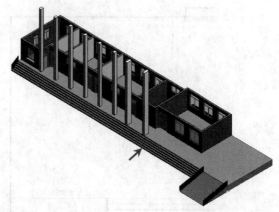

图 15-124 三维效果

2. 绘制栏杆扶手

01 在"楼梯坡道"面板上单击"栏杆扶手"按钮，向下弹出列表，选择"绘制路径"选项，如图 15-125 所示。

02 在"绘制"面板上单击"线"按钮，如图 15-126 所示，指定绘制方式。

图 15-125 选择"绘制　　　　图 15-126 单击"线"按钮
路径"选项

03 在绘图区域中，沿着地坪轮廓线绘制线段，如图 15-127 所示。

04 在"属性"选项板中设置参数，如图 15-128 所示。

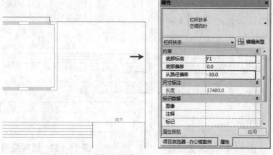

图 15-127 绘制轮廓线　　　图 15-128 设置参数

05 单击"完成编辑模式"按钮，退出命令，绘制结果如图 15-129 所示。

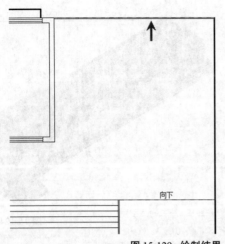

图 15-129 绘制结果

06 重复执行"从路径绘制"命令，绘制栏杆扶手轮廓线，如图 15-130所示。

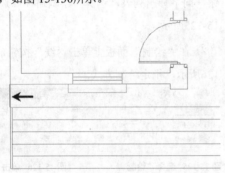

图 15-130 绘制轮廓线

07 在"属性"选项板中设置"从路径偏移"选项值，如图 15-131所示。

08 单击"完成编辑模式"按钮，退出命令。绘制栏杆扶手的结果如图 15-132所示。

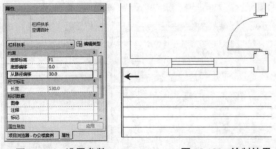

图 15-131 设置参数　　　图 15-132 绘制结果

09 切换至三维视图，查看创建栏杆扶手的三维效果，如图 15-133所示。

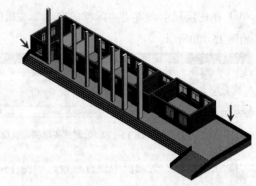

图 15-133 三维效果

15.3 绘制其他楼层的图元

其他楼层的图元包括墙体、楼板及洞口等，本节将介绍其绘制方法。

15.3.1 创建楼层

难度：☆☆☆

素材文件：素材/第15章/15.2.3绘制踏步.rvt

效果文件：素材/第15章/15.3.1创建楼层.rvt

在线视频：第15章/15.3.1创建楼层.mp4

通过执行"复制""粘贴"命令，可以在一层的基础上，轻松地创建其他楼层。

01 在上一节的基础上继续操作。

02 选择平面视图中的所有图元，单击"选择"面板中的"过滤器"按钮，打开"过滤器"对话框。

03 在"类别"列表中，勾选"墙""窗""门"复选框，如图 15-134所示。

图 15-134 勾选"墙""窗""门"复选框

04 单击"确定"按钮，返回视图，选择图元的结果如图15-135所示。

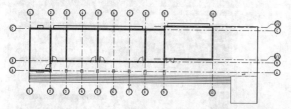

图 15-135 选择图元

05 在"剪贴板"面板上单击"复制到剪贴板"按钮，如图15-136所示。

06 单击"粘贴"按钮，向下弹出列表，选择"与选定的标高对齐"选项，如图15-137所示。

图 15-136 单击"复制到剪贴   图 15-137 选择"与选定的
板"按钮   标高对齐"选项

07 打开"选择标高"对话框，选择标高，如图15-138所示。

08 单击"确定"按钮，将剪贴板中的门窗、墙体图元粘贴至F2视图与F3视图。

图 15-138 选择标高

09 切换至F2视图，选择位于3轴上的垂直墙体，如图15-139所示。

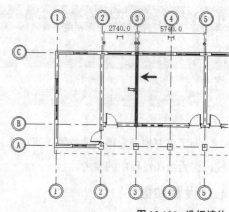

图 15-139 选择墙体

10 按下键盘上的Delete键，删除墙体，如图 15-140所示。

11 重复上述操作，切换至F3视图，删除位于3轴上的垂直墙体。

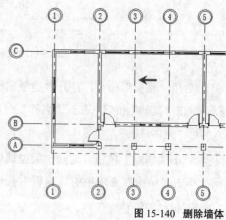

图 15-140 删除墙体

12 切换至三维视图，观察复制墙体的结果，如图15-141所示。

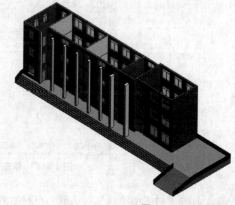

图 15-141 三维效果

15.3.2 绘制楼板

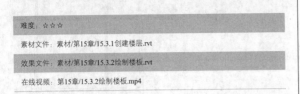

难度：☆☆☆

素材文件：素材/第15章/15.3.1创建楼层.rvt

效果文件：素材/第15章/15.3.2绘制楼板.rvt

在线视频：第15章/15.3.2绘制楼板.mp4

为了更好地确定楼板的位置，可以先绘制辅助线，作为绘图过程中的参考。

1. 设置参数

01 在上一节的基础上继续操作。

02 启用"参照平面"命令，指定起点与终点，绘制参照平面，如图15-142所示。

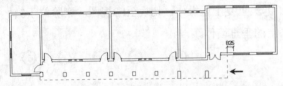

图 15-142　绘制参照平面

03 启用"楼板"命令，打开"类型属性"对话框。单击"复制"按钮，打开"名称"对话框，输入名称"室内楼板"。

04 单击"确定"按钮，返回"类型属性"对话框。单击"结构"选项中的"编辑"按钮，打开"编辑部件"对话框。

05 将光标定位在第2行中的"材质"单元格，单击右侧的矩形按钮，如图15-143所示。

图 15-143　单击矩形按钮

06 打开"材质浏览器"对话框。在材质列表中选择"默认楼板"材质，单击鼠标右键，在弹出的快

捷菜单中选择"复制"选项，如图15-144所示。

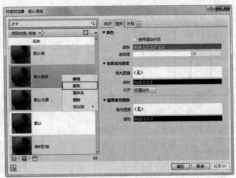

图 15-144　选择"复制"选项

07 将副本材质的名称设置为"室内楼板——现场浇铸"。单击左下角的"打开/关闭资源浏览器"按钮，如图15-145所示。

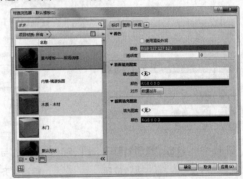

图 15-145　单击"打开/关闭资源浏览器"按钮

08 打开"资源浏览器"按钮。展开"Autodesk物理资源"列表，在"混凝土"列表中，选择"现场浇铸"选项。

09 在右侧的列表中，选择材质，单击右侧的矩形按钮，如图15-146所示，替换资源。

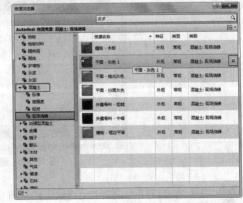

图 15-146　单击矩形按钮

⑩ 单击右上角的"关闭"按钮，返回"材质浏览器"对话框，替换资源的结果如图 15-147所示。

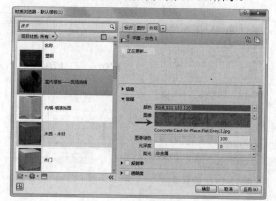

图 15-147 替换资源

⑪ 单击"确定"按钮，返回"编辑部件"对话框。修改"厚度"值，如图 15-148所示。

⑫ 单击"确定"按钮，返回"类型属性"对话框。在"功能"选项中选择"内部"，如图 15-149所示。

图 15-148 修改参数　　　图 15-149 选择选项

2. 绘制楼板

① 在"绘制"面板中，单击"线"按钮，如图 15-150所示，指定绘制方式。

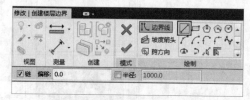

图 15-150 单击"线"按钮

② 在"属性"选项板中，设置参数，如图 15-151所示。

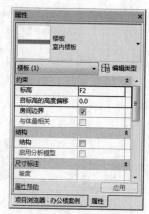

图 15-151 设置参数

③ 在绘图区域中，指定起点与终点，绘制闭合轮廓线，如图 15-152所示。

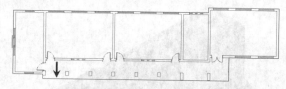

图 15-152 绘制轮廓线

④ 单击"完成编辑模式"按钮，退出命令。同时打开提示对话框，单击"是"按钮，如图 15-153所示。

图 15-153 单击"是"按钮

⑤ 绘制楼板的结果如图 15-154所示。

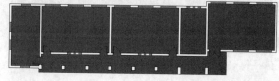

图 15-154 绘制楼板

⑥ 选择楼板，单击"剪贴板"面板上的"复制到剪贴板"按钮。接着单击"粘贴"按钮，在弹出的列表中选择"与选定的标高对齐"选项。

⑦ 打开"选择标高"对话框，选择标高，如图 15-155所示。

图 15-155 选择标高

（08）单击"确定"按钮，向上创建楼板副本。

（09）切换至三维视图，查看创建楼板的三维效果，如图 15-156所示。

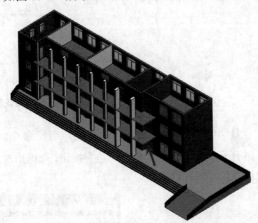

图 15-156 三维效果

15.3.3 绘制洞口

难度：☆☆☆

素材文件：素材/第15章/15.3.2绘制楼板.rvt

效果文件：素材/第15章/15.3.3绘制洞口.rvt

在线视频：第15章/15.3.3绘制洞口.mp4

楼梯间的入口，在一层放置了卷帘门。在二层与三层，需要创建矩形墙洞口。

1. 布置卷帘门

（01）在上一节的基础上继续操作。

（02）启用"门"命令，在"属性"选项板中选择"水平卷帘门"，设置参数如图 15-157所示。

（03）在墙体上指定基点，布置卷帘门，如图 15-158所示。

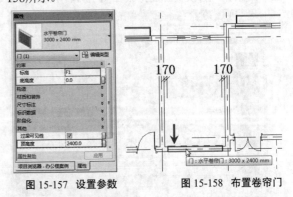

图 15-157 设置参数   图 15-158 布置卷帘门

2. 绘制F2墙洞口

（01）切换至立面视图。在"洞口"面板上单击"墙洞口"按钮，如图 15-159所示。

（02）在"属性"选项板中，设置洞口参数，如图 15-160所示。

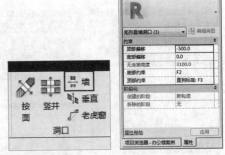

图 15-159 单击"墙洞口"按钮   图 15-160 设置参数

（03）在二层立面墙体上单击起点与对角点，绘制矩形墙洞口，如图 15-161所示。

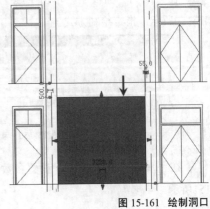

图 15-161 绘制洞口

3. 绘制F3墙洞口

① 启动"墙洞口"命令，在"属性"选项板中设置参数，如图15-162所示。

② 在三层立面墙体上指定起点与对角点，绘制矩形墙洞口，如图15-163所示。

图 15-162 设置参数

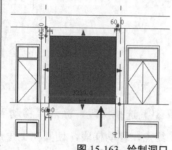

图 15-163 绘制洞口

③ 切换至三维视图，观察布置卷帘门，以及创建墙洞口的效果，如图15-164所示。

图 15-164 三维效果

技巧与提示

为了方便观察创建洞口的效果，已经事先隐藏楼板及建筑柱。

15.3.4 创建楼梯

难度：☆☆☆

素材文件：素材/第15章/15.3.3绘制洞口.rvt

效果文件：素材/第15章/15.3.4创建楼梯.rvt

在线视频：第15章/15.3.4创建楼梯.mp4

为了观察楼梯的创建效果，可以创建剖面视图。

1. 创建F1楼梯

① 在上一节的基础上继续操作。

② 在"楼梯坡道"面板上单击"楼梯"按钮，如图15-165所示。

图 15-165 单击"楼梯"按钮

③ 在"绘制"面板中单击"直梯"按钮，指定梯段的类型。设置"实际梯段宽度"为1500，如图15-166所示。

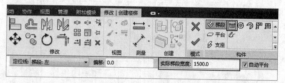

图 15-166 设置参数

④ 在"属性"选项板中选择梯段的类型为"现场浇注楼梯"，设置参数，如图15-167所示。

⑤ 在绘图区域中单击指定起点与终点，如图15-168所示。

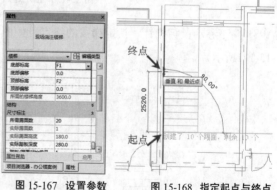

图 15-167 设置参数　　图 15-168 指定起点与终点

⑥ 在终点位置单击，创建梯段的结果如图15-169所示。

⑦ 向右移动鼠标指针，指定另一梯段的起点，如图15-170所示。

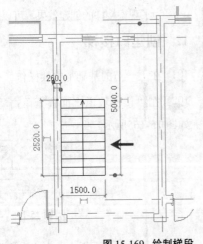

图 15-169 绘制梯段

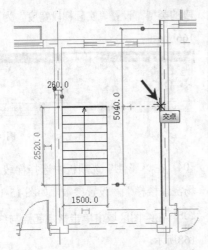

图 15-170 指定起点

08 向下移动鼠标指针,指定梯段的终点,如图 15-171所示。

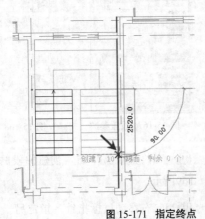

图 15-171 指定终点

09 绘制梯段的结果如图 15-172所示。

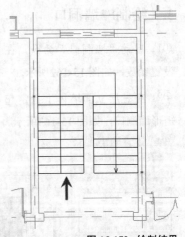

图 15-172 绘制结果

10 选择梯段,激活"移动"命令,指定起点与终点,移动梯段,使其左上角点与内墙角重合,如图 15-173所示。

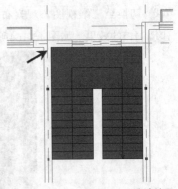

图 15-173 移动结果

11 单击"完成编辑模式"按钮,退出命令,绘制楼梯的结果如图 15-174所示。

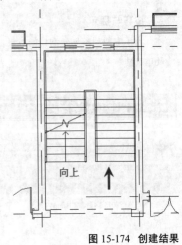

图 15-174 创建结果

⑫ 选择楼梯，激活翻转按钮，如图 15-175 所示。

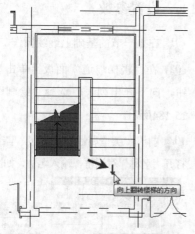

图 15-175 激活按钮

⑬ 单击按钮，翻转楼梯的上楼方向，如图 15-176所示。

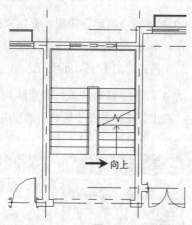

图 15-176 翻转方向

2. 创建剖面视图

① 选择"视图"选项卡，在"创建"面板上单击"剖面"按钮，如图 15-177所示。

图 15-177 单击"剖面"按钮

② 在绘图区域中单击指定起点与终点，绘制剖面线，如图 15-178所示。

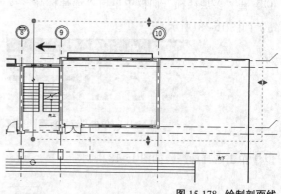

图 15-178 绘制剖面线

③ 在"项目浏览器"中展开"剖面（剖面1）"列表，选择"剖面1"视图。

④ 切换至剖面视图，查看楼梯的剖面效果，如图 15-179所示。

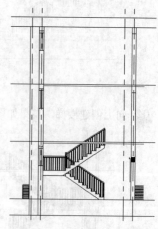

图 15-179 转换至剖面视图

3. 创建多层楼梯

① 在剖面视图中选择楼梯，如图 15-180所示。

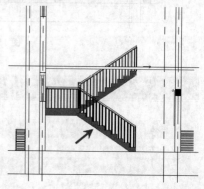

图 15-180 选择楼梯

02 在"多层楼梯"面板中单击"选择标高"按钮，如图 15-181 所示。

图 15-181 单击"选择标高"按钮

03 单击选择标高，如图 15-182 所示。

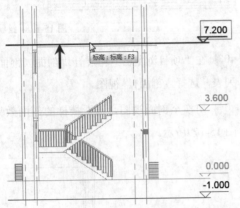

图 15-182 选择标高

04 向上创建楼梯，结果如图 15-183 所示。

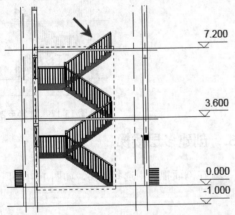

图 15-183 创建楼梯

15.3.5 绘制走廊栏杆扶手

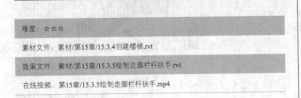

难度：☆☆☆

素材文件：素材/第15章/15.3.4创建楼梯.rvt

效果文件：素材/第15章/15.3.5绘制走廊栏杆扶手.rvt

在线视频：第15章/15.3.5绘制走廊栏杆扶手.mp4

为了丰富模型的表现效果，可以载入不同类型的栏杆扶手。

1. 设置参数

01 在上一节的基础上继续操作。

02 在"楼梯坡道"面板上单击"栏杆扶手"按钮，向下弹出列表，选择"绘制路径"选项如图 15-184 所示。

03 打开"类型属性"对话框。单击"复制"按钮，打开"名称"对话框，输入名称，如图 15-185 所示。

图 15-184 选择"绘制路　　图 15-185 输入名称
径"选项

04 单击"确定"按钮，返回"类型属性"对话框。单击"扶栏结构（非连续）"选项右侧的"编辑"按钮，如图 15-186 所示。

05 打开"编辑扶手（非连续）"对话框。修改"高度"值，并在"轮廓"选项中选择轮廓，如图 15-187 所示。

图 15-186 单击"编辑"按钮　　图 15-187 设置参数

06 单击"确定"按钮，返回"类型属性"对话框。

07 单击"栏杆位置"选项右侧的"编辑"按钮，打开"编辑栏杆位置"对话框。

08 在"主样式"列表与"支柱"列表中设置参数，如图 15-188 所示。

09 单击"确定"按钮，返回"类型属性"对话框。

⑩ 单击"确定"按钮，关闭对话框，返回视图。

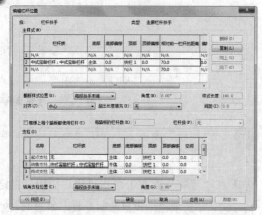

图 15-188　设置参数

2. 绘制栏杆扶手

① 在"绘制"面板中单击"线"按钮，如图 15-189所示，指定绘制方式。

② 在"属性"选项板中设置参数，如图 15-190所示。

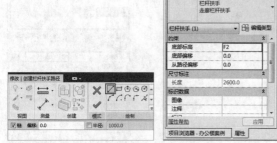

图 15-189　单击"线"按钮　　图 15-190　设置参数

③ 在绘图区域中，拾取建筑柱的边线，指定起点与终点，绘制轮廓线，如图 15-191所示。

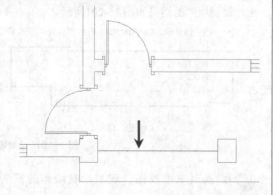

图 15-191　绘制轮廓线

④ 单击"完成编辑模式"按钮，退出命令，绘制栏杆扶手的结果如图 15-192所示。

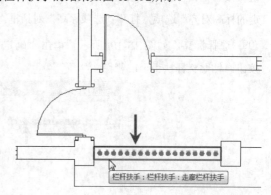

图 15-192　创建栏杆扶手

⑤ 切换至三维视图，观察栏杆扶手的三维效果，如图 15-193所示。

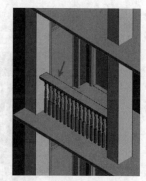

图 15-193　三维效果

⑥ 返回F2视图，继续创建栏杆扶手，如图 15-194所示。

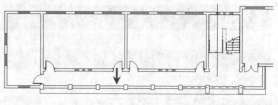

图 15-194　创建结果

⑦ 选择创建完毕的栏杆扶手，如图 15-195所示。

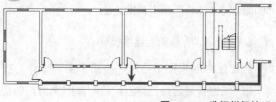

图 15-195　选择栏杆扶手

08 单击"剪贴板"面板上的"复制到剪贴板"按钮，接着单击"粘贴"按钮，在列表中选择"与选定的标高对齐"选项，打开"选项标高"对话框。

09 选择标高，如图 15-196所示。单击"确定"按钮，粘贴栏杆扶手至F3视图。

图 15-196 选择标高

10 切换至三维视图，观察操作结果，如图 15-197所示。

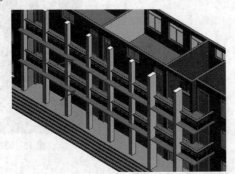

图 15-197 三维效果

15.3.6 绘制F4墙体

难度：☆☆☆

素材文件：素材/第15章/15.3.5绘制走廊栏杆扶手.rvt

效果文件：素材/第15章/15.3.6绘制F4墙体.rvt

在线视频：第15章/15.3.6绘制F4墙体.mp4

在F4视图中绘制墙体，为了准确地定位墙体，可以绘制"参照平面"辅助绘图。

01 在上一节的基础上继续操作。

02 切换至F4视图。启用"参照平面"命令，在绘图区域中指定起点与终点，绘制参照平面，如图15-198所示。

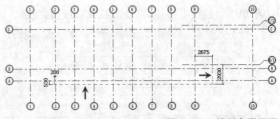

图 15-198 绘制参照平面

03 在"构建"面板上，单击"墙"按钮，启用命令。

04 在"绘制"面板上单击"线"按钮，指定绘制方式。在选项栏中设置绘制参数，如图 15-199所示。

图 15-199 设置参数

05 在"属性"选项板中选择墙体类型，并设置参数，如图 15-200所示。

图 15-200 设置参数

06 在绘图区域中依次指定起点、下一点与终点，绘制墙体的结果如图 15-201所示。

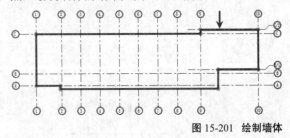

图 15-201 绘制墙体

07 切换至三维视图，观察绘制墙体的三维效果，如图 15-202所示。

图 15-202 三维效果

15.3.7 绘制F4楼板

难度：☆☆☆

素材文件：素材/第15章/15.3.6绘制F4墙体.rvt

效果文件：素材/第15章/15.3.7绘制F4楼板.rvt

在线视频：第15章/15.3.7绘制F4楼板.mp4

在已有的楼板类型的基础上，创建F4的楼板。

(01) 在上一节的基础上继续操作。

(02) 在"构建"面板上单击"楼板"按钮，向下弹出列表，选择"楼板：建筑"选项，如图 15-203所示。

图 15-203 选择"楼板：建筑"选项

(03) 在"绘制"面板上单击"拾取墙"按钮，如图 15-204所示。取消勾选"延伸到墙中（至核心层）"选项。

图 15-204 单击"拾取墙"按钮

(04) 在"属性"选项板中选择楼板类型，并设置参数，如图 15-205所示。

(05) 拾取墙体，创建闭合楼板轮廓线，如图 15-206所示。

图 15-205 设置参数

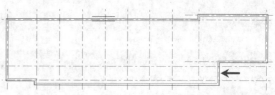

图 15-206 绘制轮廓线

(06) 单击"完成编辑模式"按钮，退出命令。弹出如图 15-207所示的提示对话框，单击"是"按钮。

图 15-207 提示对话框

(07) 创建楼板的效果如图 15-208所示。

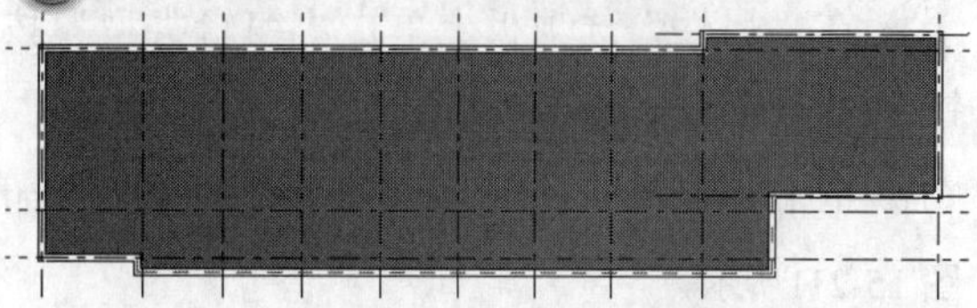

图 15-208 创建楼板

(08) 切换至三维视图，观察创建楼板的效果，如图 15-209所示。

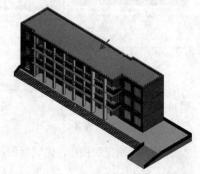

图 15-209 三维效果

15.4 绘制墙面装饰与场地构件

墙面装饰条可以利用"楼板边"工具创建，在三维视图中可以直观地拾取楼板边及观察创建效果。放置场地构建之前，需要先载入族。

15.4.1 绘制墙面装饰条

难度：☆☆☆

素材文件：素材/第15章/15.3.7绘制F4楼板.rvt

效果文件：素材/第15章/15.4.1绘制墙面装饰条.rvt

在线视频：第15章/15.4.1绘制墙面装饰条.mp4

在本节中，将介绍利用"楼板边"工具绘制墙面装饰条的方法。在操作的过程中，通过单击ViewCube上的角点，转换视图的角度，可以方便用户拾取楼板边缘创建装饰条。

01 在上一节的基础上继续操作。

02 在"构建"面板上单击"楼板"按钮，向下弹出列表，选择"楼板：楼板边"选项，如图15-210所示。

03 在"属性"选项板上单击"编辑类型"按钮，打开"类型属性"对话框。

04 单击"轮廓"选项，在列表中选择轮廓，如图15-211所示。

图 15-210 选择"楼板：楼板边"选项

图 15-211 选择轮廓

05 单击"确定"按钮，返回视图。

06 将光标置于楼板边之上，高亮显示边线，如图15-212所示。

图 15-212 高亮显示边线

07 在边线上单击，创建楼板边，结果如图15-213所示。

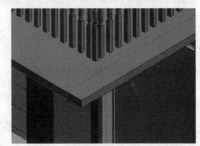

图 15-213 创建楼板边缘

08 继续拾取楼板边，生成楼板边缘，结果如图15-214所示。

图 15-214 创建结果

09 重复上述操作，拾取F2、F3、F4楼板，生成楼板边，代表墙面装饰条，如图15-215所示。

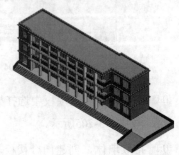

图 15-215 最终效果

15.4.2 绘制场地

难度：☆☆☆

素材文件：素材/第15章/15.4.1绘制墙面装饰条.rvt

效果文件：素材/第15章/15.4.2绘制场地.rvt

在线视频：第15章/15.4.2绘制场地.mp4

　　选择"放置点"工具，指定高程点的位置，可以自定义场地的样式。

(01) 在上一节的基础上继续操作。

(02) 选择"体量和场地"选项卡，单击"场地建模"面板中的"地形表面"按钮，如图15-216所示。

图15-216 单击"地形表面"按钮

(03) 在"工具"面板上单击"放置点"按钮，如图15-217所示，指定创建方式。

图15-217 单击"放置点"按钮

(04) 在绘图区域中单击放置高程点，如图15-218所示。

(05) 单击"完成编辑模式"按钮，退出命令。

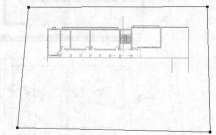

图15-218 放置高程点

(06) 切换至三维视图，在ViewCube上单击"右"按钮，切换至右立面图，如图15-219所示。

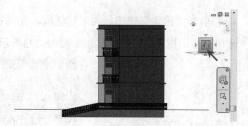

图15-219 右立面视图

(07) 选择地形表面，激活"移动"工具，指定起点与终点，向下移动地形表面，操作结果如图15-220所示。

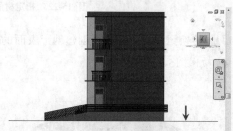

图15-220 移动结果

(08) 在"属性"选项板中，将光标定位在"材质"选项中，单击矩形按钮，如图15-221所示。

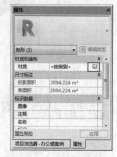

图15-221 单击矩形按钮

(09) 打开"材质浏览器"对话框。在材质列表中选择"场地_土壤_自然"材质，如图15-222所示。

图15-222 选择材质

⑩ 单击"确定"按钮，关闭对话框。在"材质"
选项中显示指定材质的结果，如图15-223所示。

图 15-223　指定材质的结果

⑪ 转换至主视图，查看创建地形表面的三维效
果，如图 15-224所示。

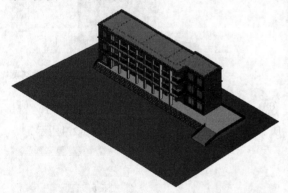

图 15-224　三维效果

15.4.3　放置构件

难度：☆☆☆

素材文件：素材/第15章/15.4.2绘制场地.rvt

效果文件：素材/第15章/15.4.3放置构件.rvt

在线视频：第15章/15.4.3放置构件.mp4

　　事先载入族，就可以在场地中放置构件，如篮
球场与篮球架。

1. 放置篮球场

① 在上一节的基础上继续操作。

② 在三维视图中，单击视图控制栏上的"视觉
样式"按钮，向上弹出列表，选择"隐藏线"选
项，转换视图的显示样式。

③ 在ViewCube上单击"上"按钮，转换视俯视
图，如图 15-225所示。

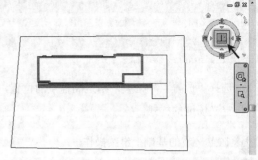

图 15-225　转换至俯视图

④ 在"场地建模"面板上单击"场地构件"按
钮，如图 15-226所示。

⑤ 在"属性"选项板中选择"篮球场"，设置
"标高"选项值，如图 15-227所示。

图 15-226　单击"场地构件"按钮　　图 15-227　设置参数

⑥ 将光标置于场地之内，预览放置篮球场的效
果，如图 15-228所示。

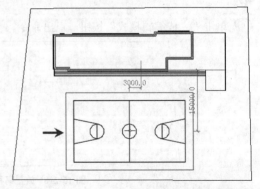

图 15-228　预览放置效果

⑦ 在合适的位置单击，指定基点，放置篮球
场，结果如图 15-229所示。

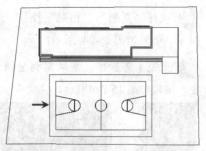

图 15-229　放置篮球场

2. 放置篮球架

01 选择"建筑"选项卡，单击"构建"面板上的"构件"按钮，向下弹出列表，选择"放置构件"选项，如图 15-230 所示。

02 在"属性"选项板中选择"体育-篮球架"构件，设置"偏移"选项值，如图 15-231 所示。

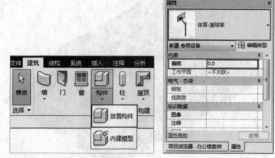

图 15-230　选择"放置构件"选项　　图 15-231　设置参数

03 在"放置"面板中单击"放置在面上"按钮，指定"标高"为F0，如图 15-232 所示。

图 15-232　单击"放置在面上"按钮

04 拾取篮球场边界线的中点，如图 15-233 所示。

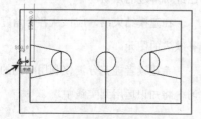

图 15-233　拾取中点

05 在中点位置单击，放置篮球架，效果如图 15-234 所示。

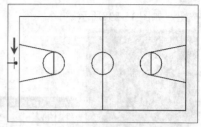

图 15-234　放置篮球架

06 重复上述操作，继续在篮球场的另一侧放置篮球架，结果如图 15-235 所示。

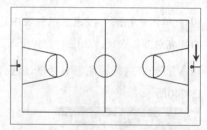

图 15-235　操作结果

07 将"视觉样式"设置为"着色"，转换至主视图，观察放置篮球场与篮球架的效果，如图 15-236 所示。

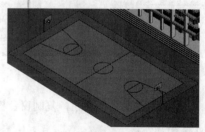

图 15-236　三维效果

15.4.4　完善模型

难度：☆☆☆

素材文件：素材/第15章/15.4.3放置构件.rvt

效果文件：素材/第15章/15.4.4完善模型.rvt

在线视频：第15章/15.4.4完善模型.mp4

　　基本的图元创建完毕后，应该再仔细检查模型，完善模型。

01 在上一节的基础上继续操作。

02 选择一层中的窗台板，如图15-237所示。

03 单击"剪贴板"面板上的"复制到剪贴板"按钮，如图15-238所示。

图15-237 选择窗台板　图15-238 单击"复制到剪贴板"按钮

04 单击"粘贴"按钮，在列表中选择"与选定的标高对齐"选项，如图15-239所示。

05 打开"选择标高"对话框，选择标高，如图15-240所示。

图15-239 选择"与选定的标高对齐"选项　图15-240 选择标高

06 单击"确定"按钮，复制窗台板的效果如图15-241所示。

07 选择一层的空调底板与栏杆扶手，如图15-242所示。

图15-241 复制窗台板　图15-242 选择图元

08 执行"复制""粘贴"操作，向上移动复制图元，结果如图15-243所示。

09 重复上述操作，继续复制空调底板与栏杆扶手，结果如图15-244所示。

图15-243 复制图元　图15-244 操作结果

10 三层办公楼模型的创建效果如图15-245所示。

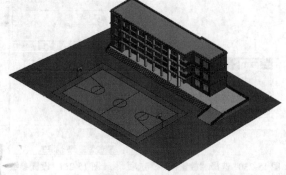

图15-245 三层办公楼

15.5 本章小结

本章结合前面章节所学习的知识，练习创建三层办公楼模型。

创建标高与轴网，绘制墙柱，添加楼板与门窗，以及绘制附属设施，添加场地构件，都是利用已经讲解过的知识。

在建模结束后，应该从各个角度检查模型，添补缺失的图元。

希望读者能充分消化利用学到的知识，多多练习，将知识运用到实践中。